高等职业教育
机械行业"十二五"规划教材

Pro/ENGINEER Wildfire 5.0
产品设计实例教程

Product Design Case Turtorial
of Pro/ENGINEER Wildfire 5.0

◎ 罗光汉 编著

人民邮电出版社
北京

精品系列

图书在版编目（CIP）数据

Pro/ENGINEER Wildfire 5.0产品设计实例教程 / 罗
光汉编著. -- 北京：人民邮电出版社，2013.9
高等职业教育机械行业"十二五"规划教材
ISBN 978-7-115-32349-1

Ⅰ. ①P… Ⅱ. ①罗… Ⅲ. ①工业产品－计算机辅助
设计－应用软件－高等职业教育－教材 Ⅳ. ①TB472-39

中国版本图书馆CIP数据核字(2013)第202101号

内 容 提 要

　　本书从工程应用出发，以详细、丰富的实例展示 Pro/ENGINEER Wildfire 软件的操作过程与理念。通过对典型产品、零件的设计过程的训练与学习，读者将熟悉、掌握并灵活运用 Pro/ENGINEER Wildfire 的建模功能、方法与技巧，以达到进一步提高运用软件的能力和设计水平。

　　本书是以美国 PTC 公司新推出的顶级三维设计软件 Pro/ENGINEER Wildfire 5.0 中文版为蓝本进行编写的，其中的实例同样也适用于其他 CAD/CAM 三维软件的操作素材，可以作为理工科高等院校、职业学校相关专业的教材，也可以作为广大工程技术人员的参考书。

◆ 编　　著　罗光汉
　　责任编辑　韩旭光
　　责任印制　焦志炜

◆ 人民邮电出版社出版发行　　北京市崇文区夕照寺街 14 号
　　邮编　100061　电子邮件　315@ptpress.com.cn
　　网址　http://www.ptpress.com.cn
　　三河市潮河印业有限公司印刷

◆ 开本：787×1092　1/16
　　印张：18　　　　　　　　　2013 年 9 月第 1 版
　　字数：475 千字　　　　　　2013 年 9 月河北第 1 次印刷

定价：39.00 元

读者服务热线：**(010)67132746**　印装质量热线：**(010)67129223**
反盗版热线：**(010)67171154**
广告经营许可证：京崇工商广字第 **0021** 号

前　言

Pro/ENGINEER 软件由著名的 CAD/CAM/CAE/PDM 软件解决方案供应商 PTC（Parameter Technology Corporation）所发布，以其参数化、基于特征、全相关等概念闻名于 CAD 界，其界面友好，功能强大，操作便捷，并很快受到了广大工程技术人员和爱好者的一致认可，迅速成为应用最为广泛的三维设计软件之一，广泛应用于机械、汽车、航天、家电、模具、工业设计等行业中的结构与外观设计以及数据管理。

本书以 Pro/ENGINEER Wildfire 5.0 中文版为平台，是作者多年来从事 Pro/ENGINEER 等软件的工程设计与教学工作中的部分实例及相关资料的总结，本书与目前的相关教材、参考资料等最大的不同之处是通过全面、完整、典型的实例建模来诠释、掌握并运用软件的建模功能、应用方法及操作技能，书中所列实例具有如下特点。

（1）实例内容丰富、完整，实用性强，将 Pro/ENGINEER Wildfire 软件功能融于实例造型之中，能较全面地反映出软件的主要建模功能与应用特点。

（2）实例建模符合工程设计和加工过程，建模步骤简单，注重软件功能的实用性和一般方法，操作内容详细，图例、尺寸清晰。

（3）部分实例探寻不同建模操作方法，做到有理有据，集软件建模功能、方法与技巧于实例之中。

（4）实例建模过程中的草图绘制充分体现参数驱动的操作特点，快捷、方便。

（5）实例操作中大量运用 Pro/ENGINEER Wildfire 软件的右键快捷菜单，关注产品的设计过程，适时采用异步特征操作方法能使模型树结构简单、图形清晰。

（6）实例内容适用于其他 CAD/CAM 三维软件的操作训练素材。

通过对本书的系统学习与训练，相信读者一定能在运用 Pro/ENGINEER Wildfire 软件上有所收获，这也正是作者所期望的！

本书是在武汉城市职业学院（武汉工业职业技术学院）的机械制造与自动化、模具设计与制造等专业的教学资料的基础上加以整理而成的。由于作者水平有限，书中难免有疏漏和不足之处，恳请读者批评指正。

编者
2013 年 3 月

目　录

第1章

产品参数化草图绘制

1.1 吊钩

运用三维软件进行产品设计必须重视草图的绘制，正确、高效地绘制草图往往对特征、零件的建模起着相当重要的作用。在草绘过程采用"形似—添加约束—标注尺寸—修改尺寸"方法能最大限度地减少对图形的编辑操作以节省时间与精力，提高草绘的成功率，提升软件的应用技能，适用于目前所有主流的三维软件。

"形似"就是按照截面图的形状完成近似图形的绘制，必要时可对其中的图元进行适时的拖动，使之看起来"更像"，不必关注系统所添加的任何一个尺寸与约束。首先，要熟悉所绘制截面图的结构、图元的构成、几何约束与尺寸标注、图元的定位等方面内容，尽可能地掌握图形的大部分结构与主要尺寸，真正做到心中有数。其次，充分利用现有的参照如系统坐标系或创建合适的定位参照。第三，绘制图形过程中采用从左到右、自上而下、从外向里的方法顺次进行操作。第四，绘制过程中尽量避免并非图元之间所具有的约束，如水平与竖直的对齐、重合或共点、相切、等长与等半径、平行及垂直等。此外，第一个图元的选取、绘制起始位置也很重要，所有这些，唯有通过不断的练习与思考才能灵活掌握与应用。

"添加约束"就是对已完成的图形应根据设计等相关要求来添加必要的约束，如通过添加几何中心线来实现图元的对称约束。

"标注尺寸"就是对已添加完约束的图形进行必要的尺寸标注，添加几何约束有时会与标注尺寸交替完成，真正实现两者一个也不多一个也不少。

"修改尺寸"就是采用【修改】工具对已完成几何约束与尺寸标注的图形的所有尺寸同时进行修改以实现草图的成功完成。复杂的几何图形若采用逐个修改尺寸的方法来完成草图会因系统自动更新时找不到解而导致草图的尺寸驱动失败。

1. 吊钩轮廓曲线草图的绘制

选择 TOP 基准平面作为草绘放置平面，运用【线】╲、【3 点/相切端】╲，按照图 1-1 中的操作顺序完成吊钩轮廓曲线草图的绘制，再以"SKETCH_1"作为文件名对草图予以保存。

在绘制吊钩的截面轮廓曲线中，直线、圆弧尽可能保持相切，其中图 1-1（a）～（i）为连续绘制直线与圆弧；图 1-1（j）为添加中心线；图 1-1（k）～（1）为分别约束两圆弧圆心与坐标系原点及水平轴重合；图 1-1（m）为约束上方斜直线的端点与中心线对称；图 1-1（n）为约束右侧直线成竖直；图 1-1（o）为标注大圆弧的定位尺寸；图 1-1（p）为利用"修改尺寸"对话框编辑修改尺寸，切记不要勾选对话框中的【再生】复选框。

吊钩轮廓曲线草图的绘制如图 1-1（q）所示。图 1-1（r）为吊钩截面轮廓曲线另一可能情形，这是由 $R2mm$ 圆弧的绘制位置所决定的，只需在 $R14mm$ 与 $R24mm$ 之间添加一圆弧，然后再稍加编辑即可完成。

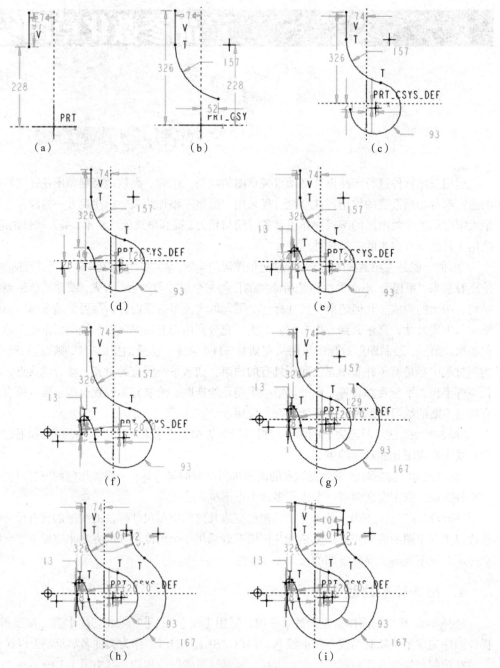

图 1-1　吊钩轮廓曲线草图的绘制

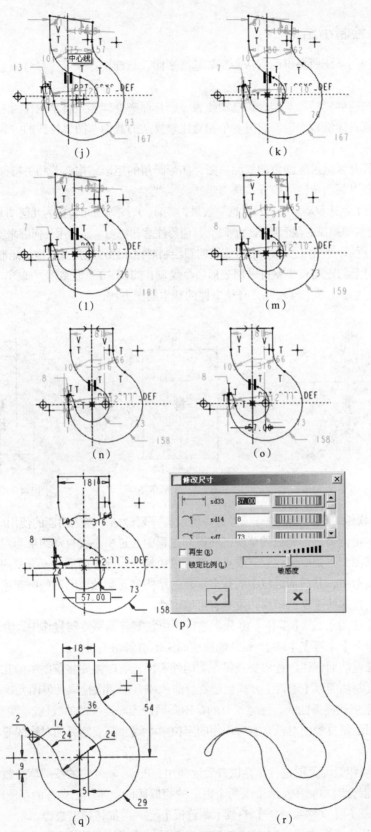

图 1-1　吊钩轮廓曲线草图的绘制（续）

2. 草图绘制小结

（1）充分利用系统所提供的默认参照如基准平面、基准坐标系等，尽量减少几何约束与尺寸约束的数量。

（2）为了快速创建特征造型，将草图作为一个特征来处理还是将草图作为一个内部特征适时地进行创建要视后续结构而定。有时一个相对比较复杂的截面草图以特征的方式来创建更具有一定的价值。

（3）对于具有多重过渡圆角的截面草图，如带圆角的矩形结构，若相关特征没有拔模要求，可以将过渡圆角以倒圆角特征的方式来创建。

（4）有时为了到达驱动草图的尺寸这一效果，将圆、直线等图元转换为几何图元是一个很好的举措，在创建可变剖面扫描的截面草图绘制时尤其值得注意和练习。如利用几何圆来实现五角星尺寸的驱动，如图 1-2 所示；利用正交的中心线或几何圆绘制对称于原点或定位基准的矩形，如图 1-3 所示。

（5）三条以上的正交直线就可采用矩形命令绘制，如倒"T"形结构，如图 1-4 所示。图 1-2、图 1-3 及图 1-4 均是初学三维软件又必须掌握的基本绘图方法。

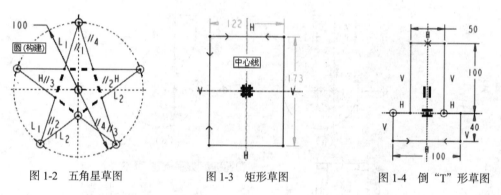

图 1-2　五角星草图　　　　图 1-3　矩形草图　　　　图 1-4　倒"T"形草图

（6）Pro/E 软件的草绘功能中有镜像命令但没有阵列命令，镜像功能的使用应该是有条件的，如图 1-4 所示的由两个矩形构成的草图，在绘制过程中通过中心线自动约束为对称；而由圆弧等曲线构成的几何图元，则应该注意其断点位置，以免特征几何表面形成不必要的曲面片。至于阵列功能，一般情形中，其截面区域中的众多重复的结构单元会减缓图形的刷新速度，以"阵列"特征的方式来创建这些重复的结构，更具有可编辑性。

（7）采用【使用】 □ 、【偏移】 □ 分别进行原位复制与偏移复制操作中，合理选择使用边的操作方式即【单个】、【链】、【环】，做到既快速而又不遗漏相关对象。

（8）在特征或曲面创建过程中要获得完美的外表面，有时需要将草图中的几何图元转换为样条线，即采用复制功能以【逼近】方式创建复合曲线或直接顺次拾取几何图元执行【编辑】|【转换到】|【样条】创建样条曲线，注意这时的草图必须是光滑连续的曲线链。

（9）在草图绘制过程中对没有实质作用的定位中心线、圆或圆弧的对称线等不必画出，以使草图更简洁。

（10）相同或相近的草图进行保存以备后续调用。Pro/E 软件中的按"草绘截面"方式创建的"混合"、"扫描混合"功能涉及两个或两个以上的相似截面，调用已保存的草图即执行【草绘】|【数据来自文件…】|【文件系统…】 □ 或【调色板】 □，可加快建模进程。

（11）相对其他三维软件而言，Pro/E 软件自动添加几何约束的能力是比较强的，因此，在绘制图形时应适时注意避免不必要的系统自动添加的约束，如水平、竖直对齐或等圆弧半径等的约束，可右键单击禁用不必要的约束，另外应注意几何图元端点是否真正位于水平或竖直轴线上。

（12）Pro/E 软件系统对于曲线的点采用单值求解方式，只返回一个解值。因此，充分运用【修改】工具实现一次修改所有的尺寸，一次驱动完成草图的绘制。

1.2 鞋底

绘制如图 1-5（p）所示的鞋底草图。

选择 TOP 基准平面作为草绘放置平面，运用【线】＼、【3 点/相切端】＼，按照图 1-5 中的操作顺序完成鞋底草图的绘制，再以"SKETCH_2"作为文件名对草图予以保存。

在草图绘制中，直线、圆弧尽可能保持相切，其中图 1-5（a）～（k）为连续绘制直线与圆弧；图 1-5（l）、（m）分别为添加过渡圆角及修剪后的结果；图 1-5（n）为约束最左侧圆弧圆心与坐标系原点重合；图 1-5（o）为标注并整理尺寸，其中：R20mm 圆弧的定位尺寸为"39.5"、左上的斜线与水平的夹角为"17"、R100REF（参考尺寸）圆弧的定位尺寸为"65"和"45.5"、R57.5mm 圆弧的定位尺寸为"43.5"和"13"、R56.5mm 圆弧的定位尺寸为"75.5"和"75"、R189mm 圆弧端点的水平尺寸为"24.3"、R36mm 圆弧的定位尺寸为"197.5"；图 1-5（p）为利用"修改尺寸"对话框编辑修改尺寸后的草图，切记不要勾选对话框中的【再生】复选框。

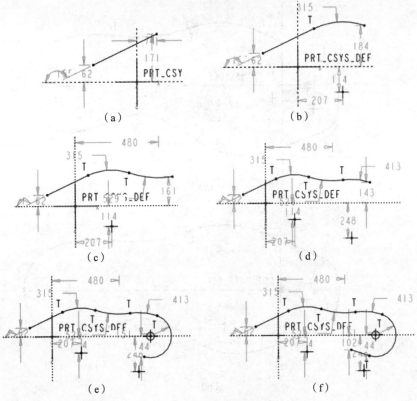

图 1-5 鞋底草图的绘制

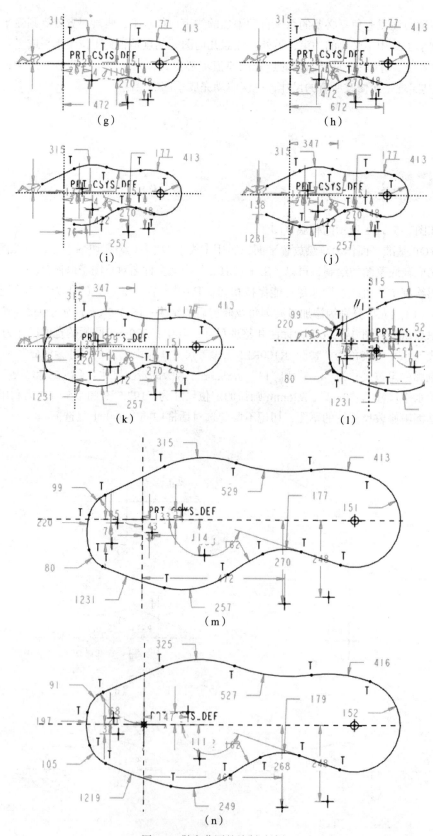

图 1-5　鞋底草图的绘制（续）

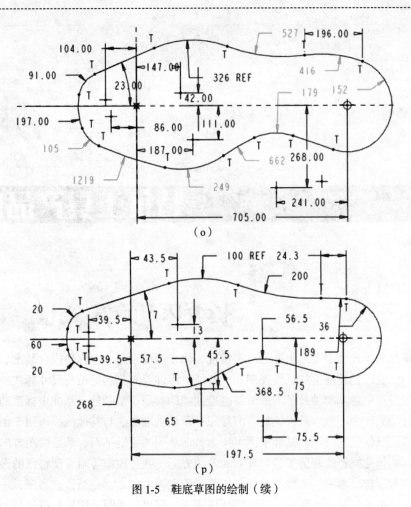

图 1-5 鞋底草图的绘制（续）

第2章

特征工具产品应用

2.1 长方体上的斜穿孔

　　基准特征是三维建模中非常重要的一类特征，用于特征创建、零件建模、装配、加工、分析与计算的参照，通过创建基准特征实现图元、特征、零件等对象的定位与尺寸标注的参照。如基准点可作为定位、创建基准轴及基准平面与基准曲线的参照；基准轴、基准坐标系的轴可作为创建特征或零件的旋转中心轴以及拔模的方向参照；草绘基准曲线与其他曲线可用于创建线框图及相应特征的截面或轨迹链曲线；基准平面可作为截面草图的绘制平面、草绘视图方向的参照、镜像的对称面、实体化操作的修剪工具、阵列的参照方向、孔与拔模等附着型特征的参照基准；基准坐标系可用于定位、参照、基准及编程与加工的原点等。总之，一切皆有参照，一切皆源于参照。另外，在基准特征使用过程中，为使特征树清晰、简单，适时采用异步特征是个不错的操作选择。

1. 150mm × 100mm × 50mm 长方体平板中的 ϕ30mm 斜穿孔的加工（见图 2-1）

　　（1）设置工作目录。单击菜单【文件】|【设置工作目录】，在打开的"选取工作目录"对话框中，选取已建立的文件夹或单击工具条【新建文件夹】按键或右键菜单选择【新建文件夹】并重命名为以作为 Pro/E 软件进行设计的工作目录，单击中键完成工作目录的设置。

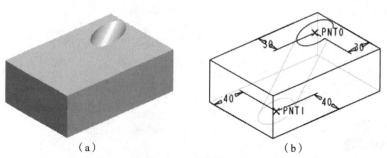

（a）　　　　　　　　　　　　　　（b）

图 2-1　150mm × 100mm × 50mm 长方体平板中的 ϕ30mm 斜穿孔

（2）新建文件。单击菜单【文件】|【新建】或单击【新建】□按键，接受默认的文件类型为【零件】，其子类型为【实体】，并键入"DATUM_1"作为文件名，不勾选【使用缺省模板】复选框，单击对话框中的【确定】按键。在系统弹出"新文件选项"对话框中，双击"mmns_part_solid"进入 Pro/E 零件设计工作界面。

（3）创建"150mm×100mm×50mm"长方体造型。单击【拉伸】□，选择操控板中的"放置"面板并单击【定义...】按键或右键菜单选择【定义内部草绘...】，系统打开"草绘"对话框以定义草绘平面及参照平面与方向，将光标置于 TOP 基准平面的边框处，当其高亮显示时单击左键拾取 TOP 基准平面作为草绘平面，系统自动选取与 TOP 基准平面正交的 RIGHT 基准平面作为参照平面，其参照方向为【右】，单击对话框中的【草绘】按键或单击中键接受上述的缺省参照进入草绘界面，右键菜单选择【中心线】┊于系统坐标系原点绘制两正交的中心线作为对称线，再次右键菜单选择【矩形】□绘制对称于两中心线的矩形并修改尺寸，如图 2-2 所示，单击✔完成草图的绘制。系统进入特征操作界面并显示拉伸特征的预览，右键拉伸深度的盲孔尺寸或深度控制滑块，从快捷菜单中选择【对称】，键入盲孔尺寸为"50"并按【Enter】键，单击中键完成长方体的造型，如图 2-3 所示。

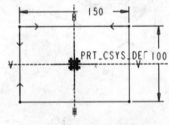

图 2-2　绘制矩形截面草图

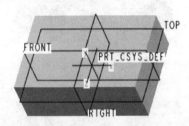

图 2-3　创建平板造型

（4）创建基准点 PTN0、PNT1。在特征树中，按住【Shift】键，分别拾取"RIGHT"与"PRT_CSYS_DEF"，从快捷菜单中选择【隐藏】使三个基准平面与坐标系不显示在图形中。

　　选择菜单【插入】|【模型基准】|【点...】或单击【点】✗✗，系统弹出"基准点"对话框，选取图 2-3 中的上表面作为放置参照以创建基准点 PNT0，如图 2-4（a）所示，左键按住其中之一的偏移放置参照控制滑块，将其拖到长方体的右侧边线（或右侧面）上直至该边线（或侧面）高亮显示为止，此时的控制滑块显示为黑底、中心为白色圆形，表示已捕捉到定位基准，释放左键后控制滑块中的颜色则互换；重复上述操作，将另一偏移放置参照控制滑块定位到后侧边线（或后侧面）上，如图 2-4（b）所示，双击水平方向的尺寸键入"30"并按【Enter】键，双击竖直方向的尺寸键入"30"并按【Enter】键，如图 2-4（c）所示；将光标置于前侧表面单击右键一次，此时模型的下表面高亮显示，再单击左键以选取该模型的下表面作为放置参照以创建基准点 PNT1，重复上述操作，其定位基准分别为前侧边线（或前表面）与左侧边线（或左表面），键入定位尺寸分别为"40"、"40"，如图 2-4（d）所示。最后，单击中键完成基准点集 PNT0、PNT1 的创建，如图 2-1（b）所示。

（5）创建基准轴 A_1。选择菜单【插入】|【模型基准】|【轴...】或单击【轴】╱，系统弹出"基准轴"对话框，按住【Ctrl】键分别选取基准点集 PNT0、PNT1，单击中键完成过两基准点的基准轴 A_1 的创建，如图 2-5 所示。

（6）创建基准平面 DTM1。选择菜单【插入】|【模型基准】|【平面...】或单击【平面】▱，系统弹出"基准面"对话框，按住【Ctrl】键分别选取基准轴 A_1 与基准点 PNT1，单击中键完成

过基准轴上的点的法平面 DTM1 的创建，如图 2-6 所示。

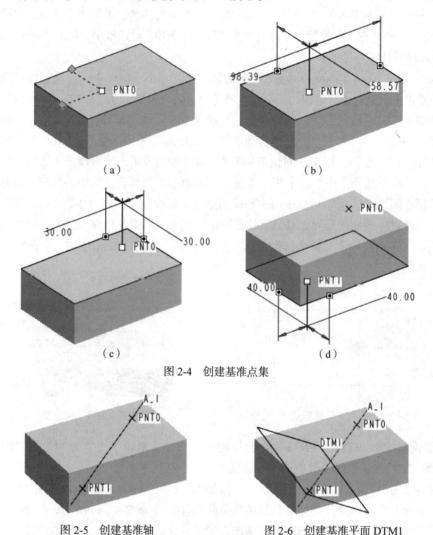

图 2-4　创建基准点集

图 2-5　创建基准轴　　　　　　　　图 2-6　创建基准平面 DTM1

（7）创建基准平面 DTM2。选择菜单【插入】|【模型基准】|【平面…】或单击【平面】 ⬭，系统弹出"基准面"对话框，按住【Ctrl】键分别选取基准轴 A_1（或两基准点 PNT1、PNT0）与模型的前侧面（或模型的其他任一表面），单击中键完成过基准轴（或过两基准点）与所选平面形成法向的基准平面 DTM2 的创建，如图 2-7 所示。

显然，选取两基准点 PNT0、PNT1（或基准轴 A_1）与长方体中的任意一顶点也可创建过三个点的基准平面 DTM#，并且与基准平面 DTM1 正交。

（8）单击【拉伸】 ⬭，两次右键菜单分别选择【去除材料】、【定义内部草绘…】，系统打开"草绘"对话框以定义草绘平面

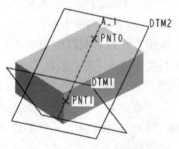

图 2-7　创建基准平面 DTM2

及参照平面与方向，选取 DTM1 基准平面作为草绘平面，再选取 DTM2 基准平面作为参照平面，切换方向为【顶】，单击中键进入草绘界面，如图 2-8 所示。系统弹出"参照"对话框，所显示的参照状态为"局部放置的"，这说明草绘图元的定位参照基准不足，为此，可选择添加的参照对象

有基准点 PNT0（或 PNT1）、基准轴 A_1、长方体中的任一顶点、与 DTM2 非平行的边线以及系统坐标系。为了实现草绘图元的完全定位即用于标注与约束的参照，且又能最大限度地减少尺寸标注与约束的数量，此处选取基准点 PNT0、PNT1、基准轴 A_1 三者之一作为参照图元，右键菜单选择【圆】⭕于参照图元 PNT0（或 PNT1）处绘制一截面圆草图，键入直径尺寸为"30"，如图 2-8 所示，单击✔完成草图的绘制。右键拉伸深度的盲孔尺寸值或深度控制滑块，从快捷菜单中选择【穿透】，再打开操控板中的"选项"面板，从"第 2 侧"的下拉列表框中选取【穿透】，单击中键完成斜穿孔的加工，其结果如图 2-1 所示。

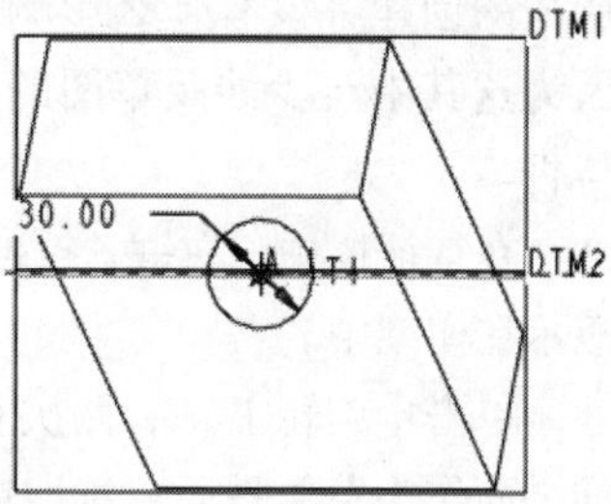

图 2-8　添加参照与绘制截面草图

（9）上述的操作过程中，若不选参照平面 DTM2 也是可以的。在特征树中，右键"拉伸 2"特征，从快捷菜单中选择【隐含】，确认后斜穿孔被抑制将不再显示在模型中。

单击【拉伸】⬚，两次右键菜单分别选择【去除材料】、【定义内部草绘…】，系统打开"草绘"对话框以定义草绘平面及参照平面与方向，选取 DTM1 基准平面作为草绘平面，直接单击中键进入草绘界面，如图 2-9 所示。系统弹出"参照"对话框，所显示的参照状态为"局部放置的"，这说明草绘图元的定位参照不足。除了采用上述的适时添加参照图元的方法之外，也可以直接右键菜单选择【圆】⭕，系统进一步弹出"缺少参照"的提示，选择【是】按键后，在草绘界面适当位置绘制直径为"30"的圆截面，单击【约束】⤢按键选取【重合】◈，将草绘圆的圆心约束到所创建的基准点或基准轴上，如图 2-9 所示。单击菜单【草绘】|【参照…】🔲或单击鼠标右键在弹出的快捷菜单中选择【参照】，从"参照"对话框中能够看出所选的基准点 PNT0（或 PNT1、基准轴 A_1）图元出现在"参照"收集器中，并且参照状态显示为"完全放置的"，如图 2-10 所示，单击✔完成草图的绘制，设置两侧的拉伸方式均为【穿透】，单击中键完成斜穿孔的加工，其结果如图 2-1 所示。

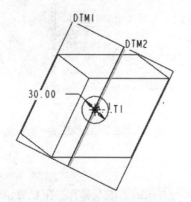

图 2-9　绘制截面草图与添加参照

图 2-10　"参照"对话框

在图 2-10 所示的"参照"对话框中，选取参照图元的方式是很多的。添加参照图元应本着草绘图元的定位以最少的几何约束与尺寸约束的原则来进行。此外，还应该注意到所选取的参照图元尽可能地保证在特征或零件的编辑定义过程中不至于造成参照图元缺失的情况出现。

（10）草绘视图的定向。从图 2-8 与图 2-9 可以看出，在选取了草绘平面后，是否选取草绘参照平面以及指定其参照方向（即"顶"、"底部"、"左"、"右"）对于草绘平面的 x、y 轴方向的确定是不同的。由于上述的截面属于比较单一的图元，并且其定位方式也比较简单，对于特征的创建并没有什么影响，但在某些特征的创建中，就必须要考虑到草绘视图的定向问题，因为这其中至少涉及草图的起始点位置、草绘平面的 x y 轴方向的确定以及草绘的难易与方便与否。

在特征树中，右键"拉伸3"特征，从快捷菜单中选择【隐含】，确认后斜穿孔被抑制而不再显示在模型中。

单击【旋转】⟡，两次右键菜单分别选择【去除材料】、【定义内部草绘…】，选取 DTM2 基准平面作为草绘平面，选取或接受长方体的前侧面"曲面：F5（拉伸_1）"作为参照平面，确认方向为【底部】，如图 2-11 所示，单击中键进入草绘界面，添加基准轴 A_1（或基准点 PNT0、PNT1）作为参照，草绘界面显示如图 2-12（a）所示，可以看出以模型表面作为参照平面时，其法向指向下方，其旋转轴为斜向。右键菜单选择【中心线】⋮绘制与基准轴 A_1 重合的中心线，右键菜单选择【线】╲，在中心线的一侧绘制矩形截面草图，并将矩形的左侧和右侧的直线图元通过【重合】⟡分别与同侧模型的顶点对齐，标注径向尺寸并修改为"30"，如图 2-12（a）所示。单击菜单【草绘】|【草绘设置…】，系统打开"草绘"对话框，选择方向为【右】，如图 2-12（b）所示；激活"参照"右侧的收集器，再选取 DTM1 基准平面作为参照平面，切换方向为【底部】或【顶】，则 DTM1 基准平面的法向指向下方或上方，此时的旋转轴为竖直，草绘截面可采用【矩形】绘制，如图 2-12（c）所示；再切换方向为【左】或【右】，则 DTM1 基准平面的法向指向左侧或右侧，此时的旋转轴为水平，草绘截面可采用【矩形】绘制，如图 2-12（d）所示，单击✔完成草图的绘制。接受缺省的旋转角度为"360"，单击中键完成斜穿孔的加工，其结果如图 2-1 所示。

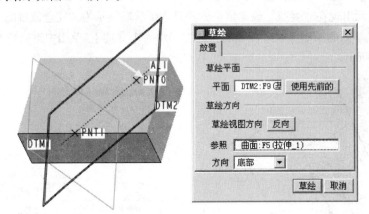

图 2-11　选取草绘平面和参照平面与方向

以上只是采用一个简单的实例来说明草绘参照平面与方向的选取与操作，在 CATIA、UG NX 等软件中均有类似的情形，相比之下，只是 Pro/E 软件对于这一问题体现得更突出一些，但这些均是三维建模中必须考虑的基本问题。

（11）创建孔特征来完成斜穿孔造型。只要涉及草图的绘制，其草绘视图的定向就无法避免，对于图 2-1 中的斜穿孔采用"孔"工具来实现其问题就要简单得多。

在特征树中，右键"旋转1"特征，从快捷菜单中选择【隐含】，确认后斜穿孔被抑制将不再显示在模型中。

单击【平面】▱，按住【Ctrl】键分别选取 DTM1 基准平面与长方体的左下方顶点创建穿过该顶点与 DTM1 基准平面平行的基准平面 DTM3，单击中键完成 DTM3 基准平面的创建，如图 2-13 所示。

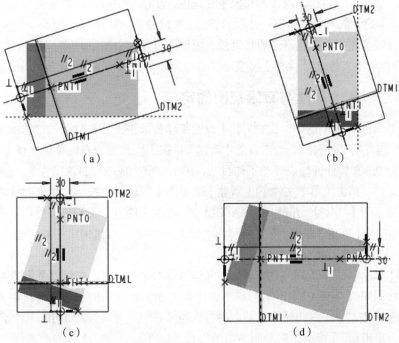

图 2-12　草绘视图定向的选取

单击【孔】，选取 DTM3 基准平面作为孔的放置面，按住【Ctrl】键的同时再选取基准轴 A_1 作为定位基准。接受操控板上默认【创建简单孔】与【使用预定义矩形作为钻孔轮廓】方式，输入孔的直径尺寸为"30"，右键孔的深度控制滑块选择菜单中的【穿透】，如图 2-14 所示，单击中键完成长方体上斜穿孔的加工。

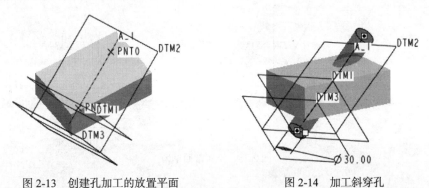

图 2-13　创建孔加工的放置平面　　　图 2-14　加工斜穿孔

（12）在特征树中，右键"DTM3"特征，从快捷菜单中选择【隐含】，确认后 DTM3 基准平面与"孔 1"两个特征被抑制而不再显示在模型中。

单击【孔】，选取 DTM1 基准平面作为孔的放置面，按住【Ctrl】键的同时再选取基准轴 A_1 作为定位基准。接受操控板上默认【创建简单孔】与【使用预定义矩形作为钻孔轮廓】方式，输入孔的直径尺寸为"30"，右键孔的深度控制滑块选择菜单中的【穿透】，打开操控板中"形状"面板，从"侧 2"的下拉列表框中选取【穿透】，单击中键完成平板模型上的斜穿孔的加工，如图 2-14 所示。

（13）在特征树的导航器窗口中单击【设置】|【树过滤器…】，系统打开"模型树项目"对话框，在"显示"面板下，勾选【隐含的对象】复选框，单击中键确认后特征树显示出所有已隐含的特征对象，每个隐含的对象都带有一个项目符号。右键隐含的特征，从快捷菜单中选择【恢复】，上述特征显示在特征树中，并且不带项目符号，图形中也显示出相应的特征造型。

（14）单击菜单【文件】|【保存】□完成"DATUM_1"文件的创建。

2. 简单线框图的创建与草绘视图的定向

（1）设置工作目录。单击菜单【文件】|【设置工作目录】🗁，在打开的"选取工作目录"对话框中，选取已建立的文件夹或单击工具条【新建文件夹】🗀按键或右键菜单选择【新建文件夹】并重命名以作为 Pro/E 软件进行设计的工作目录，单击中键完成工作目录的设置。

（2）新建文件。单击菜单【文件】|【新建】或单击【新建】□按键，接受默认的文件类型为【零件】，其子类型为【实体】，并键入"DATUM_2"作为文件名，不勾选【使用缺省模板】复选框，单击对话框中的【确定】按键。在系统弹出"新文件选项"对话框中，双击"mmns_part_solid"进入 Pro/E 零件设计工作界面。

（3）单击【草绘】▨，选择 TOP 基准平面作为草绘平面，单击中键接受缺省参照与方向进入草绘界面，绘制如图 2-15（a）所示的草图，其中 $R150\text{mm}$ 圆弧的上端点与直径为"45"的圆相切，$R150\text{mm}$ 与 $R110\text{mm}$ 两圆弧的下端点用直线连接并切换为几何图元用以标注角度尺寸，标注并修改尺寸，单击✔完成草图的绘制，如图 2-15（b）所示。

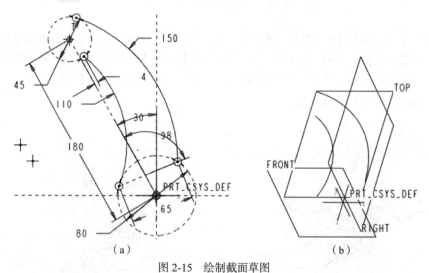

图 2-15　绘制截面草图

（4）创建过两圆弧的下端点与 TOP 基准平面正交的平面。单击【平面】▱，按住【Ctrl】键分别选取左、右两圆弧的下端点（选取两个端点相当于创建一个基准轴）与 TOP 基准平面，单击中键完成过两端点与 TOP 基准平面正交的 DTM1 基准平面的创建，如图 2-16（a）所示。

（5）创建在 DTM1 基准平面上且通过两圆弧下端点的椭圆。单击【草绘】▨，选择 DTM1 基准平面作为草绘平面，以 TOP 基准平面作为参照平面，切换方向为【顶】，单击"草绘"对话框中"草绘视图方向"右侧的【反向】按键或图形中的黄色箭头使其反向，单击中键进入草绘界面，系统弹出"参照"对话框，适时调整图形的显示大小以便选取操作，将光标分别置于两圆弧下端点，单击右键一次，当圆弧高亮且端点出现十字叉丝时再单击左键拾取两端点作为参照图元。单击【圆】⚪右侧的箭头 ▶ 选取【椭圆】⬭，将椭圆的圆心定位于 TOP 基准平面上并且位于两参照点图元之间，通过【重合】◉将椭圆长轴方向的两个端点分别约束至两参照点图元上，键入椭圆的短半轴尺寸为"17.5"，如图 2-16（b）所示，单击✔完成草图的绘制，如图 2-16（c）所示。

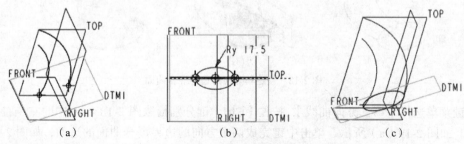

图 2-16　创建 DTM1 基准平面与绘制椭圆截面

（6）创建过两圆弧的上端点与 TOP 基准平面正交的平面。单击【平面】▱，按住【Ctrl】键分别选取左、右两圆弧的上端点与 TOP 基准平面，单击中键完成 DTM2 基准平面的创建，如图 2-17（a）所示。

图 2-17　创建 DTM2 基准平面与绘制椭圆截面

（7）创建在 DTM2 基准平面上且通过两圆弧上端点的椭圆。单击【草绘】⬚，选择 DTM2 基准平面作为草绘平面，以 TOP 基准平面作为参照平面，方向为【右】，单击"草绘"对话框中"草绘视图方向"右侧的【反向】按键或图形中的黄色箭头使其指向左侧，单击中键进入草绘界面，系统弹出"参照"对话框，适时调整图形的显示大小以便进行选取操作，分别拾取两圆弧的上端点作为参照图元。选取【椭圆】⬭，将椭圆的圆心定位于 TOP 基准平面上（即竖直方向）并且位于两参照点图元之间，通过【重合】◉将椭圆短轴方向的两个端点分别约束至两参照点图元上，键入椭圆的长半轴尺寸为"12.5"，如图 2-17（b）所示，单击✔完成草图的绘制，如图 2-17（c）所示。

（8）从图 2-17（c）中的线框图结构能够看出，两个椭圆位于一个方向上，两条圆弧曲线位于另一个方向上，此处仅用"边界混合"⬚工具来检测两椭圆的端点位置及曲面效果，以此来说明草绘视图定向在某些造型功能使用中的重要性。

单击【基准平面开/关】▱、【基准轴开/关】／、【坐标系开/关】✕按键将其关闭。单击【边界混合】⬚，拾取上部的椭圆曲线，如图 2-18（a）所示，按住【Ctrl】键再拾取下部的椭圆曲线，如图 2-18（b）所示，由此形成由两条曲线以直纹面方式构成的曲面。图 2-18（a）、（b）中的锚点（即圆形标记）分别显示出两椭圆曲线的闭合点位置，显然，两个闭合点位置分别对应于

图 2-16（b）与图 2-17（b）中草绘平面的 x 轴方向。由于两个椭圆曲线的闭合点位置并不位于同一方向，所形成的曲面产生扭曲，如图 2-18（c）所示。

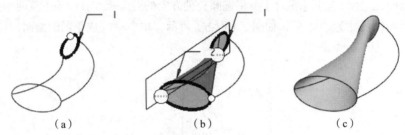

（a） （b） （c）

图 2-18 创建单方向的边界混合曲面

右键菜单选择【第二方向曲线】，按住【Ctrl】键分别拾取图 2-18（a）中的左、右两条圆弧曲线，如图 2-19（a）所示，单击中键完成两个方向的边界混合曲面的造型，如图 2-19（b）所示。

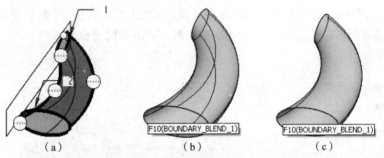

（a） （b） （c）

图 2-19 创建两方向的边界混合曲面与对比

（9）在特征树中，右键"草绘 3"特征，从快捷菜单中选择【编辑定义】进入草绘操作界面，单击菜单【草绘】|【草绘设置…】🔲，系统弹出"草绘"对话框，选取"方向"下拉列表框中的【顶】，单击中键完成草绘视图方向的设置，此时椭圆的长轴位于水平方向，单击 ✔ 完成草图的编辑，所创建的边界混合曲面自动更新，如图 2-19（c）所示。

（10）对比图 2-19（b）和图 2-19（c）能够清楚地看出，前者是由四张曲面片构成的，而后者是由两张曲面片构成的。

单击菜单【分析】|【测量】|【区域】🔲，系统弹出"区域"对话框，将光标置于图 2-19（c）所示的曲面上，右键单击两次再左键单击以拾取边界混合曲面面组，其面积大小如图 2-20（a）所示，显然，图 2-20 中的两曲面面积还是存在着一定的差别。

（11）基准特征的创建与应用应遵循一定的几何约束条件，草图的绘制应有利于特征合理地创建。对于 Pro/E 软件中的"混合"、"扫描混合"、"边界混合"等特征工具，闭环截面草图的创建应保证特征造型不产生扭曲，因此，绘制截面草图应合理选取草绘视图参照与方向。此外，对于比较复杂的曲面造型，在截面草图的绘制过程中，可以采用【分割】🔲 确定出起始点位置，从起始点处的图元开始依次拾取相连的其他图元，选择菜单【编辑】|【转换到】|【样条】将曲线链转换成单一的样条线；或者以"几何"方式选取曲线链后运用【复制】🔲 与【粘贴】🔲，将起始点（即锚点）定于分割点位置以【逼近】方式创建复合曲线，经过这样处理的截面曲线链有利于后续特征建模效果更趋完美。

（12）保存文件。单击菜单【文件】|【保存】🔲 完成"DATUM_2"文件的创建。

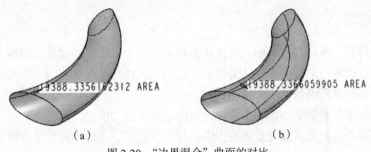

（a）　　　　　　　　　　　（b）

图 2-20　"边界混合"曲面的对比

2.2 "T"形夹具

1. Pro/E 软件特征的分类

特征是 Pro/E 软件中零件模型中的最小组成部件。创建一个零件的模型可能会需要多种不同的特征。如果使用简单的特征来构造模型，零件的建模会更加灵活。构建的所有模型都包含以下基本的结构属性：特征、零件及组件。特征包括基准、拉伸、旋转、扫描、混合、倒圆角、孔等，每次创建一个单独的几何图元，其几何特征的集合体则称为零件。在组件或装配设计中，零件是指元件，装配在一起以创建模型的元件集合则称为组件，一个组件中可包含多个零件。根据组件和子组件与其他组件和主组件之间的关系，在一个层次结构中可包含多个组件和子组件。

Pro/E 三维建模的特征可分为三大类，即基准特征、草绘型特征及附着型特征。

（1）基准特征。基准特征是 Pro/E 软件中的一类非常重要的特征，用于特征、零件、组件等的设计参照，如定位、方向等，主要包括基准平面▱、基准轴 ⁄ 、基准点 ✕✕、基准曲线 ～、基准坐标系 ✕✕、基准参照 ⤴ 及异步基准等，基准的创建方法是基于点、线、面之间的基本几何性质与定理，基准特征创建的合理与否直接影响到后续特征的进程。

（2）草绘型特征。Pro/E 软件中的拉伸 ⬚、旋转 ⬙、扫描 ⬚、混合 ⬚、螺旋扫描 ⬚、扫描混合 ⬚、可变剖面扫描 ⬚ 等特征是基于平面型的截面图元（草图或边线）来创建的，这是建模中最常用的一类造型特征，用于创建实体与曲面，完成添加材料或去除材料操作。此外，Pro/E 软件中的边界混合 ⬚、自由曲面 ⬚ 等高级曲面功能的创建也需要用到更多的平面型或空间型图元，通过创建这些曲面用以完成更复杂零件的建模。

（3）附着型特征。附着型特征也称为工程特征，它们分别是孔 ⬚、壳 ⬚、筋 ⬚、拔模 ⬚、倒圆角 ⬚ 与自动倒圆角 ⬚、倒角 ⬚ 等特征，用于创建特征、零件的外观或内部结构造型，可实现添加或去除材料。这些特征的创建必须依附于已有的特征或零件，它们之间具有从属关系。

除了上述三大类特征之外，Pro/E 软件还有众多的编辑功能，如复制 ⬚、粘贴 ⬚ 或选择性粘贴 ⬚、镜像 ⬚、移动 ⬚、合并 ⬚、修剪 ⬚、阵列 ⬚、投影 ⬚、包络 ⬚、延伸 ⬚、相交 ⬚、填充 ⬚、偏移 ⬚、加厚 ⬚、实体化 ⬚、移除 ⬚ 等，这些特征用于点、线、面或实体与特征的表面、零件或组件的相关编辑操作。

2. 父子关系

在渐进创建特征、零件的过程中，可使用各种类型的 Pro/E 特征功能。但某些特征，出于必要性，优先于设计过程中的其他多种从属特征，这些从属特征从属于先前为尺寸和几何参照所定义的特征，这就是通常所说的父子关系。

总的来讲，父子关系是 Pro/E 和参数化建模的最强大的功能之一。在通过模型传播改变来维护设计意图的过程中，此关系起着重要的作用。修改了特征、零件中的某父项特征后，其所有的子项特征会被自动修改更新以反映父项特征的变化。如果隐含或删除父特征，Pro/E 会提示对其相关子项特征进行相关操作。父项特征可没有子项特征而存在，使用父子关系时，记住这一点非常有用。但是，如果没有父项，则子项特征便不能存在。因此，这对于参照特征的尺寸非常必要，这样 Pro/E 便能在整个模型中正确地传播设计更改。

3. 设计的概念

在 Pro/E 软件中，可设计多种类型的模型或产品。在开始设计项目之前，需要了解以下几个基本概念。

设计意图——设计模型之前，需要明确设计意图。设计意图是根据产品规范或需求来定义成品的用途和功能。捕获设计意图能够为产品带来价值和持久性。这一概念是 Pro/E 基于特征建模过程的核心。

基于特征建模——Pro/E 零件建模是从逐个单独的几何特征开始，在设计过程中参照其他特征时，这些特征将与所参照的特征相互关联。

参数化设计——特征之间的相关性使得模型成为参数化模型。因此，如果修改某特征，而此修改又直接影响其他相关（从属）特征，则 Pro/E 会动态地修改那些相关特征。此参数化功能可保持零件的完整性，并可保持设计意图。

相关性——通过相关性，Pro/E 能在"零件"模式外保持设计意图。在继续设计模型时，可添加零件、组件、绘图和其他相关对象（如钣金件等）。所有这些功能在 Pro/E 内都完全相关。因此，如果在任意一级修改设计，项目将在所有级中动态反映该修改，这样便保持了设计意图。

4. "T"形夹具的拉伸建模

"拉伸"是将草绘截面沿着其法向方向在空间移动一定的距离所形成的几何体（即实体与曲面）。Pro/E 目前的版本中拉伸特征的创建只支持沿着截面的法向行进，不能指定其他的方向，其截面必须为草绘图元，也不能在其创建过程中设置拔模斜度或锥度。

（1）启动 Pro/E 软件。

（2）设置工作目录。单击菜单【文件】|【设置工作目录】，在打开的"选取工作目录"对话框中，选取已建立的文件夹或单击工具条【新建文件夹】按键或右键菜单选择【新建文件夹】并重命名以作为 Pro/E 软件进行设计的工作目录，单击中键或对话框的【确定】按键完成工作目录的设置。

（3）新建文件。选择菜单【文件】|【新建】或单击【新建】按键，接受缺省的文件类型为【零件】，其子类型为【实体】，并键入"T_FIXTURE"作为新建文件的文件名，不勾选【使用缺省模板】复选框，如图 2-21 所示，单击对话框中的【确定】按键。系统弹出"新文件选项"对话框，如图 2-22 所示，双击"mmns_part_solid"或选取模板后单击对话框中的【确定】按键进入 Pro/E 零件设计工作界面。

注意
Pro/E 等软件的文件名不要使用空格、减号等字符，尽量不要使用中文字符。

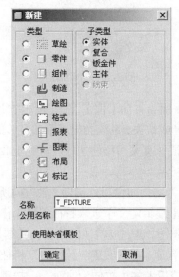

图 2-21　选择文件类型

图 2-22　选取模板文件类型

（4）设计如图 2-23 所示的"T"形夹具造型。单击【拉伸】，选择操控板中的"放置"面板并单击"草绘"右侧的【定义...】按键或右键菜单选择【定义内部草绘...】，系统打开"草绘"对话框以定义草绘平面及参照平面与方向，将光标置于 FRONT 基准平面的边框，当其高亮显示时单击左键拾取 FRONT 基准平面作为草绘平面，系统自动选取与 FRONT 基准平面正交的 RIGHT 基准平面作为参照平面，其参照方向为【右】，如图 2-24 所示，单击对话框中的的【草绘】按键或在选取 FRONT 基准平面后直接单击中键接受上述的缺省参照与方向进入草绘界面，右键菜单选择【中心线】于系统坐标系原点绘制一竖直中心线作为对称线，再次右键菜单选择【矩形】，在 TOP 基准平面的上、下两侧分别绘制对称于中心线的矩形，选择【删除段】，在两个矩形的重叠图元处分别拾取四次，将其编辑为一"T"形区域，标注并修改尺寸，如图 2-25 所示。单击✔完成截面草图的绘制，系统进入特征操作界面并显示拉伸特征的预览，双击拉伸的盲孔尺寸将其修改为"110"并按【Enter】键确认，选择操控板右侧的✔按键或单击中键完成"T"形结构的拉伸造型，如图 2-26 所示。

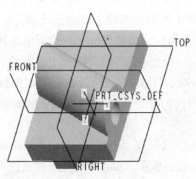

图 2-23　"T" 形夹具

图 2-24　"草绘" 对话框

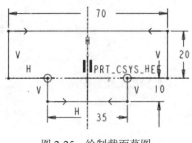

图 2-25　绘制截面草图

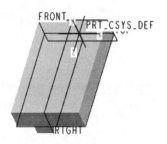

图 2-26　"T"形造型

图 2-24 的草绘平面的参照也可以选择 TOP 基准平面与方向【顶】。所谓草图的参照就是指截面草图中的尺寸标注与几何约束的基准，如果参照不足或缺失，系统会提示添加足够的参照对象。另外，对于"混合"、"扫描混合"、"边界混合"等特征，有关参照的选取应有利于截面图元中的起始点的确定。

图 2-26 中的造型是以输入移动的距离、截面延伸方向指向窗口外侧即 z 轴方向所完成的。在特征树中，右键"拉伸 1"特征，从快捷菜单中选择【编辑定义】进入特征编辑操作，右键拉伸的盲孔尺寸或深度控制滑块选择菜单中的【对称】，单击中键完成特征的编辑，其结果如图 2-27（a）所示，显然，拉伸特征的造型对称于截面的草绘平面。再次右键"拉伸 1"特征，从快捷菜单中选择【编辑定义】进行特征的编辑操作，选择操控板上的【拉伸为曲面】□按键或右键菜单选择【曲面】，单击操控板右侧的【特征预览】∞按键，其结果为没有封闭两端面的曲面，如图 2-27（b）所示；单击中键一次，打开操控板上"选项"面板，勾选【封闭端】复选框，单击【特征预览】∞按键，其结果为一完全封闭的曲面面组，如图 2-27（c）所示，最后单击操控板最右侧的【取消特征创建/重定义】✕按键，模型显示如图 2-27（a）所示。

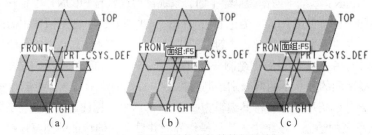

图 2-27　"T"形结构的拉伸特征的编辑

（5）创建草绘平面。单击【草绘】∿，选择"T"形的上表面作为草绘放置平面，单击中键接受缺省参照即"曲面：F5（拉伸_1）"并切换方向为【顶】进入草绘界面，右键菜单选择【参照】或单击菜单【草绘】|【参照...】⬚，分别拾取"T"形结构的左、右边线作为参照图元，右键菜单选择【线】\绘制一条斜线草图，其两端点分别位于两参照图元上，这样，当"T"形结构的宽度尺寸发生改变时，斜线的端点位置也会随之更新，保证了特征之间的关联性，标注并修改尺寸，如图 2-28 所示，单击✔完成草图的绘制。

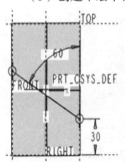

图 2-28　绘制直线草图

单击【平面】▱，首先拾取斜线，再按住【Ctrl】键拾取斜线右侧的端点，反之亦然，如图 2-29 所示，单击中键完成过直线端点的法向基准平面 DTM1 的创建，如图 2-30 所示。

图 2-29　"基准平面"对话框　　　图 2-30　创建 DTM1 基准平面

（6）创建斜向半圆柱造型。单击【拉伸】，右键菜单选择【定义内部草绘…】，选取上述创建的 DTM1 基准平面作为草绘平面，系统自动选取与 DTM1 正交的 TOP 基准平面作为草绘视图方向，切换方向为【顶】，选择图形中的黄色箭头或单击"草绘"对话框中的草绘视图方向右侧的【反向】按键，再单击中键进入草绘界面，系统弹出"参照"对话框，如图 2-31 所示，其中的参照状态为"局部放置的"，这表明绘制草图的参照不足，选取斜线的端点或与 TOP 基准平面非平行的的对象或其他顶点作为参照就可以实现草图的完全定位，激活下一个绘图命令时系统会自动关闭"参照"对话框，若单击"参照"对话框中的【求解】按键，参照状态则显示为"完全放置的"。选取参照应根据特征、草图等的标注、约束的具体要求，如上述斜线的端点正是截面圆的圆心。右键菜单选择【圆】，以斜线的端点为圆心绘制一直径为"40"的截面圆，如图 2-32 所示，单击完成草图的绘制。系统回到特征操作界面，从预览显示可以看出，要创建图 2-23 中的造型，拉伸特征必须以草绘截面的两侧来延伸一定的深度才可以实现。选择操控板上的"选项"面板，从"第 2 侧"的下拉列表框中选取【盲孔】，分别拖动"第 1 侧"与"第 2 侧"的深度控制滑块直到适当的深度为止，单击中键完成斜向半圆柱结构的创建，如图 2-33 所示。

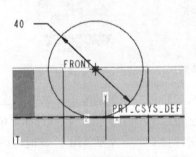
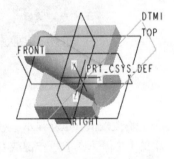

图 2-31　"参照"对话框　　　图 2-32　绘制草图截面圆　　　图 2-33　创建斜向半圆柱造型

（7）拉伸深度的参照控制方式。Pro/E 软件中共有六种拉伸深度设置方式，除了其中的【盲孔】与【对称】两种方式均需要指定具体的数值之外，【到下一个】、【穿透】、【穿至】及【到选定的】这四种方式均可通过已有的特征或参照来满足相应的设计要求，参照对象为点（基准点、端点、特征与零件的顶点）、线（曲线与边线、轴）、面（基准平面、特征与零件的表面）及特征等。

对于添加材料操作，【到下一个】、【穿透】及【穿至】这三种方式要求拉伸特征的截面必须完全位于已有的特征或截面之内，此外，草绘平面或截面的位置必须视具体情形而定。而【到选定的】这一方式则没有上述的要求，其使用比较普遍。

对于去除材料操作,【到下一个】、【穿透】、【穿至】及【到选定的】这四种方式均可根据实际设计情况灵活选用。不过,一般应尽量少选用"顶点"作为参照,以免特征编辑中该参照的丢失。

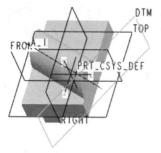

图 2-34 重定义特征

在特征树中,右键"拉伸 2"特征选择菜单中的【编辑定义】进入特征操作界面,右键其中之一的盲孔尺寸或白色方形深度控制滑块选择菜单中的【到选定的】,再选取"T"形结构相对应的一个侧面作为参照;同样,选择另一侧的深度控制方式为【到选定的】并选取另一侧面作为参照,单击中键完成特征的重定义,如图 2-34所示。

(8)斜圆柱中通孔的加工。单击【拉伸】⬚,两次右键菜单分别选择【去除材料】、【定义内部草绘…】,在弹出的"草绘"对话框中,选择【使用先前的】按键直接进入草绘界面,系统同样弹出如图 2-31 所示的"参照"对话框,这次采用不同于上次的操作方法来完成草图的绘制。选择【圆心和点】○右侧 ▶,在展开的菜单中选取【同心】◎,系统弹出如图 2-35 所示的对话框,单击【是】按键,注意如果直接选取半圆柱的边线是添加参照则需要再次激活【同心】,拾取半圆柱的边线,再拖动光标到适当位置以绘制截面圆,键入圆的直径尺寸为"16",单击✔完成截面草图的绘制。系统回到特征操作界面,选择操控板上的"选项"面板,从"第 2 侧"的下拉列表框中选取除【盲孔】和【对称】之外的深度控制方式,对"第 1 侧"的深度控制也做同样的设置,单击中键完成通孔的加工。单击【基准平面开/关】▱、【基准轴开/关】 ⟋、【坐标系开/关】⤴按键将其关闭,模型的显示如图 2-36 所示,模型特征树结构如图 2-37 所示。

图 2-35 "缺少参照"对话框

图 2-36 通孔的加工

图 2-37 模型特征树

(9)特征的编辑定义与"求解特征"诊断的使用。单击【基准平面开/关】▱与【坐标系开/关】⤴按键使其重新显示。右键特征树中"拉伸1"特征选择菜单中的【编辑定义】,选择操控板中的【加厚草图】▭按键或右键选择菜单【加厚草图】,此时可以看到"T"形截面以加厚草图的方式来显示。再次右键菜单选择【编辑内部草绘…】进入草图操作界面,如图 2-25 所示。单击【删除段】 ⟋,删除图中除长度为"70"的直线之外的其他图元,如图 2-38 所示。注意:在删除两条长度为"20"的竖直线图元过程中,对系统弹出的如图 2-39 所示的对话框分别选择【是】按键,单击✔完成草图的编辑。系统回到特征操作界面,在操控板中的【加厚草图】按键的右侧输入框中键入"20", 尝试着选择其后的加厚侧 ⟋按键观察草图加厚的位置变化,再确认草图加厚的位置为图元的上侧,单击中键完成特征参数的编辑。系统弹出如图 2-40 所示的【求解特征】菜单管理器与"诊断失败"提示信息,选择【快速修复】|【重定义】|【确认】后,系统弹出"草绘"对话框,如图 2-41 所示,从中能够看出草绘平面的参照已丢失,选取"T"形的上表面作为草绘平面,单击中键进入草绘界面,系统弹出如图 2-42 所示的"参照"对话框,选取【约束】⬓,对系统弹出的如图 2-35 所示的"缺少参照"对话框选择【是】,再拾取【重合】◉,将斜线的两个端

点分别约束至草绘平面的左、右边线上，重新标注角度尺寸，如图 2-28 所示，单击✔完成草图的编辑。系统再次弹出如图 2-40 所示的【求解特征】菜单管理器与相关"诊断失败"提示信息，选择【快速修复】|【重定义】|【确认】后，系统进入拉伸特征操作界面。针对拉伸特征的深度参照的丢失，选择操控板上的"选项"面板，分别激活深度参照的收集框，再选取相对应的右侧面与左侧面，拉伸特征立刻显示其预览，连续单击中键两次完成特征的编辑定义，如图 2-43 所示。

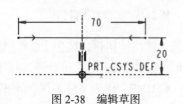

图 2-38　编辑草图

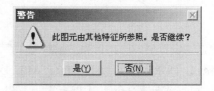

图 2-39　确认对话框

图 2-40　"求解特征"管理器

图 2-41　"草绘"对话框

图 2-42　"参照"对话框

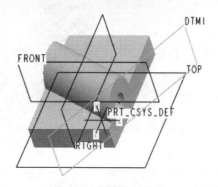

图 2-43　编辑后的造型

　　单击【拉伸】，两次右键菜单分别选择【加厚草图】及【定义内部草绘…】，系统打开"草绘"对话框以定义草绘平面及参照平面与方向，选取如图 2-43 所示的平板的前侧面作为草绘平面，接受系统默认的 RIGHT 基准平面作为参照平面，其方向为【右】，单击中键进入草绘界面。右键菜单选择【参照】或单击菜单【草绘】|【参照】，选取平板的底部边线作为参照图元，右键菜单选择【中心线】于系统坐标系原点处绘制一竖直中心线，再次右键菜单选择【线】，在参照图元上绘制对称于中心线的水平线，键入直线的尺寸为"35"，如图 2-44 所示，单击✔完成草图的绘制。键入草图加厚值为"10"，选择加厚侧按键使其位于图元的下侧，设置拉伸的生长方式为【到选定的】，并选取平板的后侧面作为参照，单击中键完成"T"形夹具的滑轨的创建，如图 2-45 所示。

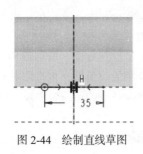 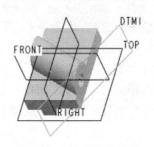

图 2-44　绘制直线草图　　　　　　　图 2-45　"T"形夹具模型

（10）单击【设置层、层项目和显示状态】⬚显示系统的层结构树，按住【Ctrl】键分别选取 "03___PRT_ALL_CURVES"、"04___PRT_ALL_DTM_PNT"，两次右键菜单分别选择【隐藏】及【保存状态】。单击菜单【文件】|【保存】⬚，以 "T_FIXTURE" 作为文件名保存该模型文件。

2.3 | 粗滤器盖

图 2-46 所示的粗滤器盖为一异形、结构并不复杂的壳体零件，其造型主要通过"拉伸"与"倒圆角"功能来完成其外观造型，然后采用"壳"工具并设置"排除曲面"选项实现其薄壳体结构的创建。

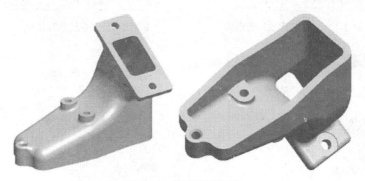

图 2-46　粗滤器盖造型

1. 粗滤器盖的外形结构造型

（1）单击【拉伸】⬚，右键菜单选择【定义内部草绘...】，再单击【平面】⬚，选择 RIGHT 基准平面作为偏距平面向右偏移 "75"，单击中键后接受缺省参照并切换方向为【顶】，再次单击中键进入草绘界面，右键菜单选择【中心线】⬚于坐标系原点绘制一竖直中心线，再次右键菜单选择【线】⬚绘制如图 2-47（a）所示的闭环截面草图，并在长度为 "56" 的斜线中点处添加与其正交的中心线，标注并修改尺寸，单击✔完成草图的绘制。单击特征的生长方向箭头使其反向，键入盲孔的深度值为 "42"，单击中键完成粗滤器盖的右侧出口外形结构造型，如图 2-47（b）所示。

（2）单击【拉伸】⬚，右键菜单选择【定义内部草绘...】，选择 TOP 基准平面作为草绘平面，单击中键接受缺省参照与方向进入草绘界面，右键菜单选择【中心线】⬚于坐标系原点绘制一水平中心线，再次右键菜单选择【线】⬚绘制如图 2-48（a）所示的闭环截面草图，标注并修改尺寸，单击✔完成草图的绘制，设置拉伸方式为【到选定的】，拾取图 2-47 中的后侧拐角处的棱边作为参照，单击中键完成粗滤器盖的进口外形结构造型，如图 2-48（b）所示。

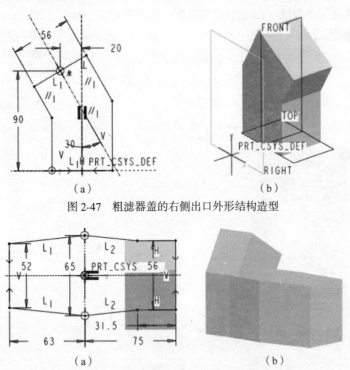

图 2-47　粗滤器盖的右侧出口外形结构造型

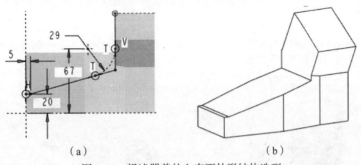

图 2-48　粗滤器盖的进口外形结构造型

（3）单击【拉伸】，两次右键菜单分别选择【去除材料】、【定义内部草绘…】，选取 FRONT 基准平面作为草绘平面，单击中键接受缺省参照与方向进入草绘界面，选择菜单【草绘】|【参照…】或右键菜单选择【参照】，分别拾取图 2-47 与图 2-48 中的左侧直立侧面边线作为参照，绘制如图 2-49（a）所示的开放草图，其中圆弧为几何图元，标注并修改尺寸，单击✔完成草图的绘制，设置拉伸方式为【穿透】，选择操控板上的"选项"面板，从"第 2 侧"的下拉列表框中选取【穿透】作为控制方式，单击中键完成粗滤器盖的上表面外形结构造型，如图 2-49（b）所示。

图 2-49　粗滤器盖的上表面外形结构造型

图 2-49（a）中的 R29mm 的圆弧在拉伸除料中不能与竖直面形成完全融合的光滑表面，只能在后续的操作中通过采用倒圆角功能来完成。

（4）选择【倒圆角】，拾取图 2-49（a）中的左侧斜面与相连的右侧直立面的交线，键入倒圆角的半径尺寸为"29"，并按【Enter】键确认，拾取图 2-49（b）中的左侧斜面与相连水平面的交线，键入倒圆角的半径尺寸为"11"并按【Enter】键确认，拾取图 2-48（b）中的斜侧面之间及斜侧面与之相连右侧直立面之间的任一交线，键入倒圆角的半径为"20"，按住【Ctrl】键再拾取上述相应的其他三条交线，单击中键完成倒圆角集的创建，如图 2-50（a）所示。

继续选择【倒圆角】，按照图 2-50（b）、图 2-50（c）所示的顺序分别完成相应边线的倒圆角。

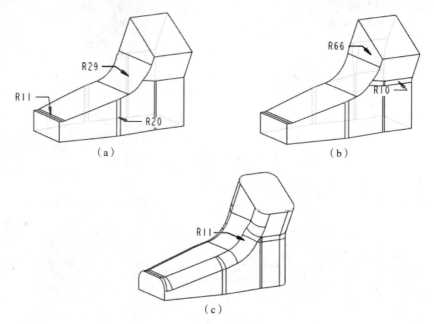

图 2-50　创建粗滤器盖交线的倒圆角过渡

2．粗滤器矩形法兰的造型

单击【拉伸】，右键菜单选择【定义内部草绘...】，拾取图 2-50（c）中的右侧顶部斜面作为草绘平面，单击中键接受缺省参照与方向进入草绘界面，分别拾取顶部斜面的左侧及上方的边线作为参照，右键菜单选择【矩形】，绘制如图 2-51（a）所示的矩形，单击✔完成截面草图的绘制，选择拉伸的箭头使其反向，键入拉伸的盲孔尺寸为"8"，单击中键完成粗滤器盖的出口矩形法兰造型，如图 2-51（b）所示。

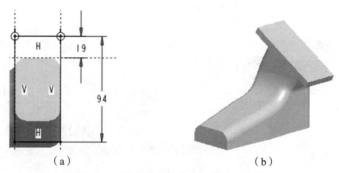

图 2-51　粗滤器盖的出口矩形法兰造型

3．粗滤器盖壳体的内腔造型

单击【壳】，按住【Ctrl】键分别选取粗滤器盖的进口连接表面和顶部出口的矩形法兰表面作为移除表面；右键菜单选择【排除曲面】，按住【Ctrl】键分别选取矩形法兰的内侧面（拉伸终止面）及纵向两个侧面（尺寸"94"方向），如图2-52（a）中的阴影面所示，键入抽壳的厚度值为"6"，单击中键完成粗滤器盖的内腔薄壁结构造型，如图2-52（b）所示。

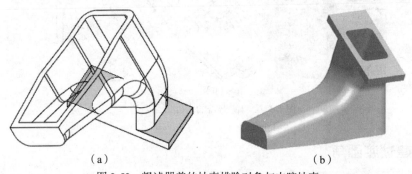

（a）　　　　　　　　　　　　　　（b）

图2-52　粗滤器盖的抽壳排除对象与内腔抽壳

4. 粗滤器盖的凸耳造型

单击【拉伸】，右键菜单选择【定义内部草绘…】，选择TOP基准平面作为草绘平面，单击中键接受缺省参照与方向进入草绘界面，绘制如图2-53（a）所示的截面圆草图，图中直径为"16"的圆与粗滤器盖的内腔左侧面相切，单击✔完成截面草图的绘制。键入盲孔的深度值为"20"，单击中键完成粗滤器盖的凸耳造型，如图2-53（b）所示。

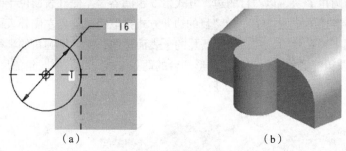

（a）　　　　　　　　　　　　　　（b）

图2-53　粗滤器盖的凸耳造型

5. 粗滤器盖的凸台造型

（1）单击【拉伸】，右键菜单选择【定义内部草绘…】，再单击【平面】，选择TOP基准平面作为偏距平面向上偏移"24"，连续单击中键两次接受缺省参照与方向进入草绘界面。右键菜单选择【中心线】于坐标系原点处绘制两正交的中心线，绘制如图2-54（a）所示的半腰圆形草图，其水平直线与内腔位于此处的过渡圆角表面相切，单击✔完成截面草图的绘制。设置拉伸方式为【到选定的】，再选取内腔的斜面作为参照，单击中键完成粗滤器盖内腔中的两半腰圆凸台的造型，如图2-54（b）所示。

（2）单击【拉伸】，右键菜单选择【定义内部草绘…】，拾取上述半腰圆形凸台表面作为草绘平面，单击中键接受缺省参照与方向进入草绘界面。单击【同心】，分别在半腰圆形凸台圆弧边线上连续单击两次后再单击中键以创建直径为"16"的同心圆，单击✔完成草图的绘制，键入盲孔深度尺寸为"18"，选择拉伸的方向箭头使其反向，单击中键完成粗滤器盖斜面上的凸台造型，如图2-54（c）所示。

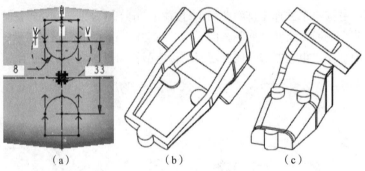

图 2-54　粗滤器盖的内外侧凸台造型

6. 创建过渡圆角

（1）选择【倒圆角】 🔧 ，选取粗滤器盖内腔进口左侧的边线，键入倒圆角的半径尺寸为"5"并确认；再以"目的边"方式拾取内腔表面与腰圆形凸台的交线，键入倒圆角的半径尺寸为"2"并确认，单击中键完成倒圆角集的创建，如图 2-55（a）所示。

（2）选择【倒圆角】 🔧 ，以"目的边"方式，选取粗滤器盖出口的矩形法兰内侧面（拉伸终止面）的所有边线，按住【Ctrl】键再分别拾取法兰内侧面与其颈部侧面的交线及其法兰厚度方向的四条边线，键入倒圆角的半径尺寸为"3"，单击中键完成倒圆角的创建，如图 2-55（b）所示。

（3）选择【倒圆角】 🔧 ，以"目的边"方式拾取粗滤器盖左侧外表面位于凸耳两侧的两条边线，键入倒圆角的半径尺寸为"11"；以"目的边"方式拾取粗滤器盖左侧外表面与凸耳的两条交线，键入倒圆角的半径尺寸为"8"；拾取凸耳的上表面边线，键入倒圆角的半径尺寸为"2"；以"目的边"方式拾取粗滤器盖的上表面与圆形凸台的两条交线，键入倒圆角的尺寸为"3"； 单击中键完成倒圆角的创建，如图 2-55（c）所示。

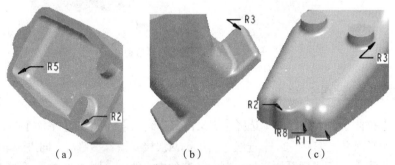

图 2-55　创建粗滤器盖的交线的倒圆角过渡

7. 螺纹孔与螺栓孔的加工

（1）单击【孔】 🔧 ，选取粗滤器盖的凸耳上表面作为孔的放置平面，按住【Ctrl】键再拾取基准轴 A_1 作为定位基准。在操控板上选择【创建标准孔】 🔩 按键，【添加攻丝】 ⚙ 按键被激活，选择【添加埋头孔】 🔧 按键，接受"设置标准孔的螺纹类型"为" ISO "，从"输入螺钉尺寸"列表栏中选取" M8×1 "规格的螺纹，右键深度控制滑块选择菜单中的【穿透】。打开"形状"面板，切换钻孔的深度为【全螺纹】，勾选【退出埋头孔】复选框，键入"输入埋头孔的直径值"与

"退出埋头孔的直径值"均为"10",键入"输入埋头孔的角度值"与"输入退出埋头孔角度的值"均为"90",如图2-56（a）所示,在"注释"面板中清除【添加注释】复选框,单击中键完成螺钉孔的加工,如图2-56（b）所示。

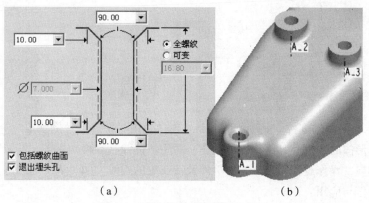

（a）　　　　　　　　　　　（b）

图 2-56　螺钉孔的参数设置与加工

（2）单击【孔】，选取粗滤器盖的斜面上的圆形凸台上表面作为孔的放置平面,按住【Ctrl】键再拾取基准轴 A_2 或 A_3 作为定位基准,在操控板上选择【创建标准孔】按键,【添加攻丝】按键被激活,接受"设置标准孔的螺纹类型"为"ISO",从"输入螺钉尺寸"列表栏中选取"M8×1"规格的螺纹,设置螺纹加工深度为【穿透】,在"注释"面板中清除【添加注释】复选框,单击中键完成螺钉孔的加工。同样,以相同的设置与尺寸规格完成另一凸台上的"M8×1"螺纹孔加工,如图2-56（b）所示。

（3）单击【孔】，选取粗滤器盖出口矩形法兰的内侧表面作为孔的放置面,将两个偏移参照控制滑块分别拖至法兰相邻的侧面或其边线,键入定位尺寸分别为"21"（宽度方向）、"9"。选择操控板上【使用标准孔轮廓作为钻孔轮廓】方式以及【添加沉孔】按键,输入钻孔的直径值为"8",设置钻孔的深度为【穿透】。打开"形状"面板,在其中分别输入沉孔的直径为"18"、沉孔深度为"1",单击中键完成矩形法兰上的螺栓孔的加工,如图2-57（a）所示。

同样,以相同的设置与尺寸完成矩形法兰内侧面上的另一相对称的螺栓孔的加工,如图2-57（b）所示。

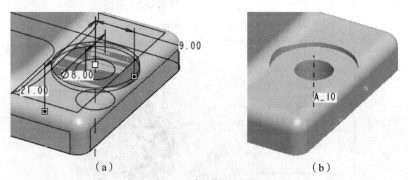

（a）　　　　　　　　　　　（b）

图 2-57　螺栓孔的加工

（4）切换过滤器选择方式为【几何】,采用右键选择再单击左键的拾取方法拾取图2-57（b）中的过渡圆角位于沉孔处的曲面,按住【Ctrl】键再拾取另一相对的曲面,选择菜单【编辑】|【移除…】,单击中键完成所选曲面的移除,其结果如图2-57（b）所示。

8. 保存文件

单击菜单【文件】|【保存副本...】，以"IN_FILTER_COVER"作为文件名予以保存。

2.4 曲轴

图 2-58 所示为一曲轴零件，其中的曲轴基本形体是由"拉伸"、"倒圆角"等特征来实现的。通过对曲轴基本形体的建模及其组特征的创建，运用"镜像"、"移动"与"旋转"等复制工具完成其三维造型建模，操作过程简单。本实例涉及特征中的边线、曲（表）面的倒圆角、特别是圆锥圆角的基本操作与应用。

图 2-58　曲轴

Pro/E 软件中对象的复制操作功能有"复制"（包括"移动"、"旋转"）与"特征操作"、"镜像"与"零件镜像"、"阵列"与"几何阵列"。

1. 曲轴基本形体的造型

（1）单击【拉伸】 ，右键菜单选择【定义内部草绘...】，选取 FRONT 基准平面作为草绘平面，接受缺省参照平面与方向，单击中键进入草绘界面，右键菜单选择【中心线】 过坐标系原点绘制一竖直中心线，再次右键菜单选择【矩形】 绘制对称于中心线的两个矩形，删除重叠的直线图元、标注并修改尺寸，如图 2-59（a）所示，单击 完成截面草图的绘制。键入拉伸的盲孔尺寸为"25"，单击中键完成曲轴基本形体的拉伸造型，如图 2-59（b）所示。

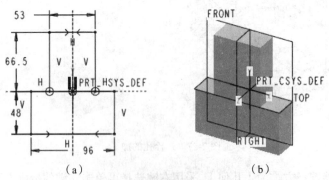

（a）　　　　　　　　　　　（b）

图 2-59　曲轴基本形体的拉伸造型

（2）选择菜单【插入】|【倒圆角...】或单击【倒圆角】 ，拾取拉伸起始位置位于顶部长度

为 "53" 的边线作为放置参照, 打开操控板中的 "放置" 面板, 切换 "圆角形状参数" 选择【D1×D2圆锥】, 在操控板的 "圆锥参数" 文本框中分别键入 "0.3"（0.05～0.95）、"40"、"18", 或在其下面的 "D1"、"D2" 尺寸文本框中分别键入 "40"、"18", 或直接在图形中键入相应的参数, 如图 2-60（a）所示, 选择 ✔ 按键或单击中键完成圆锥圆角的创建, 如图 2-60（b）所示。

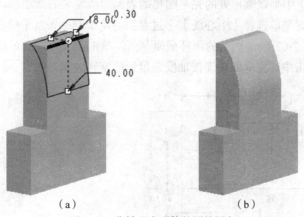

图 2-60　曲轴基本形体的圆锥圆角

上述圆锥圆角的应用实例并不多见, 上述圆锥圆角的过渡表面也可通过【圆锥】 ⌒ 绘制与上述参数相同的圆锥曲线草图经拉伸除料方式完成。

（3）单击【倒圆角】 ◞, 按住【Ctrl】键分别拾取上述圆锥圆角横向所在的两个侧面作为参照曲面（右键隐藏的对象, 再单击左键的拾取操作可减少对视图的调整）, 系统的默认设置为【完全倒圆角】方式（右键菜单的【完全倒圆角】前有 "√"）, 再直接拾取所选两侧面之间的顶部表面作为替换的驱动曲面; 同样, 按住【Ctrl】键分别拾取下方相对的两个侧面作为参照, 再拾取底部表面作为驱动曲面, 单击中键完成两个完全倒圆角集的创建, 如图 2-61（a）所示。

（4）单击【倒圆角】 ◞, 拾取上述半腰圆形位于半圆柱径向表面处的一条边线, 按住【Ctrl】键再拾取以另一相对位置的边线, 键入倒圆角的半径值为 "10"; 拾取半圆柱侧面的一条边线, 按住【Ctrl】键再拾取其另一侧的边线, 键入倒圆角的半径为 "5", 单击中键完成所选边线倒圆角集的创建, 如图 2-61（b）所示。

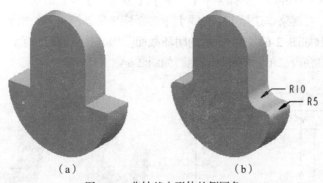

图 2-61　曲轴基本形体的倒圆角

（5）在特征树中, 按住【Shift】键, 选取 "拉伸 1" 和 "倒圆角 3" 之间的四个特征, 右键菜单选择【组】, 完成 "组 LOCAL_GROUP" 特征的创建。

2. 曲轴连接轴段一单元的造型

单击【旋转】 ✦，右键菜单分别选择【定义内部草绘...】，选择 RIGHT 基准平面作为草绘平面，接受缺省参照平面并切换方向【顶】，单击中键进入草绘界面，选择菜单【草绘】|【参照...】 ▣，拾取图 2-61（a）中半腰圆形处的完全圆角的表面边线（先右键单击，再左键拾取）及其端面边线作为参照，右键菜单选择【中心线】 ┆过参照对象绘制一条水平中心线，再次右键菜单选择【线】 ＼绘制如图 2-62（a）所示的闭环截面草图，单击 ✔完成草图的绘制，接受旋转角度的缺省值为"360"，单击中键完成曲轴连接轴段一单元的旋转造型，如图 2-62（b）所示。

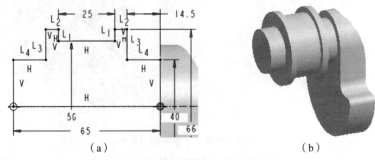

（a）　　　　　　　　　　（b）

图 2-62　曲轴连接轴段一单元的造型

3. 曲轴基本形体的镜像

在特征树中选取前面创建的"组 LOCAL_GROUP"特征，选择菜单【编辑】|【镜像...】或单击【镜像】 ⅉ，再选择【平面】 ▱，选取图 2-62 中的轴段直径为"56"的两侧轴环任一相对的内侧面，键入偏距尺寸为"12.5"（或"−12.5"），单击中键完成两轴环的对称面 DTM1 的创建，再连续单击中键两次完成曲轴基本形体的镜像，如图 2-63 所示。

图 2-63　曲轴基本形体的镜像

4. 曲轴连接轴段二单元的造型

单击【旋转】 ✦，右键菜单分别选择【定义内部草绘...】，选择 RIGHT 基准平面作为草绘平面，接受缺省参照平面并切换方向【顶】，单击中键进入草绘界面，选择菜单【草绘】|【参照...】 ▣，拾取上述所完成的镜像体的左侧面边线作为参照，右键菜单选择【中心线】 ┆过系统坐标系绘制一条水平中心线，再次右键菜单选择【线】 ＼绘制如图 2-64（a）所示的闭环截面草图，接受旋转角度的缺省值为"360"，单击中键完成曲轴连接轴段二单元的旋转造型，如图 2-64（b）所示。

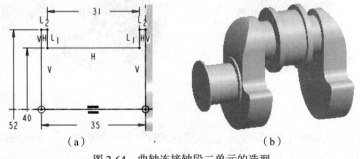

（a）　　　　　　　　　　（b）

图 2-64　曲轴连接轴段二单元的造型

5. 曲轴的两曲四拐的旋转复制

在特征树中，按住【Shift】键，选取"组 LOCAL_GROUP"与"旋转 2"之间的四个特征，选择【复制】并激活【选择性粘贴】，系统弹出"选择性粘贴"对话框，勾选【对副本应用移动/旋转变换】复选框，如图 2-65（a）所示，确定后右键菜单选择【旋转】或选择操控板上【相对选定参照旋转特征】按键；再分别选择【轴】、【平面】以异步特征来创建旋转复制所需方向参照的旋转轴，选取上述轴段二单元中直径为"40"的两侧轴肩任一相对的内侧面，键入"15.5"，单击中键完成两轴肩的对称面 DTM2 的创建，激活的 DTM2 基准平面已位于"轴"对话框的收集器中，按住【Ctrl】键再拾取 FRONT 基准平面，单击中键完成两基准平面形成的基准轴 A_3 的创建并作为方向参照；再次单击中键后切换图形或操控板中的尺寸文本框选取"180"或直接键入"180"作为旋转角度值，实现所选特征对象的第一次复制操作；两次右键菜单分别选择【New Move】、【旋转】，直接拾取图 2-64 中的基准轴 A_2 或系统坐标系的 z 轴作为方向参照，切换图形中的尺寸文本框选取"180"实现所选特征对象的第二次复制操作，操控板中"变换"面板显示为图 2-65（b）所示，单击中键完成所选对象的旋转变换操作，如图 2-66 所示。

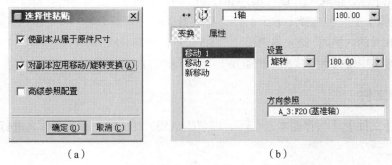

（a）　　　　　　　　　　　（b）

图 2-65　"选择性粘贴"对话框与"变换"面板

6. 曲轴的轴段二单元的镜像

拾取图 2-64 中的轴段二单元，单击【镜像】，再选择【平面】，选取图 2-66 的旋转复制对象中的轴段直径为"56"的两侧轴环任一相对的内侧面，键入偏距尺寸"12.5"，单击中键完成两轴环的对称面 DTM4 的创建，然后，再连续单击中键两次完成曲轴轴段二单元的镜像，如图 2-67 所示。

图 2-66　曲轴的两曲四拐的旋转复制　　　　　图 2-67　轴段二单元的镜像

7. 曲轴支撑轴段的造型

单击【旋转】，右键菜单分别选择【定义内部草绘...】，选择 RIGHT 基准平面作为草绘平面，接受缺省参照平面并切换方向【顶】，单击中键进入草绘界面，右键菜单选择【中心线】⋮过系统坐标系绘制一条水平中心线，再次右键菜单选择【线】╲绘制如图 2-68（a）所示的过系统原点的闭环截面草图，标注并修改尺寸，单击✔完成草图的绘制，接受旋转角度的缺省值为"360"，单击中键完成曲轴支撑轴段的旋转造型，如图 2-68（b）所示。

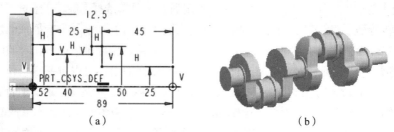

（a）　　　　　　　　　　　　　　（b）

图 2-68　曲轴支撑轴段的造型

8. 曲轴的造型

按住【Shift】键，拾取"组 LOCAL_GROUP"与"旋转 3"之间的所有特征对象（共七个特征），单击【镜像】⫝̸，再选择【平面】▱，选取图 2-67 中所镜像的轴段二单元直径为"40"的两侧轴肩任一相对的内侧面，键入偏距尺寸"15.5"，单击中键完成两轴肩的对称面 DTM5 的创建，然后，再连续单击中键两次完成曲轴的造型，其结果如图 2-58 所示。

9. 保存文件

选择菜单【文件】|【保存副本...】💾，以"CRANK_SHAFT"作为文件名进行保存。

2.5 | 烟灰缸

图 2-69 所示为烟灰缸的造型，其三维建模采用了"拉伸"、"拔模"、"抽壳"、"倒圆角"、"移除"以及"关系"等功能。其造型过程与常规方法相比稍有不同，即主要采用"壳"与"拔模"功能来实现建模，内腔结构采用"非缺省厚度"方式的"壳"与"拔模"工具实现，壁厚尺寸通过关系式来控制。搁置烟卷的四个圆柱槽先采用拔模工具中的分割功能形成外形结构，再抽壳形成圆柱槽，最后运用"移除"功能去除多余的结构部分。另外，建模过程中采用拔模—倒圆角—抽壳的顺序来完成烟灰缸的造型。

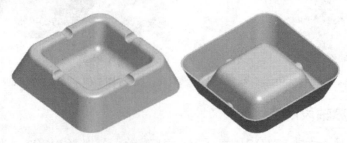

图 2-69　烟灰缸造型

1. 烟灰缸基体的造型

单击【拉伸】，右键菜单选择【定义内部草绘…】，选取 TOP 基准平面作为草绘平面，接受缺省参照平面与方向，单击中键进入草绘界面，右键菜单选择【中心线】于坐标系原点处绘制两正交的中心线，右键菜单选择【矩形】绘制对称于中心线的矩形，并约束其边长图元等长，键入矩形的尺寸为"76"，如图 2-70 所示，单击完成截面草图的绘制。键入拉伸的盲孔尺寸为"19"，单击中键完成烟灰缸基体结构的造型，如图 2-71 所示。

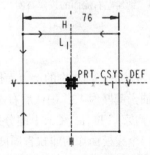

图 2-70 绘制矩形截面草图

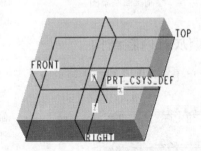

图 2-71 创建烟灰缸基体造型

2. 创建烟灰缸基体侧面的拔模斜度

（1）创建烟灰缸基体前、后两侧面的拔模斜度。单击【拔模】，按住【Ctrl】键分别选取烟灰缸基体前、后两个侧面作为拔模面，右键菜单选择【拔模枢轴】，选取烟灰缸基体的底面或 TOP 基准平面作为拔模基准平面，打开操控板中"分割"面板，从"分割选项"下拉列表框中选取【根据分割对象分割】，单击"分割对象"右下的【定义…】按键或右键菜单选择【定义内部草绘…】，选取 FRONT 基准平面或两拔模面之一作为草绘平面，接受缺省参照与方向，单击中键进入草绘界面，单击菜单【草绘】|【参照…】或右键菜单选择【参照】，选取烟灰缸基体的上表面边线作为参照图元，在其参照几何的中点处绘制直径为"12"的截面圆草图，如图 2-72 所示，单击完成草图的绘制。再次打开"分割"面板，选取"侧选项"下拉列表框中【只拔模第一侧】，键入拔模角度值"20"，如若必要，调整操控板中的【反转角度以添加或去除材料】按键使其为去除材料一侧，也即指向下方，单击中键完成烟灰缸基体前、后两侧面的拔模斜度的创建，如图 2-73 所示。

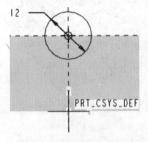

图 2-72 绘制截面圆草图

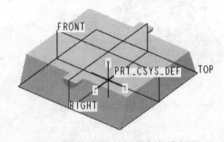

图 2-73 创建前后侧面的拔模斜度

（2）与步骤（1）中的操作方法及角度设置相同，选取 RIGHT 基准平面作为草绘平面，参照平面为 TOP 基准平面，方向为【顶】，进入草绘界面后绘制如图 2-74 所示的截面草图，完成如图 2-75 所示的烟灰缸基体左右侧面的拔模斜度。

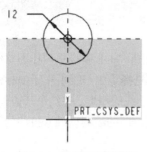

图 2-74　绘制截面圆草图

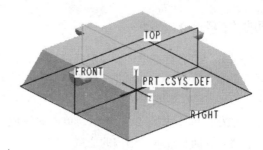

图 2-75　创建左右侧面的拔模斜度

3. 创建烟灰缸内腔结构

（1）选择菜单【插入】|【壳...】或单击【壳】，选取图 2-75 中的上表面作为移除表面，键入抽壳壁厚为"3"确认后右键菜单选择【非缺省厚度】，按住【Ctrl】键分别拾取图 2-75 中的四个拔模面作为非缺省厚度参照，接受抽壳非缺省壁厚为"3"，如图 2-76 所示，再单击中键完成烟灰缸的内腔薄壳造型。

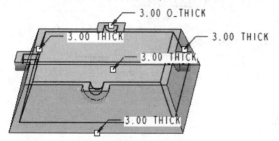

图 2-76　创建烟灰缸内腔抽壳结构

（2）单击菜单【工具】|【关系...】，系统打开"关系"对话框。在图形中直接拾取抽壳特征或在特征树中选取"壳 1"特征，图形中立即显示出相应的特征尺寸，其中的非缺省厚度为"d33"、"d34"、"d35"、"d36"，在"关系"对话框的输入框中分别键入"d33=13*cos(20)-19*sin(20)"、"d34=d33"、"d35=d33"、"d36=d33"共四个关系式，连续单击中键两次确认并关闭对话框，选择菜单【编辑】|【再生】或单击【再生】按键使其模型更新，如图 2-77 所示。设置上述的关系式是保证烟灰缸的上表面敞口尺寸为"50"。

（3）单击【拔模】，按住【Ctrl】键的同时分别选取图 2-77 中的内腔的四个侧面作为拔模面，右键菜单选择【拔模枢轴】，选取烟灰缸基体的上表面作为拔模基准平面，键入拔模角度值"20"，调整操控板中的【反转角度以添加或去除材料】按键使其为增加材料一侧，也即指向上方，单击中键完成烟灰缸内腔侧面的拔模斜度的创建，如图 2-78 所示。

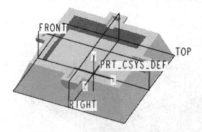

图 2-77　创建烟灰缸的多壁厚抽壳结构

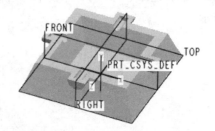

图 2-78　创建烟灰缸内腔的斜度

4. 移除凸起的半圆柱结构造型

【移除】功能属于面操作，可以延伸、修剪临近的曲面，达到收敛与闭合空间几何曲面的效果，其操作方法为"对象—功能"这一模式。

窗口右下方为对象拾取过滤器，默认方式为"智能"，可根据需要切换其下拉列表框中的拾取方式。如果从过滤器中选取了除"智能"之外的其他方式，在后续操作中应注意适时切换回"智能"以方便选取操作。此外，在"智能"模式下，拾取特征或零件的表面也可采用下列操作方法：在特征树中或图形中拾取该表面所在的特征，再次拾取该表面即可选取特征或零件相应的几何表面。

按住【Ctrl】键分别选取图 2-78 中的四个外凸的半圆柱侧表面（弧面），选择菜单【编辑】|【移除...】▓，单击中键完成四个凸起的半圆柱结构的移除，如图 2-79 所示。

5. 创建烟灰缸边线的倒圆角过渡

（1）创建烟灰缸外、内侧高度方向边线的圆角过渡。单击【倒圆角】﹨，以"目的边"的方式拾取图 2-79 中的外侧高度方向的四条边线，键入倒圆角的半径尺寸为"12"并确认；选取内腔中的任一侧向边线，按住【Ctrl】键再选取另外三条侧向边线与内腔底表面的四条边线，键入倒圆角的半径尺寸为"5.37"并确认；以"目的边"的方式选取烟灰缸上表面的外侧四条边线，按住【Ctrl】键再分别拾取上表面内侧的八条边线，键入倒圆角的半径尺寸为"3"并确认，单击中键完成上述所选边线光滑过渡的倒圆角的创建，如图 2-80 所示。

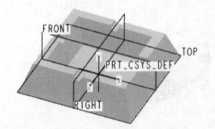 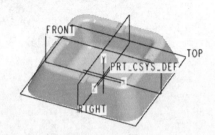

图 2-79 移除凸起的半圆柱结构　　　图 2-80 创建倒圆角过渡

（2）完成四个半圆形槽边线的倒圆角尺寸为"0.5"的过渡圆角的创建。

6. 创建烟灰缸薄壁结构造型

选择菜单【插入】|【壳...】或单击【壳】▣，选取图 2-80 中的下表面作为移除表面，键入抽壳壁厚为"1"，确认后单击中键完成烟灰缸的造型，其结果如图 2-69 所示。

7. 保存文件

单击菜单【文件】|【保存副本...】▓，以"ASHTRAY"作为文件名进行保存。

2.6 围棋盒

1. 旋转特征造型

"旋转"是将位于旋转轴一侧且与该轴共面或重合的截面草图绕着该旋转轴旋转一定的角度所形成的几何体（即实体与曲面）。

构成旋转轴的对象有草绘中心线（或几何旋转轴）以及特征基准轴、系统坐标系的三个轴、两点直曲线、特征或零件的直边线。前者为草图内部轴，后者为草图外部轴。

如果草图中包含有多条几何中心线（或几何旋转轴），系统将以绘制的第一个中心线作为特征的旋转轴，否则，就需要指定作为特征的旋转轴，操作方法是左键单击选取将指定的几何中心线，右键单击选择菜单【旋转轴】即可。

截面图元与旋转轴可以相交，但不能交叉。

旋转特征的旋转角度缺省值为"360"，更多的控制方式与拉伸特征基本相同。

2. 围棋盒的旋转造型

图 2-81（b）所示为一围棋盒造型，属于典型的旋转结构，其旋转截面草图为吊钩的截面轮廓曲线，如图 2-81（a）所示。

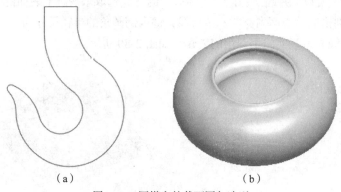

（a）　　　　　　　　　　　（b）

图 2-81　围棋盒的截面图与造型

（1）设置工作目录。单击菜单【文件】|【设置工作目录】，在打开的"选取工作目录"对话框中，选取已建立的文件夹或单击工具条【新建文件夹】按键或右键菜单选择【新建文件夹】并重命名以作为 Pro/E 软件进行设计的工作目录，单击中键或对话框的【确定】按键完成工作目录的设置。

（2）新建文件。选择菜单【文件】|【新建】或单击【新建】按键，接受缺省的文件类型为【零件】，其子类型为【实体】，并键入"WEIQI_CHESS_BOX"作为新建文件的文件名，不勾选【使用缺省模板】复选框，单击对话框中的【确定】按键。系统弹出"新文件选项"对话框，双击"mmns_part_solid"或选取模板后单击对话框中的【确定】按键进入 Pro/E 零件设计工作界面。

（3）打开文件"SKETCH_1"，如图 2-81（a）所示，单击【旋转】，左键拾取吊钩轮廓曲线链中的任一对象或在特征树中直接拾取"草绘 1"特征，根据系统显示的操作提示信息，对于选取的截面曲线，需要指定一旋转轴才可完成特征的造型，选取吊钩轮廓曲线中的上方水平直线作为旋转轴，接受默认的旋转角度为"360"，单击中键完成围棋盒的旋转造型，如图 2-81（b）所示。

特征操作模式分为两种：从"对象"到"命令"与从"命令"到"对象"。有的两种模式兼而有之，有的只有其中之一。上述烟灰缸建模的操作为从"对象"到"命令"，且"草图 1"特征被自动隐藏，"旋转"特征另创建一内部草图，此时"草图 1"即为外部草图，两种模式之间具有关联性。右键"旋转 1"特征，从快捷菜单中选择【编辑定义】，再打开操控板中的"位置"面板，选择"草绘"右侧的【断开...】按键可将两个草图的关联关系予以断开。

（4）单击【设置层、层项目和显示状态】⊜显示系统的层结构树，选取"03___PRT_ALL_CURVES"，两次右键菜单分别选择【隐藏】及【保存状态】。单击菜单【文件】|【保存】🖫，以"WEIQI_CHESS_BOX"作为文件名保存该模型文件。

2.7 航模发动机顶盖

图 2-82 所示为航空发动机顶盖的造型，其三维建模过程主要由"拉伸"、"倒圆角"、"阵列"等特征功能完成。鉴于该顶盖的上部与下部具有相似结构的这一特点，通过创建"组"特征，运用"方向"阵列功能实现顶盖上、下散热片结构的造型。此外，在创建顶盖连接螺栓孔的过程中，对阵列功能中的环形结构阵列的各种方式进行了编辑定义。

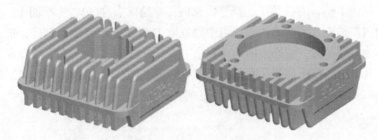

图 2-82　航模发动机顶盖的造型

1. 航模发动机顶盖基板的造型

单击【拉伸】🗗，右键菜单选择【定义内部草绘...】，选取 TOP 基准平面作为草绘平面，接受缺省参照平面与方向，单击中键进入草绘界面，右键菜单选择【中心线】┊过坐标系原点绘制两条正交的中心线，右键菜单选择【矩形】▢绘制对称于中心线的截面矩形，选择【相等】═使矩形的边长相等，键入矩形的尺寸为"70"，如图 2-83 所示，单击✔完成截面草图的绘制。键入拉伸的盲孔尺寸为"3"，单击中键完成航模发动机顶盖基板的拉伸造型，如图 2-84 所示。

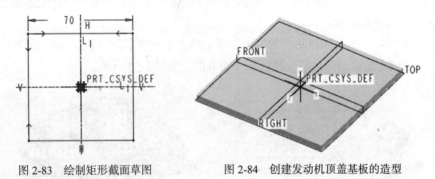

图 2-83　绘制矩形截面草图　　　　图 2-84　创建发动机顶盖基板的造型

2. 航模发动机顶盖上部散热片的造型

（1）单击【拉伸】🗗，右键菜单选择【定义内部草绘...】，再单击【平面】▱选取图 2-84 中的右侧面向左偏距"0.75",确认后单击中键完成 DTM1 草绘平面的创建,选取图 2-84 中的基板上表面作为参照平面,切换方向为【顶】,单击中键进入草绘界面,右键菜单选择【中心线】┆绘制过坐标系原点的竖直中心线,右键菜单选择【矩形】□绘制对称于中心线的截面矩形,其下边线位于参照平面上。删除两竖直图元的约束"V"并对其下端点添加对称约束。标注并修改尺寸,如图 2-85 所示,单击✔完成截面草图的绘制。键入拉伸的盲孔尺寸为"2.5"并确认拉伸的方向指向左侧,单击中键完成发动机顶盖上部右侧散热片的拉伸造型,如图 2-86 所示。

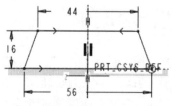
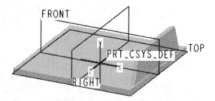

图 2-85　绘制梯形截面草图　　　　图 2-86　创建顶盖上部右侧散热片造型

（2）单击【拉伸】🗗,右键菜单选择【定义内部草绘...】,再单击【平面】▱选取图 2-86 中的散热片左侧面向左偏距"3",确认后单击中键完成 DTM2 草绘平面的创建,选取图 2-84 中的基板的上表面作为参照平面,切换方向为【顶】,单击中键进入草绘界面,绘制如图 2-87 所示的梯形截面草图,其下边线位于参照平面上,单击✔完成截面草图的绘制。键入拉伸的盲孔尺寸为"2.5"并确认拉伸的方向指向左侧,单击中键完成发动机顶盖上部内侧的散热片之一的拉伸造型,如图 2-88 所示。

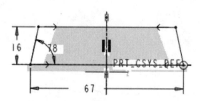
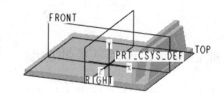

图 2-87　绘制梯形截面草图　　　　图 2-88　创建顶盖上部内侧的散热片之一造型

（3）在特征树中,右键"拉伸 3"特征,从快捷菜单中选择【阵列...】▦,接受默认的"阵列"类型为【尺寸】,选取 DTM2 基准平面的偏距尺寸"3"作为阵列方向与增量参照,键入"5.5"并确认后,在操控板上键入"输入第一方向的阵列成员数"为"11",单击中键完成顶盖上部内侧散热片的阵列,如图 2-89 所示。

（4）选取图 2-86 中的右侧散热片的拉伸特征,单击【镜像】🖾,拾取 RIGHT 基准平面作为镜像平面,单击中键完成顶盖上部右侧散热片的镜像,如图 2-90 所示。

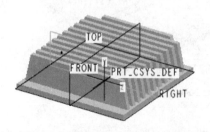
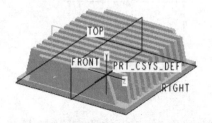

图 2-89　顶盖上部内侧散热片的阵列　　　　图 2-90　顶盖上部右侧散热片的镜像

（5）单击【倒圆角】🖉,以"目的边"方式拾取图 2-90 中的顶盖上部由镜像完成的左散热片上部沿宽度方向的两条边线，按住【Ctrl】键再拾取图 2-90 中的右侧散热片所对应的两条边线（"目的边"方式），键入倒圆角的半径值为"4"，单击中键完成左、右散热片上所选边线的倒圆角过渡的创建，如图 2-91（a）所示。以同样的方式完成图 2-90 中的阵列导引（即源对象）相应边线的半径值为"4"的倒圆角，如图 2-91（b）所示。

（a）　　　　　　　　　　　　　　（b）

图 2-91　创建散热片沿宽度方向边线的过渡圆角

（6）在特征树中，右键"倒圆角 2"特征，从快捷菜单中选择【阵列...】，接受默认的阵列类型为【参照】，单击中键完成顶盖上部的内侧散热片沿宽度方向边线的倒圆角，如图 2-92 所示。

（7）单击【倒圆角】 ，按住【Ctrl】键分别选取图 2-92 中的顶盖上部右侧散热片顶部表面相对应的边线，右键菜单选择【完全倒圆角】；再次按住【Ctrl】键分别选取图 2-92 中的所镜像复制的散热片顶部表面相对应的边线，右键菜单选择选择【完全倒圆角】，单击中键完成两个倒圆角集的创建，如图 2-93 所示。

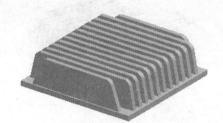

图 2-92　顶盖上部内侧散热片倒圆角的阵列　　　图 2-93　顶盖上部左右侧散热片的完全倒圆角

以同样的方式完成图 2-93 中的阵列导引（即源对象）的散热片顶部表面相对应的边线的完全倒圆角，如图 2-94（a）所示。

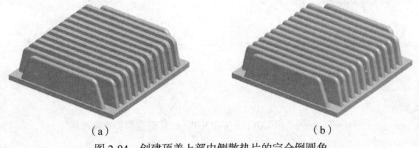

（a）　　　　　　　　　　　　　　（b）

图 2-94　创建顶盖上部内侧散热片的完全倒圆角

在特征树中，右键"倒圆角 4"特征，从快捷菜单中选择【阵列...】，接受默认的阵列类型为【参照】，单击中键完成顶盖上部的内侧散热片顶部表面边线的完全倒圆角，如图 2-94（b）所示。

（8）以"目的边"方式完成图 2-94（a）中的顶盖基板沿厚度方向的四条边线的倒圆角，如

图 2-95 所示。

3. 航模发动机顶盖下部散热片的创建

（1）在特征树中，按住【Shift】键分别选取"拉伸 2"与"阵列 2/倒圆角 2"两特征，右键菜单选择【组】完成由"拉伸 2"、"阵列 1/拉伸 3"、"镜像 1"、"倒圆角 1"、"阵列 2/倒圆角 2"共五个特征所构成的"组 LOCAL_GROUP"特征的创建。

（2）右键"组 LOCAL_GROUP"特征，从快捷菜单中选择【阵列...】，在操控板上的"阵列"类型下拉列表框中选择【方向】来定义阵列成员，再选取图 2-95 中的基板的上表面作为阵列方向的参照，单击【反向第一方向】✕按键使阵列方向反向，接受"输入第 1 方向的成员数"为"2"，键入"输入第 1 方向的阵列成员间的间距"为"12"。右键菜单选择【方向 1 尺寸】或打开"尺寸"面板并激活"方向 1"的收集器，图中立即显示出"组 LOCAL_GROUP"特征的所有尺寸，如图 2-96 所示，完成如下八个尺寸参照的选取与增量输入：拾取对应于图 2-85 中的尺寸"56"，键入阵列增量"–6"并按【Enter】键并确认，按住【Ctrl】键，分别拾取尺寸"44"，键入阵列增量"12"并确认；拾取尺寸"16"，键入阵列增量"–7"并确认；拾取图 2-87 中的的尺寸"67"，键入阵列增量"0"并确认；拾取角度尺寸"78"，键入阵列增量"12"确认；拾取尺寸"16"，键入阵列增量"–7"并确认；拾取图 2-91 中的两个倒圆角尺寸"4"，分别键入阵列增量"–3"并确认，单击中键完成"组 LOCAL_GROUP"特征的阵列，如图 2-97 所示。

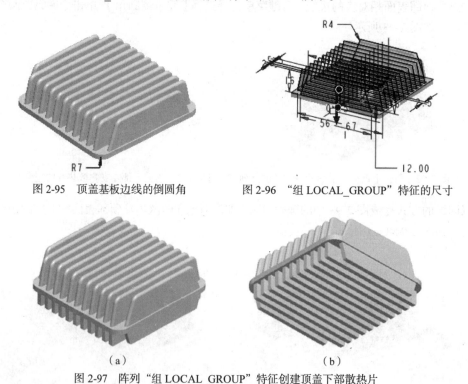

图 2-95　顶盖基板边线的倒圆角　　　　图 2-96　"组 LOCAL_GROUP"特征的尺寸

（a）　　　　　　　　　　　　　（b）

图 2-97　阵列"组 LOCAL_GROUP"特征创建顶盖下部散热片

4. 创建顶盖右侧的凸台与刻字

（1）单击【拉伸】，右键菜单选择【定义内部草绘...】，选取顶盖基板右侧的表面作为草绘平面，接受缺省参照平面，确认方向为【底部】，单击中键进入草绘界面，右键菜单选择【中心线】；过坐标系原点绘制一条竖直的中心线，右键菜单选择【矩形】□绘制对称于中心线的截面矩形，标注并修改尺寸，如图 2-98 所示，单击✔完成截面草图的绘制。设置拉伸方式为【到选定的】，选取右侧散热片的右侧面作为参照，单击中键完成顶盖右侧刻字凸台的造型，如图 2-99 所示。

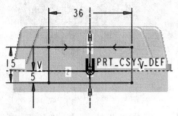

图 2-98　绘制矩形截面草图

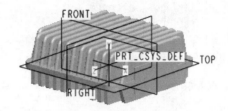

图 2-99　创建刻字凸台造型

（2）单击【边倒角】◣，将光标置于上述凸台与上部散热片的任一交线处，右键两次直到相连的三条交线高亮显示后再左键拾取；按住【Ctrl】键再以同样方式拾取凸台与下部散热片的三条交线，在操控板中的"倒角标注形式"下拉列表框中选择【角度×D】，或直接右键菜单选择【角度×D】，从"角度"输入框键入"60"并确认，键入"距相邻曲面的选定边距离"为"0.75"并确认，选择【切换角度使用的曲面】⊿按键使其为增料方式，单击中键以边倒角方式实现凸台周边侧面斜度的创建，如图 2-100 所示。Pro/E 软件的"拔模"功能所创建的斜度最大值为 30°，灵活运用"边倒角"功能可以实现超过 30°斜度的创建。

图 2-100　创建刻字凸台侧面的斜度

（3）单击【拉伸】◢，两次右键菜单分别选择【去除材料】、【定义内部草绘…】，选取凸台的右侧外表面作为草绘平面，接受缺省参照平面，确认方向为【底部】，单击中键进入草绘界面，单击【文本】𝔸，在凸台左下区域的适当位置单击拾取第一点以确定"文本"的定位点位置，再沿竖直方向适当距离单击拾取第二点以确定"文本"的高度，系统弹出"文本"对话框，在其收集器中键入"JHRH"，在"字体"下拉列表框中选择【CG Century Schbk】，键入"倾角"为"10"，按图 2-101 所示修改相关尺寸，单击✔完成文字草图的绘制。键入拉伸的盲孔尺寸为"0.5"，单击中键完成顶盖凸台上的刻字，如图 2-102 所示。

图 2-101　绘制"文本"草图

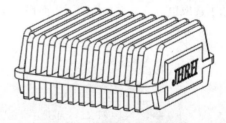

图 2-102　创建刻字的拉伸造型

5. 创建顶盖上部散热孔与基板上凸台结构

（1）单击【拉伸】◢，两次右键菜单分别选择【去除材料】、【定义内部草绘…】，选取顶盖基板的上表面作为草绘平面，单击中键接受缺省参照平面与方向进入草绘界面，右键菜单选择【圆】◯绘制过坐标系原点的截面圆，如图 2-103 所示，单击✔完成截面草图的绘制。设置拉伸方式为【穿透】，单击中键完成顶盖上部散热片的孔结构，如图 2-104 所示。

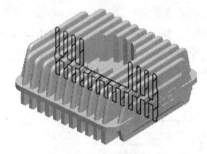

图 2-103　绘制截面圆草图　　　　图 2-104　创建顶盖上部散热片的孔结构

（2）单击【拉伸】命令，右键菜单分别选择【定义内部草绘...】，选取顶盖基板的上表面作为草绘平面，单击中键接受缺省参照平面与方向进入草绘界面，右键菜单选择【圆】○绘制过坐标系原点的截面圆，如图 2-105 所示，单击✔完成截面草图的绘制。键入拉伸的盲孔尺寸为 "3"，单击中键完成顶盖基板上表面孔结构处的凸台造型，如图 2-106 所示。

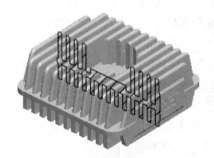

图 2-105　绘制截面圆草图　　　　图 2-106　创建顶盖上表面孔结构中的凸台

6. 创建顶盖下部的连接法兰结构

（1）单击【拉伸】，右键菜单选择【定义内部草绘...】，选取顶盖基板的下表面或 TOP 基准平面作为草绘平面，单击中键接受缺省参照平面与方向进入草绘界面，右键菜单选择【圆】○绘制过坐标系原点的截面圆，如图 2-107 所示，单击✔完成截面草图的绘制。设置拉伸方式为【到选定的】，选取顶盖下部散热片的下表面作为参照，单击中键完成顶盖下部的连接法兰外形的造型，如图 2-108 所示。

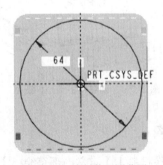

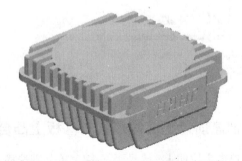

图 2-107　绘制截面圆草图　　　　图 2-108　创建顶盖下部的连接法兰外形

（2）单击【拉伸】，两次右键菜单分别选择【去除材料】、【定义内部草绘...】，选取顶盖连接法兰的接触面即下表面作为草绘平面，接受缺省参照平面与方向，单击中键进入草绘界面，选取系统坐标系作为参照，右键菜单选择【圆】〇绘制过坐标系原点的截面圆，如图 2-109 所示，单击✔完成截面草图的绘制。键入拉伸的盲孔尺寸为"8"，单击中键完成顶盖下部连接法兰的造型，如图 2-110 所示。

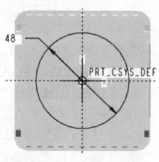

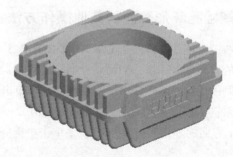

图 2-109　绘制截面圆草图　　　　　图 2-110　创建顶盖下部连接法兰的造型

7. 加工顶盖连接螺栓孔

（1）确认【基准轴开/关】 ✎ 按键处于激活状态。单击【孔】 Ⅱ ，接受操控板上默认的【创建简单孔】 ⊔ 及【使用预定义矩形作为钻孔轮廓】 ⊔ 方式，选取顶盖基板上表面的右侧作为孔的放置面，右键菜单选择【反向】，分别将两个偏移参照控制滑块拖至 FRONT 基准平面与 A_1/A_3 基准轴上。右键两个定位滑块中的任一个选择快捷菜单中的【直径】，键入孔的分度圆直径、孔中心角度及孔径尺寸分别为"56"、"0"、"9"，右键孔的深度控制滑块选择菜单中的【穿透】，如图 2-111（a）所示，单击中键完成顶盖上部散热片上孔的加工，如图 2-111（b）所示。

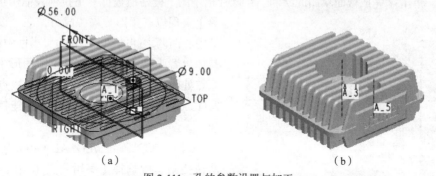

（a）　　　　　　　　　　　　　　　　（b）

图 2-111　孔的参数设置与加工

（2）单击【孔】 Ⅱ ，接受操控板上默认的【创建简单孔】 ⊔ 及【使用预定义矩形作为钻孔轮廓】 ⊔ 方式，选取顶盖基板的上表面作为孔的放置面，按住【Ctrl】键选取上述孔的基准轴 A_5 作为定位参照，键入孔径尺寸为"5"，右键孔的深度控制滑块选择菜单中的【穿透】，单击中键完成顶盖下部法兰中孔的加工，如图 2-112 所示。

（3）在特征树中，按住【Ctrl】键分别选取"孔 1"与"孔 2"两特征，右键菜单选择【组】创建"组 LOCAL_GROUP_3"特征。

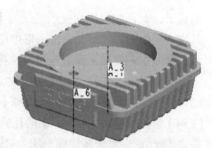

图 2-112　加工顶盖下部法兰上的螺栓孔

（4）右键"组 LOCAL_GROUP_3"特征，从快捷菜单中选择【阵列...】，接受操控板上默认

的 "阵列" 类型【尺寸】来定义阵列成员，选取图 2-111（a）中的孔中心角 "0"，键入 "60" 并确认后，"键入第 1 方向的阵列成员数" 为 "6"，单击中键完成顶盖上连接螺栓孔的加工，其结果如图 2-82 所示。

8. 螺栓孔环形阵列的其他操作方法

（1）右键上述的 "阵列 7/ LOCAL_GROUP_3" 特征，从快捷菜单中选择【编辑定义】。打开操控板上的 "尺寸" 面板，激活 "方向 1" 收集器的尺寸增量参照 "d102:F94（孔_1）"，勾选收集器左下侧的【按关系定义增量】复选框，再单击其下的【编辑】按键，系统打开 "关系" 对话框，在关系输入栏再键入关系式 "memb_i=d102+60"，单击中键关闭 "关系" 对话框。确认操控板上 "第 1 方向的阵列成员数" 为 "6"，单击中键完成顶盖上连接螺栓孔的加工，其结果如图 2-82 所示。

（2）右键 "阵列 7/ LOCAL_GROUP_3" 特征，从快捷菜单中选择【编辑定义】。在操控板上从 "阵列" 类型下拉列表框中选择【轴】来定义阵列成员，对系统弹出的提示确认为【是】。再选取图 2-112 中的基准轴 A_1 或 A_3 作为阵列的中心轴，键入 "第 1 方向的阵列成员数" 为 "6"，键入 "输入阵列成员间的角度" 为 "60"，打开 "尺寸" 面板，右键 "方向 1" 收集器中的参照对象，从快捷菜单中选择【移除】，单击中键完成顶盖上连接螺栓孔的加工。

（3）右键 "阵列 7/ LOCAL_GROUP_3" 特征，从快捷菜单中选择【编辑定义】。在操控板中的 "阵列" 类型下拉列表框中选择【填充】来定义阵列成员，对系统弹出的提示确认为【是】。右键菜单选择【定义内部草绘...】，选取顶盖基板的上表面或 TOP 基准平面作为草绘平面，接受缺省参照平面与方向，单击中键进入草绘界面，右键菜单选择【圆○】过坐标系原点绘制直径为 "56" 的截面圆，单击✔完成截面草图的绘制。在操控板中的 "栅格模板" ❖ 下拉列表框中选取【三角形】实现以三角形分隔各成员，在 "设置阵列成员中心两两之间的间距" ❖ 的文本框中键入 "28"，其他设置为默认值 "0"。再单击图形中位于系统原点处的黑色锚点 ● 使其变为白色锚点 ○，如图 2-113 所示，单击中键完成顶盖上连接螺栓孔的加工。

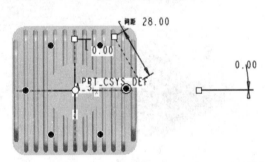

图 2-113　"填充" 阵列的预览

（4）右键 "阵列 7/LOCAL_GROUP_3" 特征，从快捷菜单中选择【编辑定义】。在操控板中的 "阵列" 类型下拉列表框中选择【曲线】来定义阵列成员，对系统弹出的提示确认为【是】。激活操控板上【输入阵列成员间的数目】❖按键，在其文本框中键入 "6"，单击图形中位于左下侧的白色锚点 ○ 使其变为黑色锚点 ●，如图 2-114 所示，单击中键完成顶盖上连接螺栓孔的加工。

（5）右键 "阵列 7/LOCAL_GROUP_3" 特征，从快捷菜单中选择【编辑定义】。在操控板中的 "阵列" 类型下拉列表框中选择【表】来定义阵列成员，对系统弹出的提示确认为【是】。按住【Ctrl】键分别拾取图 2-111 中的孔的分度圆直径、孔中心角度的两个参数 "56" 与 "0" 作为阵列的 "表尺寸"。单击操控板上的【编辑】按键，系统弹出 "表编辑器" 窗口，在索引行以下按照图 2-115 所示在表中为每个阵列成员添加一个以索引号开始的行，并为此阵列成员指定尺寸值完成编辑阵列表后，在表编辑器窗口的顶级菜单中单击【文件】|【保存】，再单击【文件】|【退出】，单击中键完成顶盖上连接螺栓孔的加工。

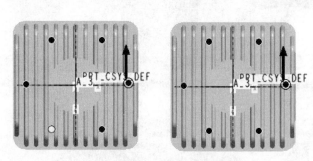

图 2-114　恢复已被排除的阵列成员

图 2-115　"表编辑器"窗口与添加阵列成员

　　由于 6 个螺栓孔位于直径为 "56" 的分度圆周上（用星号 "*" 表示），上述表阵列参数也可以只选取孔的中心角度尺寸。

9.　保存文件

　　单击菜单【文件】|【保存副本…】🖫，以 "ENGINER_UP_COVER" 作为文件名进行保存。若已保存过文件，再单击菜单【文件】|【删除】|【旧版本】，只保存模型的最新版本。

2.8 | 茶杯

　　运用三维软件的拉伸、旋转、扫描建模功能以及倒圆角、拔模等工具就能够完成相对比较复杂的零件建模，也就是说，采用扫描功能进行造型标志着软件的运用达到了的一定的程度。其实，拉伸和旋转也可以理解为扫描的两个特例情形，轨迹链为线性的成为拉伸体结构；轨迹链为径向的成为旋转体结构，这就是 UG NX 将拉伸与旋转归纳为简单扫描体的原因。一般地讲，广义的"扫描"是一个草绘截面沿着一条或多条轨迹链按照一定的运动方式移动而形成的几何体。为了方便操作及应用，Pro/E 软件将扫描功能进行了一定的拆解，如扫描、可变剖面扫描、扫描混合。本节中的"扫描"是草绘截面沿着一条轨迹链上每一点的法向运动形成的具有等截面几何体造型的特征。通过扫描特征可形成零件的结构种类比较复杂，如弹簧、手轮的支撑结构、杯子的手柄、管道、手机外壳等，如图 2-116 所示。

1.　杯身旋转体的造型

　　单击【旋转】❖，右键菜单分别选择【定义内部草绘…】，选择 FRONT 基准平面作为草绘平面，单击中键接受缺省参照与方向进入草绘界面，右键菜单选择【中心线】┊于系统坐标系原点处绘制一竖直的中心线；右键菜单选择【线】＼，绘制如图 2-117（a）所示的"L"形闭环截面草图（杯底下表面边线位于系统原点），标注并修改尺寸，单击✔完成截面草图的绘制。接受旋转角度的缺省值为 "360"，拾取坐标系的 y 轴作为旋转轴，单击中键完成杯身旋转体的造型，如图 2-117（b）所示。

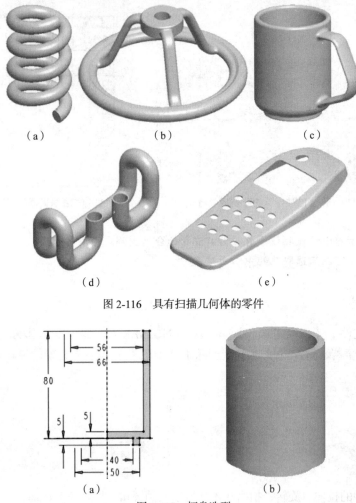

图 2-116 具有扫描几何体的零件

图 2-117 杯身造型

2. 杯身边线的倒圆角

单击【倒圆角】🖱️，调整模型显示的大小与视向，拾取杯身底部凸缘的一条边线，键入倒圆角的半径值为"1"，按住【Ctrl】键再拾取另一条边线；松开【Ctrl】键后拾取凸缘与杯底下表面的一条边线，键入倒圆角的半径值为"2"，再按住【Ctrl】键拾取另一条边线，如图 2-118（a）所示；杯口处以"完全倒圆角"方式实现其光滑过渡，再次松开【Ctrl】键后，拾取杯身外侧表面，按住【Ctrl】键的同时在拾取与其相对应的内侧表面，松开【Ctrl】键后再拾取杯口的上表面作为替换的驱动曲面，如图 2-118（b）所示。单击中键完成所选边线的倒圆角集的创建。

重复倒圆角操作，完成杯底的内、外表面边线的 R3mm、R8mm 的过渡圆角，如图 2-118（c）所示。

3. 手柄的扫描造型

单击菜单【插入】|【扫描】|【伸出项…】，系统弹出"伸出项：扫描"对话框及菜单管理器。选择【扫描轨迹】菜单项中的【草绘轨迹】，在选取 FRONT 基准平面作为草绘平面后，单击中键接受【正向】以确定草绘平面的方向，再次单击中键接受系统默认的草绘视图平面、方向即 TOP

基准平面与【顶】或 RIGHT 基准平面与【右】, 系统随即进入草绘界面。右键菜单选择【参照】或单击菜单【草绘】|【参照…】□, 拾取旋转特征的右侧外表面的边线作为定位参照图元。右键菜单选择【线】﹨, 按照图 2-119 中的顺序绘制草图, 其中的箭头表示扫描的起始点位置, 单击✔完成轨迹链的曲线草图的绘制。选择【属性】菜单项中的【合并终点】|【完成】, 系统随即进入草绘界面, 并在扫描起始点处创建一动态坐标系以便绘制截面草图, 选择【椭圆】⬭在轨迹链的原点绘制一椭圆, 椭圆的长、短轴尺寸分别为 "3"、"8", 如图 2-120 所示, 单击✔完成扫描截面草图的绘制。单击 "扫描" 特征对话框中【预览】按键可以查看扫描特征的创建结果, 最后单击中键完成手柄的扫描特征的创建, 如图 2-121 所示。

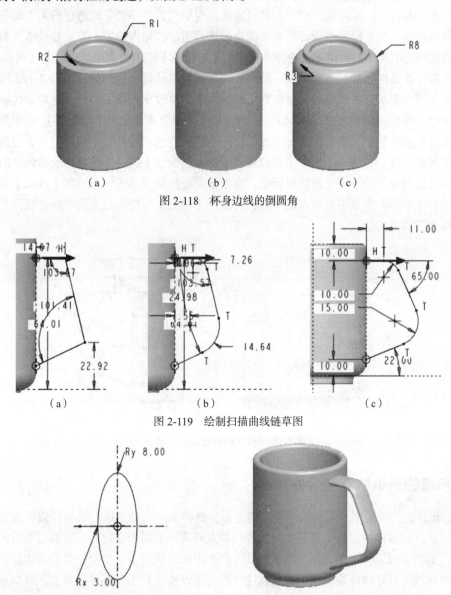

图 2-118　杯身边线的倒圆角

图 2-119　绘制扫描曲线链草图

图 2-120　绘制扫描截面椭圆　　　　图 2-121　创建手柄

4. 杯身与手柄处的倒圆角过渡

单击【倒圆角】◝, 拾取杯身与手柄的相贯线, 键入倒圆角的半径值为 "3", 按住【Ctrl】

键的同时再拾取另一条相贯线，单击中键完成倒圆角的创建，其结果如图2-116（c）所示。

5. 保存文件

设置文件保存的工作目录。单击菜单【文件】|【保存副本…】📇，以"TEA_CUP"作为文件名进行保存。

6. 扫描起始点或动态坐标系的位置

Pro/E 系统自动将轨迹链中的草绘曲线的第一个图元起始处或选取的图元靠近其端点处作为扫描的起始点，并以箭头来标明。对于开放轨迹线，起始点只能是位于轨迹链的两个端点之一；对于闭环的轨迹链，则可以根据设计要求来确定扫描截面的起始点位置。草绘曲线链的起始点可通过拾取指定图元的端点后右键单击选择菜单中的【起始点】或单击菜单【草绘】|【特征工具】|【起始点】，随即在该图元的端点处出现一箭头，表示起始点位置已经变更，如图2-122所示；如果箭头方向不符合要求，在该点处重复执行【起始点】即可改变扫描的方向。选取曲线链的起始点是在完成拾取操作的同时来进行指定的，选择【链】菜单管理器中的【起始点】，对于开放曲线链，系统弹出【选取】下一级菜单选项，选择【下一个】，在选择【接受】后即可变更起始点的位置；对于闭环曲线链，在选择【链】菜单管理器中的【起始点】后，系统对构成曲线链的每一条边线在其端点处以绿色的十字叉线加以标记，在指定点处拾取后系统同样弹出【选取】下一级菜单选项，选择【下一个】变更起始点的方向，再选择【接受】完成起始点位置的定义，否则，重复上述操作直到满意为止。

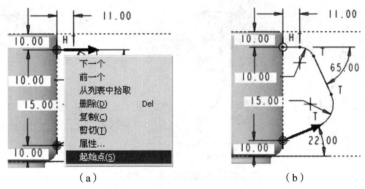

（a）　　　　　　　　　　　　　　　（b）

图2-122　变更扫描起始点位置

7. 扫描的自由端点与合并终点

Pro/E 软件的扫描是草绘截面沿着轨迹链上每一点的法向运动形成的具有等截面的空间几何体造型。因此，扫描体的起始位置是由其轨迹线端点的法向平面所决定的，这就是所谓的扫描的自由端点，如图2-123（a）中的杯身与手柄处的两个阴影区域所示。如果扫描的实体在形成过程中，扫描轨迹线为开环的草绘曲线，并且轨迹线的两终点连接到相邻零件几何上，其端点处通过延伸或去除一定的材料而与临近的实体完全融合，这就是所谓的扫描的合并终点，如图2-123（b）所示。

对于图2-123（a）所示的扫描结果，如果交接处的倒圆角尺寸足够大，可以尝试采用选取两表面的方式来完成倒圆角过渡，从而达到消除未完全融合的缺陷，如图2-124所示。

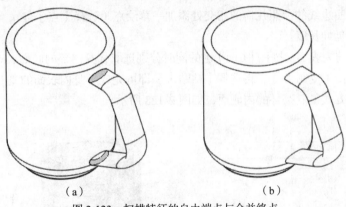

（a）　　　　　　　　　　　（b）

图 2-123　扫描特征的自由端点与合并终点

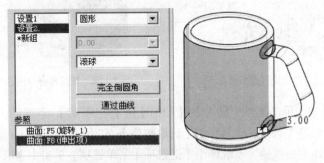

图 2-124　通过倒圆角过渡消除未完全融合缺陷

　　一般情况下，为了实现扫描体与临近的实体几何完全交接而融合，在扫描体的形成过程中，常规的处理方法是将轨迹链的端点进行适当的延长，而后再采用实体除料或曲面实体化以去除扫描体超出实体几何多余的部分；或将轨迹链予以延伸/修剪使得扫描体完全位于特征、实体之间，如图 2-125 中的尺寸"4"即为轨迹链延伸的长度。此外，在完成曲线链的拾取之后，利用【链】菜单管理器中的【修剪/延伸】实现扫描体与实体几何完全融合，如图 2-126 所示，注意【修剪/延伸】仅用于平面型曲线链。

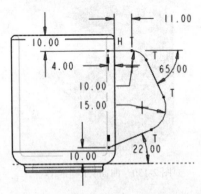

图 2-125　延伸曲线链中的图元长度

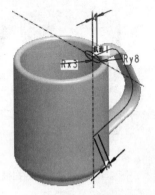

图 2-126　运用"修剪/延伸"实例

8. 茶杯造型中的曲面实体化操作

（1）创建图 2-117（b）中的杯身造型。

（2）在 FRONT 基准平面上绘制如图 2-127 所示的草图，标注斜线的定位尺寸"10"之前须在斜线与杯身外侧面边线的参照几何的相交处添加一草绘点（选择【点】×），水平尺寸"7"即为斜线端点的水平延伸长度。

（3）复制杯身的内表面。按住【Ctrl】键的同时分别选取杯身内部的底面、R3mm 的过渡圆角曲面及内侧面，单击【复制】，再选择【粘贴】即可完成杯身内表面的复制，或采用"种子和边界曲面"操作方式复制茶杯的内侧面，如图 2-128 所示。

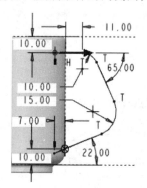

图 2-127　绘制曲线链草图

图 2-128　复制杯身的内表面

（4）创建手柄造型。单击菜单【插入】|【扫描】|【伸出项...】，系统弹出"伸出项：扫描"对话框。选择【扫描轨迹】菜单管理器中的【选取轨迹】，在【链】菜单管理器中选取【曲线链】，拾取图 2-127 中所创建的曲线链，系统弹出【链选项】菜单选项，单击【选取全部】，根据需要可单击【起始点】以调整扫描的起始位置。单击中键完成扫描曲线链的选取，再次单击中键接受【自由端点】扫描形成方式并进入草绘界面，绘制图 2-120 所示的椭圆截面草图，单击✔完成草图的绘制。单击中键完成手柄的扫描造型，结果如图 2-129 所示。

（5）曲面实体化。选取上述所复制的曲面，单击【编辑】|【实体化...】，选择操控板上【用面组替换部分曲面】按键，调整【更改刀具操作方向】使其指向外侧，或选择【移除面组内侧或外侧的材料】按键，调整【更改刀具操作方向】使其指向内侧，单击中键完成曲面实体化操作以移除手柄位于杯身内侧的扫描部分造型，如图 2-130 所示。

图 2-129　创建手柄的扫描造型

图 2-130　曲面实体化操作

（6）运用"移除"工具去除杯内侧多余的造型。如图 2-131（a）所示茶杯造型，按住【Ctrl】键分别拾取杯身内侧的手柄伸出段的所有表面，选择菜单【编辑】|【移除...】，打开操控板中的"选项"面板，激活"排除轮廓"右侧的收集器，再次按住【Ctrl】键，分别拾取位于杯身外侧与内侧的伸出段相同的所有表面，如图 2-132 所示，单击中键完成杯身内侧的手柄伸出段的移除，如图 2-131（b）所示。

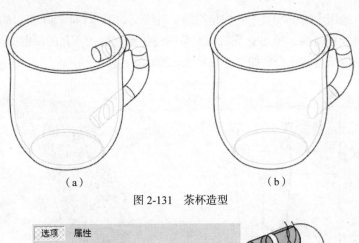

（a）　　　　　　　　　　　　　　（b）

图 2-131　茶杯造型

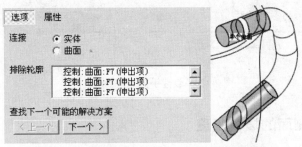

图 2-132　"选项"面板中的"排除轮廓"收集器

2.9

手机外壳

图 2-133 所示为手机外壳的造型。其建模过程应用了 Pro/E 的"扫描"功能实现手机外壳面板的曲面造型，运用"变半径倒圆角"功能完成手机外壳棱边的处理，使面板具有一定美感效果，采用"壳"功能形成其薄壁结构。对建模操作中关于拔模、圆角、抽壳的情形进行了相应的处理。

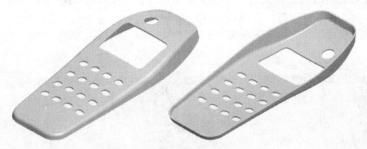

图 2-133　手机外壳

1. 手机外壳基体的创建

单击【拉伸】，右键菜单选择【定义内部草绘…】，选取 TOP 基准平面作为草绘平面，接受缺省参照平面与方向，单击中键进入草绘界面，右键菜单选择【中心线】于坐标系原点处绘制一竖直中心线，运用【线】 \ 及【3 点/相切端】 ⌐ 绘制如图 2-134（a）所示的截面草图，其中两条水平直线对称于中心线，单击 ✓ 完成截面草图的绘制。键入盲孔的深度值为"25"，单击中键完成手机外壳基体结构的造型，如图 2-134（b）所示。

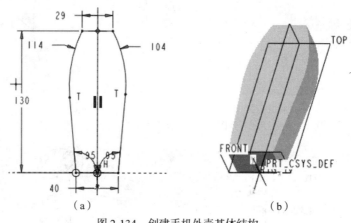

（a）　　　　　　　　　　（b）

图 2-134　创建手机外壳基体结构

2. 创建基体侧面的拔模斜度

单击【拔模】 🖘，将光标置于基体外形的任一可见侧面，右键两次直到拉伸基体的侧面高亮显示后再单击左键即可拾取拉伸体的所有侧面（目的曲面）以作为拔模曲面，右键菜单选择【拔模枢轴】，选取 TOP 基准平面作为拔模基准平面，键入拔模角度值为"10"，单击操控板中的【反转角度以添加或去除材料】 ⟋ 按键使其为去除材料一侧，单击中键完成基体外形侧面的拔模处理，如图 2-135 所示。

3. 创建基体侧面棱边的过渡圆角

单击【倒圆角】 ⟍，选取图 2-135 中任一侧面的边线，再按住【Ctrl】键分别选取另三条边线，键入倒圆角的半径值为"10"，单击中键完成倒圆角过渡的创建，如图 2-136 所示。

在上述创建拔模斜度与倒圆角过渡的处理过程中，如果先将图 2-134（a）中的草图完成 R10mm 圆角，再完成后续的拔模处理，其结果为对应于图 2-137 中的左下侧阴影区域的变半径过渡这一效果。对于等半径倒圆角，如果后续还将进行抽壳处理而形成均匀薄壁结构，其操作顺序应为"先拔模、再倒圆角、最后抽壳"。

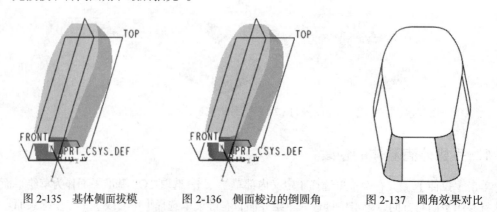

图 2-135　基体侧面拔模　　　　图 2-136　侧面棱边的倒圆角　　　　图 2-137　圆角效果对比

4. 创建手机外壳的上表面结构

单击菜单【插入】|【扫描】|【曲面…】，系统弹出"曲面：扫描"对话框。选择【扫描轨迹】菜单项中的【草绘轨迹】，在选取 RIGHT 基准平面作为草绘平面后，单击中键接受【正向】以确定草绘平面的 y 轴方向；在草绘视图菜单中选取【顶】，再拾取 TOP 基准平面作为参照平面，系统随即进入草绘界面，单击【样条】 ∿ 自左向右绘制具有六个型值点的样条线，其起始点位于 RIGHT 基准面上，分别标注样条线中间的四个型值点与系统原点的竖直或水平尺寸，修改后的截面草图如图 2-138 所示，单击 ✔ 完成样条曲线草图的绘制。单击中键接受【属性】选项中的【开放终点】创建端部开放的曲面（面组），系统进入草绘界面，绘制如图 2-139 所示的圆弧草图，图中半径为"202"圆弧的圆心位于动态坐标系的水平轴上，单击 ✔ 完成扫描截面草图的绘制，最后单击中键完成扫描曲面的创建，如图 2-140 所示。

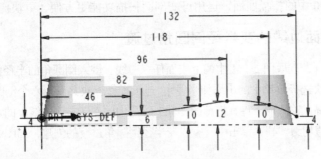

图 2-138　绘制扫描轨迹线草图

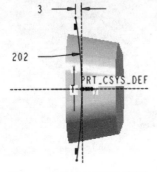

图 2-139　绘制扫描截面草图

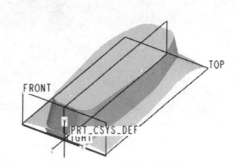

图 2-140　创建扫描曲面

5. 创建手机外壳的上表面

（1）通过"实体化"功能创建手机外壳的上表面。拾取图 2-140 中的扫描曲面，单击菜单【编辑】|【实体化…】 ◻，选择操控板中的【移除面组内侧或外侧的材料】 ◻ 按键，调整【更改刀具操作方向】 ◸ 按键使其指向上部，单击中键完成以曲面的实体化形成手机外壳上表面的造型，如图 2-141 所示。

（2）用鼠标右键单击"实体化 1"，从快捷菜单中选择【隐含】，经确定后将其抑制而不显示在模型中，图形显示

图 2-141　曲面实体化

为如图 2-140 所示。将光标置于图 2-140 中的实体上表面，单击两次以选取该表面或切换过滤器的选择方式为【几何】直接选取实体上表面（拉伸特征的终止面），单击菜单【编辑】|【偏移...】，右键菜单选择【替换】，再拾取扫描曲面，单击中键完成用曲面的替换以形成手机外壳上表面的造型，如图 2-141 所示。

　　值得注意的是在曲面的设计过程中，当曲面与实体进行混合建模时，原则上曲面的边界应超出实体的相应位置的最大轮廓。否则，将曲面的边线进行适当的延伸以扩大其曲面，目前 Pro/E 版本还不支持曲面实体混合建模中自动延伸曲面这一功能，而曲面的替换则不受这一限制。

　　为了完成图 2-141 中的造型，也可以直接采用【扫描】|【切口...】功能，其截面草图仍然为图 2-139 中的开放圆弧草图，指定去除材料一侧为圆弧的外侧即可。

　　此外，也可以先创建图 2-140 所示的扫描曲面，在完成图 2-134（b）的拉伸造型过程中，设置盲孔的生长方式为【到选定的】，再选取已创建的扫描曲面作为参照，然后再将扫描曲面予以隐藏即可。

　　为了获得图 2-140 中的扫描曲面，运用可变剖面扫描功能更方便、更快捷。

6.　创建上表面边线的变半径倒圆角过渡

　　单击【倒圆角】，选取图 2-141 中的上表面任一边线，键入倒圆角的半径值为"2"，右键倒圆角尺寸或半径控制滑块选择菜单中的【添加半径】，连续操作五次共获得六个倒圆角位置点。分别按住六个倒圆角的半径锚点（圆形）将其拖至图 2-142（a）中的左、右侧边线上的六个几何端点上，再修改中间的两个半径值均为"4"，单击中键完成变半径倒圆角过渡的创建，如图 2-142（b）所示。

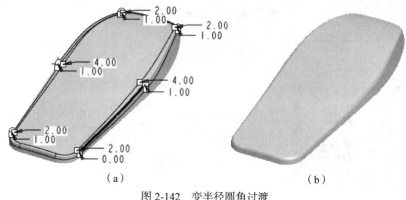

（a）　　　　　　　　　　　　　　　　　（b）

图 2-142　变半径圆角过渡

7.　手机的薄壁壳形结构造型

　　单击【壳】，选择图 2-142（b）基体外形的底面作为移除曲面，键入抽壳的厚度为"1"，单击中键完成等壁厚薄壳的创建，如图 2-143 所示。

8.　创建手机屏幕窗口

　　（1）单击【拉伸】，两次右键菜单分别选择【去除材料】、【定义内部草绘...】，选取 TOP 基准平面作为草绘平面，单击中键接受缺省参照与方向进入草绘界面，分别右键菜单选择【中心线】及【矩形】，在系统原点处分别绘制一竖直的中心线和一对称于中心线的矩形草图，标注并修改尺寸，如图 2-144 所示，其中定位尺寸为"100"的基准为系统原点，单击✔完成草图的绘制。设置盲孔的生长方式为【到选定的】，选取图 2-142 中的上表面作为参照，单击中键完成手机外壳屏幕窗口的创建，如图 2-145 所示。

图 2-143　创建薄壳结构

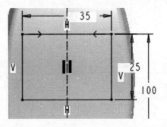
图 2-144　绘制屏幕窗口草图

（2）单击【倒圆角】 ，适时调整模型的显示大小，将光标置于图 2-145 中的窗口壁厚棱边处，右键菜单选择【从列表中拾取】，双击收集器中四条棱边所对应的"目的边"，键入倒圆角的半径尺寸为"3"，单击中键完成拐角处倒圆角过渡的创建，如图 2-146 所示。

图 2-145　创建屏幕窗口

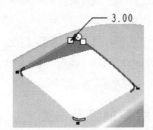
图 2-146　选取"目的边"倒圆角

9.　创建圆形按键孔

采用拉伸除料的方法完成圆形按键孔的创建，其截面圆如图 2-147 所示，图中定位尺寸"110"的基准为系统原点，完成后的结果如图 2-148 所示。

10.　创建倒圆角过渡

完成屏幕窗口及圆形按键位于上表面处的倒圆角过渡，如图 2-148 所示。

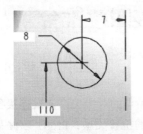
图 2-147　绘制按键孔截面圆

图 2-148　创建倒圆角过渡

11.　创建椭圆形按键孔

（1）采用拉伸除料的方法完成位于左上侧的其中之一的椭圆形按键孔的创建，其椭圆截面如图 2-149 所示，图中定位尺寸"14"、"60"的基准均为系统原点。

值得注意的是 Pro/E V4.0 与 V5.0 对于椭圆尺寸标注的不同，V4.0 标注的是长、短半轴；而 V5.0 则标注的是长、短轴。

（2）完成椭圆形按键位于上表面边线的处"0.3"的倒圆角过渡，如图 2-150 所示。

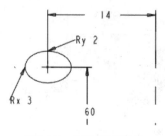

图 2-149   草绘椭圆截面

图 2-150   创建椭圆形按键孔

（3）创建"组"特征。在特征树中，按住【Ctrl】键，分别选取上述椭圆形按键孔结构的"拉伸 4"与"倒圆角 5"两特征，右键菜单选择【组】创建"组 LOCAL_GROUP"特征。

（4）右键"组 LOCAL_GROUP"特征，从快捷菜单中选择【阵列…】，接受默认的"阵列"类型为【尺寸】，选取定位尺寸"14"，键入"-9.5"作为阵列增量并确认，键入"输入第一方向的阵列成员数"为"4"；再激活"第二方向的阵列尺寸"收集框，选取定位尺寸"60"，键入"-11"作为阵列增量并确认，键入"输入第二方向的阵列成员数"为"4"，单击中键完成椭圆形按键孔的阵列，其结果如图 2-133 所示。

12. 隐藏曲线及曲面

单击【设置层、层项目和显示状态】显示系统的层结构树，选取"06___PRT_ALL_SURFS"，两次右键菜单分别选择【隐藏】及【保存状态】。

13. 保存文件

单击菜单【文件】|【保存副本…】，以"MOBILE_PHONE_COVER"作为文件名进行保存。

2.10 交接四棱锥台

1. "混合"特征的建模及相关概念

"混合"是由两个或两个以上的平面型截面按照指定顶点的对应关系依次连接各截面图元之间的顶点形成或直或光滑的几何体。根据平面截面在空间的位置关系，Pro/E 软件系统将"混合"特征分为"平行"、"旋转的"、"一般"三种情形以方便其不同的建模要求，其功能的使用复杂程度与相关条件也顺次提高。

（1）"平行混合"只适用于特征形成进程中进行草图的绘制，即绘制好一个截面后再选择菜单【草绘】|【特征工具】|【切换剖面】或右键菜单选取【切换剖面】以进行下一个草绘截面图元的绘制。因此，平行"混合"是将截面草图按照指定的点与方向均绘制在第一个草绘平面的层面上，通过输入各截面之间的距离以形成与之对应的截面图元，再顺次连接截面图元以形成或直或光滑的几何体造型方法。平行"混合"是"混合"特征造型中的最基本的建模方法。

（2）"旋转的混合"与"一般混合"这两种情形，其特征的形成既可以通过"草绘截面"也可以采用"选取截面"来完成几何体的建模。除了截面图元中的点与方向同平行"混合"一样的要求之外，"草绘截面"的图元中还必须包含草绘坐标系 ⤴ 以作为各截面对齐的参照与基准。　"草绘截面"空间方位的确定遵循逆时针原则：旋转的"混合"可通过输入 y 轴的旋转角度（最大角度可达 120º），而"一般混合"可通过输入 x、y、z 三个轴的旋转角度（±120º），也可以沿三个轴平移。采用"旋转的混合"造型时，"所选截面"中的各截面若没有公共轴，则特征是不能生成的，而对于"一般混合"则没有这一限制。

因此，如果所输入的 x、y、z 三个轴的旋转角度全部为"0"，则可以将"平行"方式理解为"一般"方式的特例；如果所输入的 x、z 两个轴的旋转角度均为"0"，则也可以将"旋转的"方式理解为"一般"方式的特例，只是"一般"方式中不包含【封闭的】这一属性。

（3）"草绘截面"与"所选截面"均为平面型，其图元数及其起始点与方向应一致，以避免产生不必要的扭曲造型。此外，闭环截面中的图元不能嵌套。

如果"草绘截面"中的图元数不对应，则可以采用下列操作使其满足特征与设计要求：一是选取图元的端点，再选择菜单【草绘】|【特征工具】|【混合顶点】或右键菜单选择【混合顶点】；其二是采用【分割】 ⤵ 对选定的图元进行分割以增加必要的图元数。

"草绘截面"的第一个或/与最后一个截面中可以使用草绘点图元，其端点类型具有【尖点】或【光滑】以供选择。

如果"所选截面"中的图元数不对应，则通过选择【曲线草绘器】菜单选项中的【混合顶点】对指定图元端点处增加几何点来实现特征与设计的要求。

以上的【混合顶点】可以理解为在距图元某端点相邻极小区域生成一几何点，使其距离满足绝对精度范围要求而认为与该端点重合。值得注意的是起始点不可进行【混合顶点】。

"草绘截面"中对选取的图元端点（默认的起始点为草绘的第一个图元），选择菜单【草绘】|【特征工具】|【起始点】或右键菜单选择【起始点】，可变更使其为起始点的位置，再次执行同样的操作可变更其方向。

"所选截面"中对选取的图元端点（默认的起始点为拾取的第一个图元且靠近拾取位置的端点处）执行【曲线草绘器】菜单选项中的【起始点】，可变更使其为起始点的位置，再次执行同样的操作可变更其方向。

若"草绘截面"具有截面数较多且相同或相似，则可以对该草绘截面进行保存（注意添加草绘坐标系），然后再导入保存的截面草图。其具体操作是：选择菜单【文件】|【保存副本...】以适当的文件名进行保存即可；再选择菜单【草绘】|【数据来自文件...】|【文件系统...】（或【调色板】），即可调用已保存的草图。

为了减少曲面片的数量，有必要对具有光滑、连续的草绘曲线进行样条处理。

（4）【投影截面】仅适用于具有两个草绘截面图元的平行"混合"特征造型，这种造型方法是将"草绘截面"的图元投影在特征或零件所选取的两个表面（或曲面表面）上形成完整的轮廓曲线，否则特征创建失败。

（5）"混合"特征具有【直的】与【光滑】两类属性，【直的】是指相邻截面对应图元之间采用直纹面连接；而【光滑】是指所有截面对应图元之间光滑连续连接。除了"平行混合"之外，"旋转的混合"与"一般混合"在选择【光滑】属性后，可以指定第一个或/与最后一个截面图元的【相切】条件。

"旋转的混合"无论是选择【直的】或【光滑】以实现【封闭的】的闭环造型的截面应不少于

三个，且第一个与最后一个截面间的夹角应小于 180°。

（6）"混合"特征编辑定义过程中，"平行混合"可以在最后的草图截面之后再添加草绘截面，但特征再生后不能再删除已添加的草绘截面；而"旋转的混合"与"一般混合"则可以在除第一个截面之后添加或删除包括第一个截面在内的截面，完成后系统自动变更截面顺序，这里的截面包括"草绘截面"与"选取截面"。采用添加或删除截面的设计理念能更好地控制混合特征建模的外形轮廓。

2. "交接四棱锥台"的混合造型

图 2-151 中的由两个四棱锥台构成的"交接四棱锥台"结构造型属于混合功能应用的典型素材，其上、下两个表面分别具有八个与十六个顶点，该造型是采用平行"混合"特征来完成的，其中的"起始点"与"混合顶点"的正确、合理设置是实现其三维建模的关键所在。顺便指出的是图 2-151 所示零件的加工工艺最好采用电火花线切割加工。

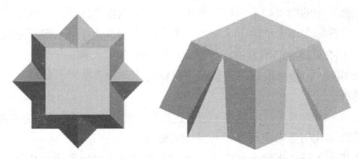

图 2-151 "交接四棱锥台"的平行混合造型

3. 设置工作目录及新建零件文件

（1）设置工作目录。单击菜单【文件】|【设置工作目录】，在打开的"选取工作目录"对话框中，选取已建立的文件夹或单击工具条【新建文件夹】按键或右键菜单选择【新建文件夹】并重命名，以作为 Pro/E 进行设计的工作目录，单击中键完成工作目录的设置。

（2）新建文件。单击菜单【文件】|【新建】或单击【新建】按键，接受缺省的文件类型为【零件】，子类型为【实体】，并键入"2_INT_PRISM_BLEND"作为新建文件的文件名，不勾选【使用缺省模板】复选框，单击对话框中的【确定】按键。在系统弹出的"新文件选项"对话框中双击"mmns_part_solid"模板文件后进入 Pro/E 零件设计工作界面。

4. 交接四棱锥台的平行"混合"造型

（1）选择菜单【插入】|【混合】|【伸出项...】，在【混合选项】菜单管理器中，接受缺省的【平行】|【规则截面】|【草绘截面】以实现通过绘制平行的截面草图来创建混合特征，选择【完成】或单击中键后，系统弹出"伸出项：混合，平行，规则截面"对话框及【属性】菜单管理器，接受缺省的【直的】截面连接方式，选择【完成】或单击中键后选取 TOP 基准平面作为草绘平面，双击中键分别接受【正向】的特征生长方向及【缺省】的草绘视图参照与方向设置以进入草绘界面，按照如下的操作过程绘制混合特征的截面草图，右键菜单选择【中心线】于坐标系原点处绘制两正交的竖直中心线，再次右键菜单选择【矩形】自左上往右下绘制对称于中心线的矩形图元；框选中心线与矩形图元；连续两次右键菜单分别选择【复制】与【粘贴】并选择适

当位置单击左键，在系统所弹出的"缩放旋转"对话框中，接受比例为"1"，键入旋转角度为"45"并按【Enter】键，按住平移控制滑块⊗来移动复制的图元至系统原点处，选择✔按键或单击中键完成草绘图元的复制；选择【删除段】将位于两个矩形内部的图元部分予以删除；运用【相等】＝使上部的四条直线图元与左上的两条直线图元等长；标注并修改尺寸为"150"，至此完成"截面1"草图的绘制，如图2-152（a）所示。选择菜单【草绘】|【特征工具】|【切换剖面】或右键菜单选择【切换剖面】以绘制"截面2"草图，再次右键菜单选择【矩形】□在斜向中心线上自左上往右下绘制对称于中心线的正方形图元，如图2-152（b）所示。从图2-151中可以看出，两个截面的四个角点一一对应，且图2-152（b）中截面的起始点分别位于对应的角点上且方向一致（若不对应可通过切换【起始点】调整），而截面1中的位于四个方位上的十二个顶点与"截面2"没有对应的点，因此，可将"截面2"的四个直线图元在其中点处各自予以分割增加图元数，选择【分割】分别拾取正方形的四条直线图元的中点将其分割，并添加【相等】＝使分割后的图元等长，标注并修改尺寸为"100"，实现与"截面1"中的四个顶点的对应；另外再对"截面2"所分割的中点处分别添加两个【混合顶点】，即选取其中的分割点后右键菜单选择【混合顶点】两次，直至完成所有分割的中点的【混合顶点】操作，如图2-152（b）所示，实现与"截面1"中位于四个方位余下的顶点形成对应关系，至此，构成平行混合的两个截面具有相同的图元数且顶点具有对应的关系，最后单击✔完成混合的截面草图的绘制。键入"截面2"的深度为"80"，选择✔按键或单击中键完成特征的所有元素的定义，单击对话框中的【确定】按键或单击中键完成"交接四棱锥台"的"平行混合"特征造型，如图2-151所示。

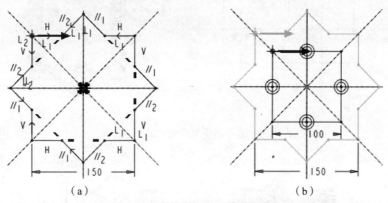

（a）　　　　　　　　　　　（b）

图2-152 "混合"截面草图的绘制

（2）运用"移除"工具编辑"交接四棱锥台"为四棱锥台造型。在特征树中，先选取"伸出项 标记#"或直接在图形中拾取图2-151所示的特征造型，再选取图2-153（a）中的任一着色表面，按住【Ctrl】键分别拾取三个对应的表面，选择菜单【编辑】|【移除…】，单击中键完成四棱锥台的造型。

在特征树中，右键"移除1"特征选择菜单中的【编辑定义】，激活操控板中的收集器，拾取图2-153（b）中的任一着色表面，按住【Ctrl】键再分别拾取三个对应的表面，单击中键完成另一四棱锥台的造型。

在特征树中，右键"移除1"特征选择菜单中的【删除】，图形显示如图2-151所示。

（3）单击菜单【文件】|【保存】，以"2_INT_PRISM_BLEND"作为文件名保存该模型文件。

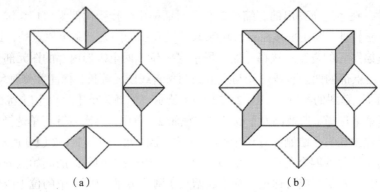

（a）　　　　　　　　　　（b）

图 2-153　"交接四棱锥台"对应表面的拾取

5. 混合特征中的起始点

由"混合"、"扫描混合"、"边界混合"特征构成的两个以上截面的造型中，各截面的起始点必须根据产品设计要求予以对齐，否则，其特征造型就会产生扭曲，如图 2-154 所示。Pro/E 软件中的"混合"建模还应避免在截面起始点处执行"混合顶点"操作，可以采用"边界混合"特征通过设置"控制点"来完成其相应的造型，如图 2-155（a）所示。

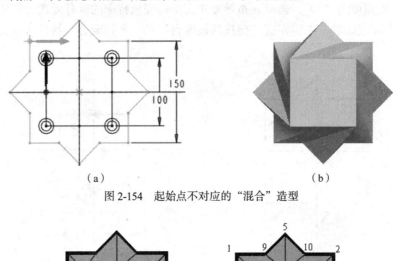

（a）　　　　　　　　　　（b）

图 2-154　起始点不对应的"混合"造型

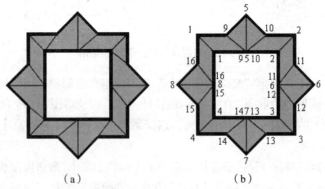

（a）　　　　　　　　　　（b）

图 2-155　设置控制点的"边界混合"曲面造型

6. "交接四棱锥台"的可变剖面扫描造型

（1）图 2-151 中的"交接四棱锥台"最直接的建模方法是采用"混合"造型，其次是运用"边界混合"工具通过设置控制点来实现其三维造型，如图2-155（b）所示（图中的数字表示设置控制点的顺序），通过"扫描混合"功能也可以完成相应的结构。此外，运用"可变剖面扫描"工具能够快速实现"交接四棱锥台"的建模，图2-153中的"移除"操作并结合图2-155（b）能够说明"交接四棱锥台"的"可变剖面扫描"的成因：由"16-1-9"、"10-2-11"、"12-3-13"及"14-4-15"所在的图元在可变剖面扫描中形成四棱锥台的侧面；由"9-5-10"、"11-6-12"、"13-7-14"及"15-8-16"所在的图元在可变剖面扫描中形成另一四棱锥台的侧面，构成上述八个顶点的图元形成一闭环截面，两个四棱锥台的锥角不一样，可以通过设置不同的关系式来控制其变化，即控制"1-2-3-4"所在的四棱锥台边长的关系式为"sd#=150-50*trajpar"；而控制"5-6-7-8"所在的四棱锥台边长的关系式为"sd#=150-(150-50*sqrt(2))*trajpar"。因此，在绘制截面草图过程中，与图2-152（a）的不同之处就是上述两个锥台所具有的图元应分别设置为等长约束。

（2）选择菜单【插入】|【可变剖面扫描…】或单击【可变剖面扫描】，再单击【草绘】以暂时终止特征功能，选择FRONT基准平面作为草绘平面，接受缺省参照与方向，单击中键进入草绘界面，右键菜单选择【线】过系统原点向上绘制长度为"80"的竖直线，单击完成直线草图绘制。选取操控板右侧的箭头按键或单击中键以激活特征功能并自动将直线作为原点轨迹，接受默认的【垂直于轨迹】剖面控制方式，右键菜单选择【草绘】或单击操控板中的【创建或编辑扫描剖面】按键进入草绘界面，右键菜单选择【矩形】，绘制对称于动态坐标系原点的矩形草图，选取【相等】使矩形的图元等长；框选正方形草图，连续两次右键菜单分别选择【复制】与【粘贴】并选择适当位置单击左键，在系统所弹出的"缩放旋转"对话框中，接受比例为"1"，键入旋转角度为"45"并按【Enter】键，按住平移控制滑块移动复制的图元至原点附近，选择按键或单击中键完成草绘图元的复制；选取【重合】使复制的图元中的三个顶点分别位于动态坐标系对应的的水平与竖直中心线上，选择【删除段】将位于两个正方形内部的图元部分予以删除；标注两正方形相对图元的距离尺寸，如图2-156（a）所示。选择菜单【工具】|【关系…】，在"关系"对话框中键入关系式"sd17=150-(150-50*sqrt(2))*trajpar"、"sd18=150-50*trajpar"，如图2-156（a）所示，确认后单击完成截面草图的绘制，"交接四棱锥台"操作显示如图2-156（b）所示。选择操控板中的【扫描为实体】按键，单击中键完成"交接四棱锥台"可变剖面扫描的特征造型，其结果如图2-151所示。

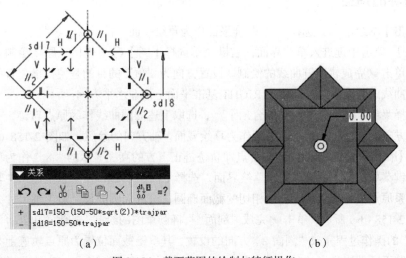

（a） （b）

图2-156 截面草图的绘制与特征操作

7. 保存文件

单击菜单【文件】|【保存副本...】 ，以"2_INT_PRISM_VSS"作为文件名进行保存。

2.11 吊环螺钉

"扫描"（此处是指一般性的概念）是由一个草绘截面沿着一条或多条轨迹链（平面型或空间型曲线）按照一定的运动方式（即轨迹链上的法平面方向或指定方向）而形成的几何体。"混合"是由两个或两个以上的平面型截面按照指定顶点的对应关系依次连接各截面图元之间的顶点形成或直或光滑的几何体。"扫描混合"是指两个或两个以上的平面型截面沿着不多于两条轨迹链（平面型或空间型曲线）按照一定的运动方式（即轨迹链上的法平面方向或指定方向）并按照指定顶点的对应关系依次连接各截面图元之间的顶点形成光滑的几何体。图 2-157 为 M36 吊环螺钉的造型，其吊环的上、下两个截面分别为圆形与椭圆形，且内轮廓为圆形，属于典型的扫描混合几何体结构。

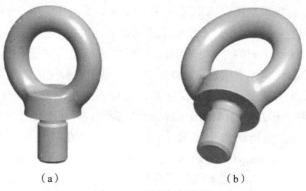

（a）　　　　　　　　　　（b）

图 2-157　吊环螺钉造型

1. 吊环的造型

（1）单击【草绘】 ，选择 TOP 基准平面作为草绘平面，接受缺省参照平面 RIGHT 并切换方向为【顶】，单击中键进入草绘界面，右键菜单选择【圆】 于坐标系原点绘制直径为"67"的截面圆，单击 完成轨迹链曲线的绘制。设置方向为"顶"的目的是使扫描混合的轨迹链的起始点位于圆曲线的竖直方向，即位于 RIGHT 基准平面上而非水平方向。

（2）选择菜单【插入】|【扫描混合...】 ，选取上述的圆曲线作为原点轨迹，右键菜单选择【截面 X 轴方向】，拾取 TOP 基准平面作为草绘截面 x 轴方向的参照，如图 2-158（a）所示，右键菜单选择【截面位置】，拾取圆的闭合点即轨迹链正下方的高亮显示的"×"作为草绘截面的位置，再次右键菜单选择【草绘】进入草绘界面，选择【椭圆】 ，在动态坐标系 y 轴正方向绘制过动态坐标系原点或与其水平中心线相切的截面椭圆，键入椭圆的长、短半轴尺寸分别为"16"、"15"，如图 2-158（b）所示，单击 完成"剖面 1"椭圆草图的绘制。右键菜单选择【插入截面】，同"剖面 1"的操作过程完成"剖面 2"方向的设置，其草绘截面位置为原点轨迹上与闭合点相对的几何点，截面圆的直径为"30"，如图 2-158（c）所示，单击 完成"剖面 2"截面圆的绘制，

选择操控板上的【创建一个实体（伸出项/切口）】□按键，如图 2-159（a）所示，单击中键完成吊环的扫描混合造型，如图 2-157 所示。

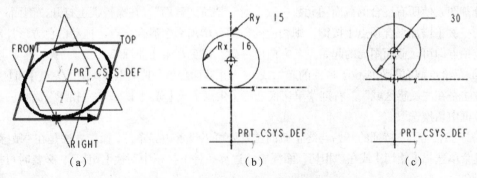

图 2-158　绘制扫描混合的截面草图

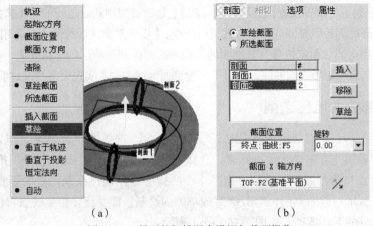

图 2-159　吊环的扫描混合设置与截面操作

对于扫描混合的截面草图，也可以通过操控板来绘制指定位置的截面草图，如图 2-159（b）所示。选择操控板上的"剖面"面板，接受默认的【草绘截面】方式，单击【插入】按键后拾取相应的草绘截面的点，再单击【草绘】按键进入草绘界面完成指定点位置的截面草图。若希望编辑、修改某个截面草图，在"剖面"收集器中选取"剖面#"后，单击【草绘】按键即可实现对该截面草图的编辑、修改，或者在图形中直接拾取需编辑的"剖面#"，右键菜单选择【草绘】也可完成相应的操作。

上述吊环的扫描混合造型操作中也可以不用对【截面 X 轴方向】进行设置而接受缺省方式。

采用扫描混合特征建模有以下几个方面值得注意：

① "扫描混合"特征兼有"扫描"与"混合"两特征的部分功能。"扫描混合"特征最多支持两条轨迹线，闭环的原点轨迹必须是光滑的，即轨迹线上不能有 G0 条件的图元存在，而开放的原点轨迹并非要求光滑；剖面控制方式分为"垂直于轨迹"、"垂直于投影"和"恒定法向"三种，这点与"可变剖面扫描"特征是一样的，由于轨迹线数量的限制，其具体操作相对要简单些。

② "草绘截面"与"所选截面"均为平面型（包括由【从方程】所产生的平面型曲线），两者方法不可混用，即在"扫描混合"特征创建过程中或采用"草绘截面"方法绘制截面草图，或采用"所选截面"方法选取截面曲线。这两种截面操作时不必按照轨迹线上的点依次进行选取，非常灵活、自由，这与"混合"、"边界混合"特征选取截面的操作是不一样的。对于"草绘截面"，

可以设置 z 轴的旋转角度（±120°）。闭环截面中的图元不支持嵌套。

③ 截面的图元数必须相等（草绘点截面除外）。对于"草绘截面"操作可以通过添加混合顶点或分割图元使所有混合的截面图元数一致；对于"所选截面"，在操控板上打开"剖面"面板，每单击一次【增加混合顶点】按键，则相应的截面就增加一个混合顶点，拖动白色方形控制滑块到指定顶点即可。截面图元的起始点、方向应一致，以免产生扭曲现象。

④ 草绘点截面图元应位于特征的起始或/与终止截面位置，其端点类型有【尖点】和【光滑】。操作方法是在"敏感区域"上右键菜单切换选择【尖点】或【光滑】，或在"相切"面板的边界条件下拉框中切换选取。

⑤ "扫描混合"特征的开始与终止截面位置处可以设置边界条件，操作方法是在"敏感区域"上右键菜单选择【相切】或在"相切"面板中的边界条件下拉框中切换【相切】，必要时可指定其参照对象。

⑥ "选项"面板中可设置扫描混合面积和周长控制的选项以用来控制其截面之间的扫描混合的形状。【无混合控制】为缺省设置；【设置周长控制】是通过控制截面之间的周长来控制该特征的形状，即是混合截面的周长以相同或线性方式进行变化；【设置剖面区域控制】只适用于"草绘界面"方法，在原点轨迹上通过指定位置及其剖面的面积来准确控制该特征的形状变化，指定或更改这些点位置的面积值。对于矩形或圆曲线，通过【设置剖面区域控制】实现无需绘制过渡段截面草图。

2. 螺钉部分的毛坯造型

单击【旋转】![icon]，右键菜单选择【定义内部草绘…】，选择 TOP 基准平面作为草绘平面，单击中键接受缺省参照与方向进入草绘界面，选择菜单【草绘】|【参照…】![icon]，拾取原点轨迹的圆弧曲线的闭合点作为参照，右键菜单选择【中心线】![icon]绘制过系统原点的竖直中心线，绘制如图 2-160（a）所示的截面草图，单击![icon]完成草图的绘制。接受旋转角度的缺省值"360"，单击中键完成螺钉部分的毛坯造型，如图 2-160（b）所示。

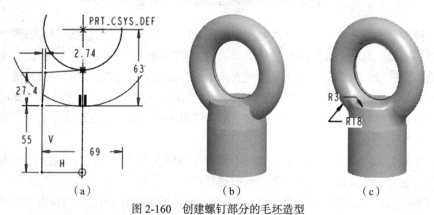

（a） （b） （c）

图 2-160 创建螺钉部分的毛坯造型

3. 吊环螺钉部分的过渡圆角

单击【倒圆角】![icon]，在螺钉与吊环融合处的交线上右键单击再左键拾取，即以"目的边"方式拾取其所有交线，键入倒圆角的半径尺寸为"18"；拾取螺钉毛坯上部两锥面的边线，按住【Ctrl】键再拾取另一相对的边线，键入倒圆角的半径为"3"，单击中键完成所选对象的倒圆角集的创建，如图 2-160（c）所示。

4. 吊环螺钉的加工

（1）单击【旋转】✦，两次右键菜单分别选择【去除材料】、【定义内部草绘…】，单击"草绘"对话框中的【使用先前的】按键直接进入草绘界面，选择菜单【草绘】|【参照…】⬚，拾取图2-160（c）中的圆柱底面与侧面边线作为参照，右键菜单选择【中心线】⫶绘制过系统原点的竖直中心线，绘制图2-161（a）中的开放截面草图，其中螺纹退刀槽的过渡圆角半径均为"3"，退刀槽的上表面与圆柱侧面的上端点对齐，单击✔完成草图的绘制。接受旋转角度缺省值"360"，单击中键完成螺钉的加工，如图2-161（b）所示。

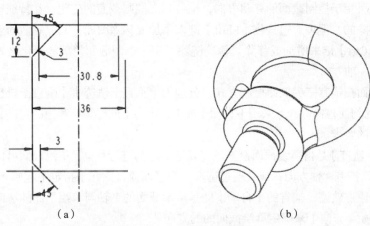

（a）   （b）

图2-161　吊钩的螺纹加工

（2）单击菜单【插入】|【修饰】|【螺纹…】，系统弹出"修饰：螺纹"对话框，选取直径为"36"的圆柱面作为螺纹曲面，再选取圆柱的端面作为加工螺纹的起始曲面，选择【正向】或单击中键以确定特征创建的方向即螺纹的加工方向，选择【指定到】菜单项中的【盲孔】|【完成】，键入螺纹的长度为"45"，接受螺纹的直径为"32.4"，连续单击中键三次完成螺纹孔的修饰。

5. 隐藏曲线

单击【设置层、层项目和显示状态】⧉显示系统的层结构树，选取"03＿＿PRT_ALL_CURVES"，两次右键菜单分别选择【隐藏】及【保存状态】。

6. 保存文件

单击菜单【文件】|【保存副本…】💾，以"EYEBOLT"作为文件名进行保存。

2.12

滑槽

1. "可变剖面扫描"特征及剖面控制等概念

（1）"可变剖面扫描"是将一个草绘截面沿着一条或多条轨迹链（平面型或空间型曲线）按照

一定的运动方式（即轨迹链上的法平面方向或指定方向）而形成的几何体（实体或曲面）。"可变剖面"包括两层含义：截面的大小与方向，由此可见，"可变剖面扫描"功能能够实现截面的大小与方向或仅截面的大小或仅截面的方向产生变化的几何体。

"扫描"是草绘截面沿着一条轨迹链的法向进行移动来形成一定的几何体，其截面大小是不变的。

（2）Pro/E 软件中的"可变剖面扫描"具有非常强大的建模功能，其基本操作并非特别复杂，可根据需要选择一条或多条轨迹链，所拾取的第一条曲线链被称为原点轨迹，且必须是光滑的（【恒定剖面】除外），因动态坐标系就位于这条轨迹链上，所以这条轨迹链也被称为"原点"，其他的则均被称为"链"。

原点轨迹既可用于控制截面的移动方向，也可用于控制截面的变化。在特征创建过程中，原点轨迹是不能删除的，但可通过按住【Shift】键来添加或移除图元，而控制截面轮廓变化的轨迹链可通过按住【Ctrl】键来增加或移除。轨迹链除了用于控制截面轮廓的变化之外，还可以用于定义草绘截面的 x 轴方向。

（3）可变剖面扫描有三种剖面控制方式，分别为【垂直于轨迹】、【垂直于投影】及【恒定法向】。选择适当的剖面控制方式，采用【自动】或【x轴迹】进行草绘截面的定向，实现满足造型设计与草图绘制的要求。

① 【垂直于轨迹】是指草绘截面沿着原点轨迹的法向进行移动。草绘截面可以通过轨迹链来指定【x轴迹】以控制 x 轴方向；或者通过选取一个平面或直图元来指定【起始 x 方向】。

对于草绘的原点轨迹，缺省的【自动】即是草绘截面的 y 轴与草绘平面的法向一致，必要时可通过设置【起始 x 方向】来确定草绘截面的的方向。

对于"二次投影"（曲线）的原点轨迹，缺省的【自动】即是草绘截面的 y 轴与构成曲线的两个基准平面之一的法向一致，另一个草绘平面的法向作为 x 方向，以此确定草绘截面的方向。可通过右键方向箭头选择【下一曲面】或选择"参照"面板中的【下一个】按键来切换草绘平面的 x 、y 轴方向。

对于特征、实体中的几何边线图元作为原点轨迹，缺省的【自动】即是最大程度地降低扫描几何的扭曲来确定草绘截面的 y 轴。

② 【垂直于投影】以选取的平面、轴、坐标系轴或直图元作为参照来定义投影方向，即草绘截面的 y 轴方向，此时截面的行进方向为原点轨迹在参照上的投影曲线的法向（即 z 轴）。因此，【垂直于投影】剖面控制方式就无需设置【x轴迹】、【起始 x 方向】。

③ 【恒定法向】以选取平面、轴、坐标系轴或直图元作为参照来定义截面平面的法向（即 z 轴）。草绘截面可以通过轨迹链来指定【x轴迹】以控制 x 轴方向；或者通过选取一个平面或直图元来指定【起始 x 方向】。

（4）【垂直于曲面】只存在于所选的原点轨迹为特征或零件中的构成几何体的边线，此外，还包括投影曲线与包络曲线在内，由于边线、投影曲线位于表面（或曲面）上，因此，草绘截面的 y 轴方向为其表面（或曲面）的法向。

（5）草绘截面除了通过原点轨迹、轨迹链控制其截面变化之外，还可以通过"trajpar"参数或"图形"特征与"trajpar"参数之间以一定的关系式来控制截面的大小与方向的变化。

（6）"参照"面板。勾选轨迹链右侧的【X】复选框可将其作为【x轴迹】，或右键轨迹链选择菜单中的【x轴迹】；勾选轨迹链右侧的【N】复选框可将其作为法向轨迹（原点轨迹作为法向轨迹为缺省设置）；勾选由特征或零件中的构成几何体的边线作为原点轨迹或/与轨迹链右侧的【T】复选框可将其作为切向轨迹。

（7）"选项"面板。

① "草绘放置点"：草绘截面的缺省位置位于原点轨迹的起始点处，通过在原点轨迹上添加基准点，可将草绘截面位置更改至基准点处，如创建椭球、天圆地方造型等。

②【封闭端点】仅适用于开放的原点轨迹与闭环截面草图以创建具有端面的曲面几何。

③【恒定剖面】是指草绘截面的法向恒定且截面大小不变，仅截面所在的方向发生变化，因此，草绘截面与原点轨迹不一定垂直，如创建圆柱斜齿轮的轮齿造型等。

2. 问题的引入

图 2-162（a）所示为"S"形扫描轨迹链曲线，若扫描截面为图 2-162（右）中的"U"形截面。试分析：当扫描截面中的定位尺寸"25"改变时，扫描的滑槽几何体结构将有何不同。

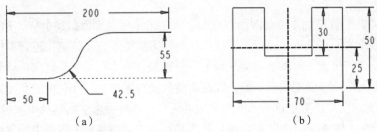

图 2-162　"S"扫描轨迹曲线与扫描截面

3. 滑槽的可变剖面扫描特征的分析

图 2-162（b）中的截面在沿着图 2-162（a）中的轨迹链行进过程中，当定位尺寸"25"在"7.5～42.5"之间变化时，若扫描截面沿轨迹链的法向向上或向下以偏距方式进行移动，扫描特征将会通过其圆弧半径为"42.5"的圆心这一极限位置，如图 2-163（a）中的上、下侧的两条曲线即是，超过上述的区间尺寸时，扫描特征产生自相交致使其特征创建失败。若扫描截面沿轨迹链以指定的方向移动，截面相对轨迹链的位置不受任何限制，则扫描截面相对指定方向的大小恒定，其扫描特征也将不会产生自相交，如图 2-163（b）中的下侧的两条曲线所示。

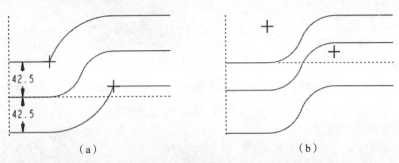

图 2-163　轨迹链的法向偏距曲线与指定方向的偏距曲线

4. 设置工作目录及新建零件文件

（1）设置工作目录。单击菜单【文件】|【设置工作目录】，在打开的"选取工作目录"对话框中，选取已建立的文件夹或单击工具条【新建文件夹】按键或右键菜单选择【新建文件夹】并重命名以作为 Pro/E 进行设计的工作目录，单击中键完成工作目录的设置。

（2）新建文件。单击菜单【文件】|【新建】或单击【新建】按键，接受缺省文件类型为【零

件】，子类型为【实体】，并键入"SLIDEWAY_TRAJ"作为新建文件的文件名，不勾选【使用缺省模板】复选框，单击对话框中的【确定】按键。在系统弹出"新文件选项"对话框中双击"mmns_part_solid"模板文件后进入 Pro/E 零件设计工作界面。

5. 绘制滑槽的原点轨迹曲线链草图

单击【草绘】，选择 FRONT 基准平面作为草绘平面，单击中键接受缺省参照与方向进入草绘界面，右键菜单分别选择【线】及【3 点/相切端】绘制如图 2-162（a）中的光滑曲线草图，其中左侧水平直线的左端点位于系统原点，单击✔完成原点轨迹的曲线草图的绘制。

6. 滑槽的可变剖面扫描造型

（1）选择菜单【插入】|【可变剖面扫描...】或单击【可变剖面扫描】，拾取图 2-162（a）中的光滑曲线链作为原点轨迹，接受缺省的剖面控制方式【垂直于轨迹】进行滑槽的造型。由于原点轨迹的草绘曲线位于 FRONT 基准平面上，若以缺省的【自动】来定向草绘截面的方向，即草绘截面的 y 轴与草绘平面的法向一致，致使草绘截面与图 2-162（b）中的草图之间的方位相差90°，滑槽的可变剖面扫描对于草绘截面的定向并无任何特殊要求。右键菜单选择【起始 x 方向】来设置草绘截面的 x 轴方向，选取 FRONT 基准平面作为参照并单击图形中的黄色方向箭头使其反向以切换 x 轴方向，或通过操控板中的"参照"面板设置参照，如图 2-164（a）所示。再次右键菜单选择【草绘】或单击操控板中的【创建或编辑扫描剖面】按键进入草绘界面，在原点轨迹的动态坐标系中绘制如图 2-162（b）所示的草绘截面，单击✔完成截面草图的绘制，滑槽的可变剖面扫描的操作显示如图 2-164（b）所示，选择操控板中的【扫描为实体】按键，单击中键完成滑槽的可变剖面扫描造型，如图 2-165（a）所示。

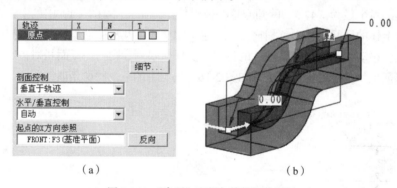

（a） （b）

图 2-164 "参照"面板与特征操作设置

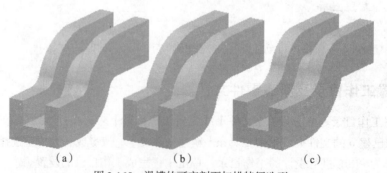

（a） （b） （c）

图 2-165 滑槽的可变剖面扫描特征造型

（2）单击菜单【文件】|【保存】🖫，以"SLIDEWAY_TRAJ"作为文件名保存该模型文件，并且不退出操作窗口继续下面的操作。

7. 编辑滑槽的草绘截面定位尺寸

（1）双击图 2-165（a）中的滑槽特征造型使其显示出相关的尺寸，再双击草绘截面的定位尺寸"25"，分别将其修改为"7.5"与"42.5"，确认后分别单击菜单【编辑】|【再生】或单击【再生】🖳按键使其模型更新，其滑槽造型分别如图 2-165（b）、（c）所示。可以看出，扫描特征分别通过其圆弧半径为"42.5"的圆心这一极限位置。

（2）重复上述的操作以显示图 2-165（b）中的草绘截面尺寸，修改其中的定位尺寸"42.5"为"50"，单击【再生】🖳按键使其模型更新，系统弹出【求解特征】菜单管理器与"诊断失败"的提示。选择菜单中的【快速修复】|【重定义】|【确认】后系统进入特征操作界面，特征显示为几何重叠。右键菜单选择【垂直于投影】，再选取 TOP 基准平面或坐标系的 y 轴定义投影方向的参照，滑槽特征操作如图 2-166 所示，由此可以看出：草绘截面以垂直于 TOP 基准平面的 y 轴方向在沿着原点轨迹移动过程中的投影曲线的法向上保持恒定不变，其截面的变化与原点轨迹不一致。连续单击中键两次完成特征的编辑定义与并退出"解决特征模式"，其结果如图 2-167 所示。

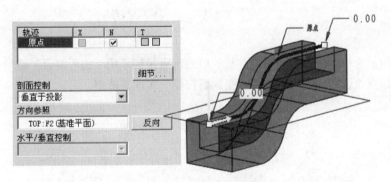

图 2-166　滑槽特征的编辑操作

（3）单击菜单【文件】|【保存副本…】🖫，以"SLIDEWAY_PROJ"作为文件名予以保存，不退出操作窗口继续下面的操作。

8. 特征的编辑定义

（1）在特征树中，右键"Var Sect Sweep1"特征，从快捷菜单中选择【编辑定义】，如图 2-166 所示。右键菜单选择【恒定法向】，选取 RIGHT 基准平面或坐标系的 x 轴作为方向参照，再次右键菜单选择【起始 x 方向】来设置草绘截面的 x 轴方向，选取 FRONT 基准平面作为参照并

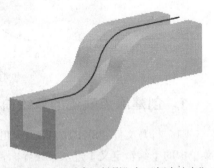

图 2-167　"垂直于投影"与"恒定法向"
剖面控制的滑槽可变剖面扫描造型

单击图形中的黄色方向箭头使其反向以切换 x 轴方向，滑槽特征操作如图 2-168 所示，草绘截面以 FRONT 基准平面的法向沿着原点轨迹进行移动过程中其截面大小保持恒定不变，其截面的变化与原点轨迹不一致。单击中键完成滑槽特征的编辑定义，由此实现以【恒定法向】作为剖面控制的滑槽可变剖面扫描特征造型，其结果如图 2-167 所示。

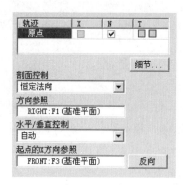 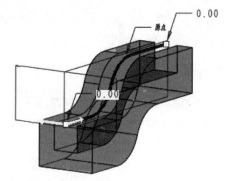

图 2-168　滑槽特征的编辑定义

（2）单击【设置层、层项目和显示状态】 显示系统的层结构树，选取 "03___PRT_ALL_CURVES"，两次右键菜单分别选择【隐藏】及【保存状态】。单击菜单【文件】|【保存副本…】 ，以 "SLIDEWAY_NORMAL" 作为文件名予以保存。

2.13 吊钩

图 2-169 所示为一圆截面吊钩造型，与一般的起重吊钩采用 "边界混合" 造型不同，圆截面吊钩通过创建原点轨迹曲线链再运用 "可变剖面扫描" 实现其造型。

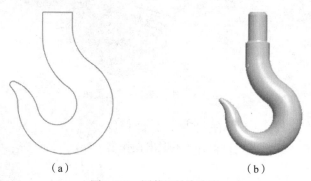

（a）　　　　　　　　　　　　（b）

图 2-169　圆截面吊钩造型

1. 创建原点轨迹的草绘曲线

（1）打开文件 "SKETCH_1"，如图 2-169（a）所示。在特征树中，右键 "草图 1" 特征选择菜单中的【编辑定义】进入草绘界面，拾取吊钩中的水平直线图元，右键菜单选择【构建】将其转换为几何图元，单击 完成吊钩轮廓曲线草图的编辑。

（2）创建原点轨迹的偏距曲线。单击【草绘】 ，选择 "草绘" 对话框中的【使用先前的】按键进入草绘界面，右键菜单选择【参照】或单击菜单【草绘】|【参照…】 ，选取吊钩鼻尖端的 $R2$mm 圆弧作为参照图元，单击【使用】 右侧的箭头 按键选取【偏移】 并选择【链】，再分别拾取吊钩轮廓曲线左侧的竖直线与 $R24$mm 圆弧，在输入栏中输入偏距值 "−2"（向里）并选择【接受值】 按键或单击中键，适当调整吊钩鼻尖端的视图大小以便于操作，右键菜单选择

【线】\,在上述 $R24mm$ 圆弧的偏距图元的左端点添加一相切直线,其另一端点位于 $R2mm$ 圆弧的参照图元上,单击✔完成草图的绘制,如图 2-170 所示。

2. 圆截面吊钩的可变剖面扫描造型

选择菜单【插入】|【可变剖面扫描...】或单击【可变剖面扫描】,拾取图 2-170 中的偏距曲线作为原点轨迹,单击图形中的黄色箭头将起始点切换到轨迹链的另一端点,接受默认的【垂直于轨迹】剖面控制方式,如图 2-171(a)所示。按住【Ctrl】键再拾取吊钩的轮廓曲线,如图 2-171(b)所示,用于控制扫描截面变化的轨迹链分别为原点轨迹两侧的曲线链,因此,应将上述所选取的轨迹链进行相应的编辑。右键轨迹链右侧的拖动控制滑块,选择菜单中的【修剪位置...】,拾取图 2-170 中位于鼻尖端处与偏距圆弧相切的直线作为参照以完成"链 1"的拾取操作,如图 2-172(a)所示;按住【Ctrl】键再次拾取吊钩的轮廓曲线(拾取轮廓曲线的右侧位置),右键轨迹链左侧的拖动控制滑块,重复上述操作完成"链 2"的拾取操作,如图 2-172(b)所示。右键菜单选择【草绘】或单击操控板中的【创建或编辑扫描剖面】按键进入草绘界面,单击【圆心和点】右侧的箭头按键选取【3 点】,绘制分别通过"链 1"、"链 2"且圆心位于动态坐标系的水平中心线上的截面圆,如图 2-173 所示。从图中可以看出,截面圆处于完全约束状态,该圆的直径是由"链 1"和"链 2"来控制的,截面方向是由偏距曲线构成的原点轨迹来控制的,从而实现截面圆在沿着原点轨迹移动的过程中其截面大小与方向发生变化以形成所需的几何体,单击✔完成截面草图的绘制,圆截面吊钩的可变剖面扫描操作如图 2-174 所示。选择操控板中的【扫描为实体】按键,单击中键完成圆截面吊钩的可变剖面扫描的造型,如图 2-175 所示。

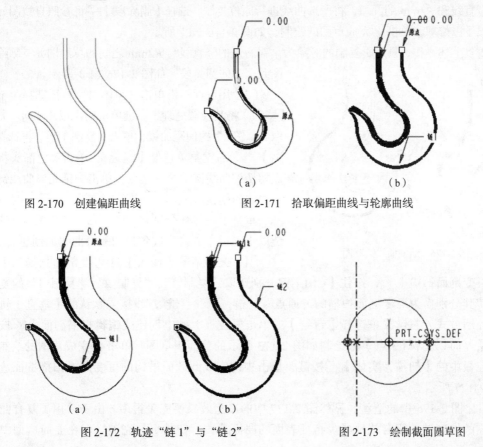

图 2-170　创建偏距曲线　　　　图 2-171　拾取偏距曲线与轮廓曲线

(a)　　　　　　　　(b)

图 2-172　轨迹"链 1"与"链 2"　　　图 2-173　绘制截面圆草图

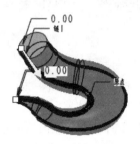

图 2-174　吊钩特征的预览

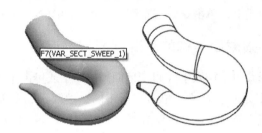

图 2-175　吊钩的可变剖面扫描造型

从上述圆截面吊钩造型可以看出，各轨迹链均是由多个图元形成的曲线链，因此图 2-175 中的结果并不完美，对此可按如下的方法重新创建。

3.　吊钩特征的编辑定义

（1）在特征树中，右键 "Var Sect Sweep 1" 特征选择菜单【编辑定义】进入特征操作界面，选择操控板上【扫描为曲面】🗖 按键，单击中键完成特征的编辑，再次右键 "Var Sect Sweep 1" 特征，从快捷菜单中选择【隐藏】使其暂时不显示在窗口中。

（2）单击【草绘】🖊，选择 "草绘" 对话框中的【使用先前的】按键直接进入草绘界面，右键菜单选择【参照】或单击菜单【草绘】|【参照…】🗖，选取图 2-170 中的偏距曲线靠近吊钩鼻尖端 R2mm 圆弧处的直线作为参照图元，单击【使用】🗖 并选择【链】，再分别拾取吊钩草图左侧的竖直线和 R2mm 的圆弧，将所选曲线进行原位复制，选择【删除段】🗲将参照直线图元下方的圆弧予以修剪，单击✔完成草图的绘制，如图 2-176（a）所示。

重复上述操作，只是所复制的对象为吊钩右侧的竖直线与 R2mm 之间的草绘图元，删除参照图元上方的圆弧段，如图 2-176（b）所示。

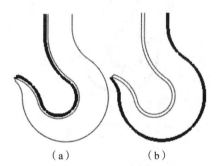

（a）　　　　　（b）

图 2-176　绘制曲线链草图

（3）用鼠标右键单击 "草图 1" 特征选择菜单中的【隐藏】将其隐藏处理，左键单击两次以 "几何" 方式选取 "草图 2" 的偏距曲线，单击【复制】🗐，再选择【粘贴】🗐，右键菜单选择【逼近】，单击黄色箭头将起始点切换到曲线链的另一端点，单击中键完成曲线链的复合曲线的创建。

重复上述操作分别将 "草图 3"、"草图 4" 的曲线链以【逼近】方式完成各自的复合曲线的创建。

（4）选择菜单【插入】|【可变剖面扫描…】或单击【可变剖面扫描】🖎，按住【Ctrl】键分别选取 "复制 1"、"复制 2"、"复制 3" 的复合曲线，使其分别作为可变剖面扫描的 "原点"、"链 1" 和 "链 2"，接受默认的【垂直于轨迹】剖面控制方式，右键菜单选择【草绘】或单击操控板上的【创建或编辑扫描剖面】🗹按键进入草绘界面，选取【3 点】🔾绘制如图 2-173 所示的截面圆草图，单击✔完成草图的绘制。选择操控板中的【扫描为实体】🗖按键，单击中键完成圆截面吊钩的可变剖面扫描特征造型，如图 2-177 所示。

对比图 2-175 中的造型，显然图 2-177 中的造型效果要完美得多，由于采用了复合曲线形成扫描的轨迹链，能有效地减少特征表面的曲面片数，使其更加完美。但在曲面造型中应该

注意，这种处理方法会使文件的数据量增大，减缓刷新速度。在草绘截面图中，按住【Ctrl】键依次拾取光滑的截面图元后再选择菜单【编辑】|【转换到】|【样条】也可实现草绘图元转换为样条线。

注意左键单击两次的操作不同于双击左键的操作，单击左键为拾取对象也即激活对象，对处于激活状态的对象即可拾取曲线链的几何图元、边线的几何端点、特征或零件的表面等，也就是说，左键单击为选择特征，再单击左键一次为拾取几何对象。因此，左键单击两次相当于切换过滤器中的【几何】选取方式。双击左键可显示特征的截面与特征参数值，用于相应的编辑操作。

图 2-177　圆截面吊钩造型

4. 圆截面吊钩的连接段造型

（1）单击【拉伸】，右键菜单选择【定义内部草绘...】，直接拾取位于吊钩连接处的上表面作为草绘平面，单击中键接受缺省参照平面与方向进入草绘界面，拾取系统的坐标系作为参照，右键菜单选择【圆】〇于坐标系原点绘制直径为"14"的截面圆，单击✔完成草图的绘制，键入拉伸的盲孔深度为"23"，单击中键完成吊钩连接段的拉伸造型，如图 2-169（b）所示。

（2）单击【边倒角】，拾取吊钩连接段圆柱上表面的边线，键入倒角尺寸为"2"，单击中键完成边线的倒角，如图 2-169（b）所示。

（3）选择【倒圆角】，拾取吊钩连接段与吊钩上表面交接处的边线，键入倒圆角的半径值为"2"，单击中键完成圆角过渡的创建，如图 2-169（b）所示。

5. 隐藏曲线与保存文件

单击【设置层、层项目和显示状态】显示系统的层结构树，选取"03＿＿PRT_ALL_CURVES"、"06＿＿PRT_ALL_SURFS"，两次右键菜单分别选择【隐藏】及【保存状态】。单击菜单【文件】|【保存副本...】，以"CIRCULE_SECT_HOOK"作为文件名予以保存。

2.14

圆柱螺旋体

图 2-178 所示为圆柱螺旋体的造型，其造型过程分别运用 Pro/E 的一般方式的"混合"、"可变剖面扫描"、"边界混合"及"扫描混合"功能等完成其建模过程。对于螺旋体的可变剖面扫描造型，注意理解可变剖面扫描中草绘截面的绘制与约束控制的运用方法。

1. 运用 Pro/E 一般方式的混合功能创建圆柱螺旋体造型

（1）单击菜单【插入】|【混合】|【伸出项...】，在【混合选项】菜单管理器中选择【一般】|【规则截面】|【草绘截面】，单击【完成】按键或单击中键后，系统弹出"伸出项：混合，一般草绘截面"对话框及菜单管理器，选择【属性】菜单选项中的【光滑】|【完成】，再选取 TOP 基准平面

作为草绘平面，连续单击中键两次分别接受【正向】的特征生长方向及【缺省】的草绘视图参照与方向设置以进入草绘界面，绘制如图 2-179 所示的"截面 1"草图，将混合起始点设置于草绘截面左上斜线图元的下端点，选择【坐标系】↟在圆心处添加草绘坐标系以作为各截面对齐的参照基准。

图 2-178　圆柱螺旋体造型

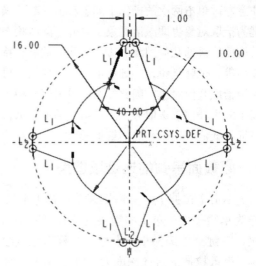

图 2-179　绘制"截面 1"草图

（2）为后续调用该草图、方便操作，单击菜单【文件】|【保存副本…】，以"WORM"作为文件名保存图 2-179 中的草图，单击✔完成混合"截面 1"草图的绘制。

（3）根据系统提示"给截面 2 输入 x_axis 旋转角度（范围：±120）"，在输入栏键入"0"后单击中键，系统提示"给截面 2 输入 y_axis 旋转角度（范围：±120）"，在输入栏键入"0"后继续单击中键，系统提示"给截面 2 输入 z_axis 旋转角度（范围：±120）"，在输入栏键入"45"后继续单击中键，系统进入第二个混合截面草图的绘制。单击【草绘】|【数据来自文件…】|【文件系统…】🗁，选取上述保存的"WORM.SEC"文件并打开，在草绘界面适当位置单击左键，在系统所弹出的"缩放旋转"对话框中，键入比例为"1"并按【Enter】键，接受旋转角度为"0"，选择✔按键或单击中键完成截面草图的导入，最后单击✔完成混合"截面 2"草图的绘制。

调用草绘截面也可单击【调色板】🎨，双击"WORM"缩略图（注意文件的目录）后移动鼠标指针到窗口适当位置单击并编辑比例大小，或左键直接按住"WORM"缩略图将其拖至窗口界面适当位置再释放鼠标，编辑比例大小即可。

（4）根据系统提示"继续下一截面吗?（Y/N）:"，单击【是】按键后系统再次提示混合"截面 3"草图的 x、y、z 轴的旋转角度，仿照上述步骤（3）的相关设置及操作过程，完成混合"截面 3"草图的绘制。

（5）继续上述步骤（4）的操作过程，分别完成混合"截面 4"、"截面 5"、"截面 6"草图的绘制。

（6）根据系统提示"输入截面 2 的深度"，在输入栏键入"10"后并单击中键，继续完成"截面 3"、"截面 4"、"截面 5"、"截面 6"分别相对于上一截面的空间距离（深度）"10"的输入，单击中键完成螺旋体主体部分的混合特征造型，如图 2-178 所示。

（7）单击【拉伸】🗗，右键菜单选择【定义内部草绘…】，选取 TOP 基准平面作为草绘平面，单击中键接受缺省参照与方向进入草绘界面。右键菜单选择【圆】〇于坐标系原点绘制直径为"6"的截面圆，单击✔完成草图的绘制。分别键入第 1、2 侧的盲孔深度为"90"及"40"，单击中键完成螺旋体轴的创建，其结果如图 2-178 所示。

（8）单击菜单【文件】|【保存副本...】，以"WORM_BLEND"作为文件名进行保存。

2. 运用 Pro/E 可变剖面扫描特征功能创建圆柱螺旋体造型（一）

（1）单击【草绘】，选择 FRONT 基准平面作为草绘放置平面，单击中键接受缺省参照与方向进入草绘界面，右键菜单选择【线】，于系统原点向上绘制长度为"50"的直线图元，单击✔完成扫描轨迹链的直线草图的绘制。

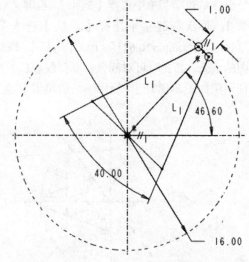

（2）单击菜单【插入】|【可变剖面扫描...】或单击【可变剖面扫描】，选取上述所绘制的直线作为原点轨迹，选择操控板上【扫描为实体】按键。右键菜单选择【草绘】或单击操控板上的【创建或编辑扫描剖面】按键进入草绘界面，绘制如图 2-180 所示的过系统原点的等腰梯形草图，并将控制该梯形绕系统原点旋转的直线（梯形上的高）切换为几何图元。选择菜单【工具】|【关系...】，在"关系"对话框的关系输入栏中键入关系式"sd11=360*trajpar*0.625"（sd11 为上述的几何图元的旋转角度值），选择"关系"中的【执行/校验关系并

图 2-180　扫描的截面草图

按关系创建新参数】按键，确认"已成功校验了关系式"并单击中键完成关系式的输入并关闭"关系"对话框，单击✔完成截面草图的绘制。单击中键完成螺旋体中的单齿造型，如图 2-181 所示。

（3）用鼠标右键单击"Var Sect Sweep 1"特征，从快捷菜单中选择【阵列...】，在操控板中的"阵列"类型下拉列表栏选择【轴】，再选取坐标系的 y 轴作为环形阵列的中心轴，分别键入"输入第一方向的阵列成员数"为"4"、"输入阵列成员间的角度"为"90"，单击中键完成齿形结构造型的阵列，如图 2-182 所示。

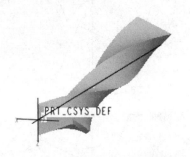

图 2-181　单齿的扫描造型

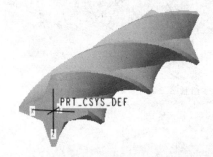

图 2-182　齿形的阵列

如果采用的是 V4.0 之前的版本需创建一基准轴特征，方法是激活【阵列】功能并选择阵列方式【轴】后再单击【轴】，按住【Ctrl】键分别选取扫描轨迹链的直线的两个端点，连续单击中键两次以接受默认设置即可完成圆柱螺旋体齿形的阵列。

（4）单击【拉伸】，右键菜单选择【定义内部草绘...】，选取 TOP 基准平面作为草绘平面，单击中键接受缺省参照与方向进入草绘界面，右键菜单选择【圆】于坐标系原点绘制直径为"10"的草图圆，单击✔完成草图的绘制。键入拉伸的盲孔深度为"50"，单击中键完成圆柱螺旋体齿根圆柱的造型。

（5）添加螺旋体传动轴以完成圆柱螺旋体的建模，其结果如图2-178所示。

（6）单击菜单【文件】|【保存副本...】，以"WORM_SINGLE_VSS"作为文件名进行保存。

上述是运用可变剖面扫描功能完成螺旋体单齿的造型，通过对截面草图的编辑也可以一次实现螺旋体多齿的造型，具体操作步骤如下：分别选取"拉伸1"特征、"阵列1/Var Sect Sweep 1"特征，从快捷菜单中选择【删除】，右键"Var Sect Sweep 1"特征，从快捷菜单中选择【编辑定义】，再次右键菜单选择【草绘】进入草绘界面，在"关系"对话框中，将上述关系式"sd11=360*trajpar*0.625"予以【剪切】，按照图2-183（a）～（i）所示的操作步骤完成对截面草图的编辑，必要时可对部分齿廓斜线添加等长约束，再次添加上述关系式（执行复制），完成的特征预览如图2-183（j）所示。最后单击中键完成圆柱螺旋体的造型。

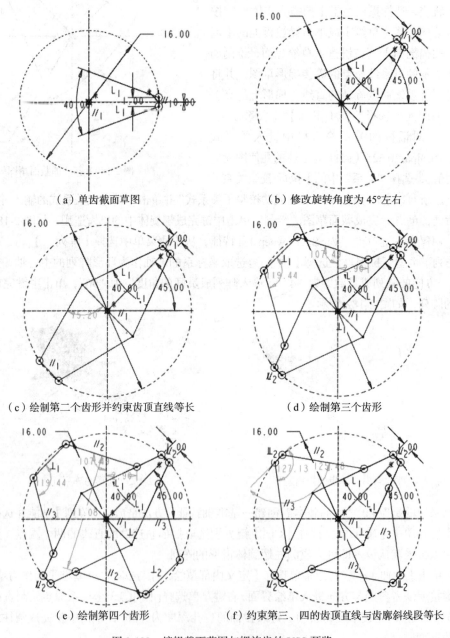

图 2-183　编辑截面草图与螺旋齿的 VSS 预览

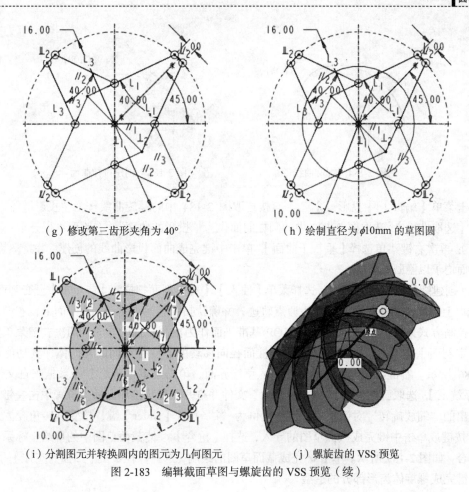

（g）修改第三齿形夹角为 40°　　　　　　（h）绘制直径为 φ10mm 的草图圆

（i）分割图元并转换圆内的图元为几何图元　　　　（j）螺旋齿的 VSS 预览

图 2-183　编辑截面草图与螺旋齿的 VSS 预览（续）

（7）单击菜单【文件】|【保存副本…】，以"WORM_MULTI_VSS"作为文件名进行保存。

3. 运用 Pro/E 可变剖面扫描特征功能创建圆柱螺旋体造型（二）

以下完成螺旋体的建模操作过程与创建斜齿轮轮齿的做法基本是一样的。

（1）创建螺旋曲线。单击【曲线】，选择【曲线选项】菜单管理器中的【从方程】|【完成】，系统弹出"曲线：从方程"对话框及【得到坐标系】菜单选项，在拾取系统坐标系"PRT_CSYS_DEF"后再选取【设置坐标类型】菜单选项中的【笛卡尔】，系统弹出编写方程的记事本，输入如下参数方程：

```
x=8*cos(360*t*0.625)
z=-8*sin(360*t*0.625)
y=50*t
```

对所输入的参数方程检查无误后，单击记事本右上角的【关闭】按键，确定保存后单击中键生成螺旋曲线，如图 2-184 所示。

（2）创建螺旋曲线在圆柱面上的投影曲线。单击【拉伸】，两次右键菜单分别选择【曲面】、【定义内部草绘…】，选取 TOP 基准平面作为草绘平面，单击中键以接受缺省参照与方向进入草绘界面，右键菜单选择【圆】于坐标系原点绘制一截面圆，并约束圆弧于上述螺旋曲线的端点处，单击✔完成草图的绘制。设置拉伸的深度方式为【到选定的】，拾取螺旋曲线的上端点作为参照对象，单击中键完成圆柱曲面的创建，如图 2-185 所示。

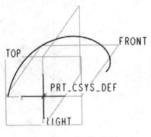

图 2-184　螺旋曲线

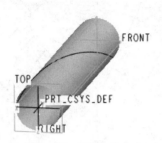

图 2-185　创建拉伸曲面

单击菜单【编辑】|【投影…】，直接选取图 2-184 中的螺旋曲线作为"投影链"；右键菜单选择【选取曲面】，选取图 2-185 中的圆柱曲面作为"投影的曲面"（右键两次以选取所有的圆柱曲面）；再次右键菜单选择【垂直于曲面】，单击中键完成曲面投影曲线的创建，并将螺旋曲线、圆柱曲面均予以隐藏。

（3）创建螺旋体齿形的造型。选择菜单【插入】|【可变剖面扫描…】或单击【可变剖面扫描】。选取上述操作中的投影曲线作为原点轨迹，并确认扫描起始点位于 TOP 面上，右键菜单选择扫描控制方式为【恒定法向】，选取 TOP 基准平面作为控制扫描的方向；两次右键菜单分别选择【恒定剖面】、【垂直于曲面】创建沿圆柱面径向移动的非变化截面的几何体，其功能设置如图 2-186 所示。右键菜单选择【草绘】进入草绘界面，单击菜单【草绘】|【数据来自文件…】|【文件系统…】，选取已保存的"WORM.SEC"文件并打开，在草绘界面适当位置单击左键，在系统所弹出的"缩放旋转"对话框中，键入比例为"1"并按【Enter】键，接受旋转角度为"0"，选择按键或单击中键完成截面草图的导入，选择【重合】使截面草图中的草绘坐标系与系统原点重合，如图 2-187 所示。单击完成截面草图的绘制，选择操控板上【扫描为实体】按键，单击中键完成螺旋体齿形部分的造型。

图 2-186　快捷菜单功能设置

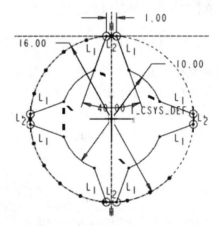

图 2-187　导入截面草图并约束于系统原点

（4）添加螺旋体传动轴以完成圆柱螺旋体的建模。

（5）单击【设置层、层项目和显示状态】显示系统的层结构树，按住【Ctrl】键分别选取"03___PRT_ALL_CURVES"、"06___PRT_ALL_SURFS"，两次右键菜单分别选择【隐藏】及【保存状态】。单击菜单【文件】|【保存副本…】，以"WORM_NORMAL_VSS"作为文件名进行保存。

4. 运用边界混合功能完成圆柱螺旋体的造型

（1）单击【草绘】，选择 TOP 基准平面作为草绘放置平面，单击中键接受缺省参照与方向进入草绘界面，调入图 2-179 中的圆柱螺旋体的截面草图，单击✔完成截面草图的绘制，如图 2-188 所示。

（2）截面轮廓曲线的复制。选取图 2-188 中的截面轮廓曲线即草图特征，单击【复制】，再选择【选择性粘贴】，系统弹出"选择性粘贴"对话框，不勾选【从属副本】复选框，勾选【对副本应用移动/旋转变换】复选框，单击中键确定后接受默认的【沿选定参照平移特征】↔，选取坐标系的 y 轴作为移动方向参照，确认移动距离为"0"；右键菜单选择"New Move"，再次右键菜单选择【旋转】或选择操控板上【相对选定参照旋转特征】按键，选取坐标系的 y 轴作为方向参照，确认旋转角度为"0"，单击中键完成所选特征的变换操作。

单击左键两次以选取图 2-188 中的截面轮廓曲线即草图几何，通过【复制】与【选择性粘贴】也可以完成上述对象的变换，只是系统不弹出相应的对话框而已。

（3）用鼠标右键单击"已移动副本"特征，从快捷菜单中选择【阵列...】，接受默认的"阵列"类型【尺寸】，选取上述的沿 y 轴方向的移动距离"0"，键入阵列增量为"10"并按【Enter】键确认；再按住【Ctrl】选取绕 y 轴旋转的角度值"0"，键入阵列增量为"45"并按【Enter】键确认，键入"输入第一方向的阵列成员数"为"6"，单击中键完成截面轮廓曲线的阵列操作，如图 2-189 所示。

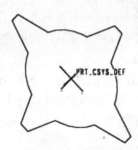 

图 2-188　截面轮廓曲线　　　　图 2-189　截面轮廓曲线的阵列

（4）选择菜单【插入】|【边界混合...】或单击【边界混合】，按住【Ctrl】键分别依次选取图 2-189 中的六条曲线链，单击中键完成边界混合曲面的创建，如图 2-190 所示。

（5）单击【拉伸】，右键菜单选择【定义内部草绘...】，选取 TOP 基准平面作为草绘平面，单击中键接受缺省参照与方向进入草绘界面，右键菜单选择【圆】〇于坐标系原点绘制直径为"16"的截面圆，单击✔完成截面草图的绘制。键入拉伸的盲孔尺寸为"50"，单击中键完成圆柱的特征造型。

选取上述创建的边界混合曲面，单击菜单【编辑】|【实体化...】，接受操控板上默认的【移除面组内侧或外侧的材料】，调整【更改刀具操作方向】使其指向外侧，单击中键完成螺旋体结构的曲面

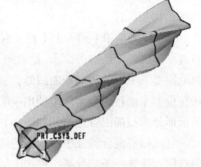

图 2-190　创建螺旋状的边界混合曲面

实体化造型，如图 2-191 所示。

图 2-191 中的实体造型也可以通过构造闭合的空间曲面，并对其进行实体化来实现。

位于系统原点处的端面可以直接选取"草绘 1"通过【填充】▨来完成。另一端面可以采用边界混合完成。单击【边界混合】◈，将光标置于端面的任一斜线上，右键单击一次使其高亮显示，左键单击拾取该斜线图元，按住【Shift】键再依次拾取圆弧、斜线、短直线、斜线、圆弧、斜线六个图元，由此完成曲线链"1"的拾取；再按住【Ctrl】键，将光标置于第一个所选斜线相对称的斜线上，右键单击一次使其高亮显示，左键单击拾取这一斜线图元，松开【Ctrl】键后再按住【Shift】键依次拾取与曲线链 1 相对应的六个图元，由此完成曲线链"2"的拾取，如图 2-192 所示，单击中键完成端面的边界混合曲面的创建。

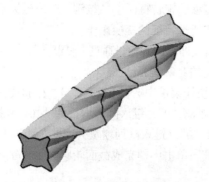

图 2-191 齿形造型实体化

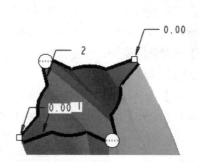

图 2-192 创建端面的边界混合曲面

依次选取填充面、图 2-190 与图 2-192 中的边界混合曲面，选择【合并】⬡，单击中键完成曲面面组的合并。经闭合曲面面组的实体化即可得到图 2-191 中的螺旋体齿形造型。

（6）添加螺旋体旋转轴造型，完成圆柱螺旋体的建模。

（7）单击【设置层、层项目和显示状态】⬓显示系统的层结构树，选取"03___PRT_ALL_CURVES"，两次右键菜单分别选择【隐藏】及【保存状态】。单击菜单【文件】|【保存副本...】🖫，以"WORM_BOUNDARY_BLEND"作为文件名进行保存。

5. 运用 Pro/E 扫描混合特征功能创建螺旋体造型（一）

（1）完成图 2-188 中的截面轮廓曲线的创建及图 2-189 中的曲线的复制与阵列。

（2）在 FRONT 基准平面上从原点向上草绘一直线，将其另一端点约束到第六个曲线链上，如图 2-193 所示。

（3）单击菜单【插入】|【扫描混合...】⬈，选取图 2-193 中的直线作为扫描混合的原点轨迹，右键菜单选择【所选截面】，拾取图 2-193 中的任一条曲线链，再次右键菜单选择【插入截面】，拾取图 2-193 中的另一条曲线链，重复【插入截面】操作直到完成其他四条曲线链的选取，选择操控板上【创建一个实体（伸出项/切口）】▢按键，如图 2-194 所示，单击中键完成圆柱螺旋体齿形部分的扫描混合造型，如图 2-191 所示。

创建扫描混合特征中曲线链的选取也可以通过打开操控板中"剖面"面板，激活【所选截面】单选框，任选一条曲线链，单击【插入】按键，再任选第二条曲线链，重复操作直到完成所有曲线链的选取。

（4）添加螺旋体的旋转轴造型以完成圆柱螺旋体的建模。

（5）单击【设置层、层项目和显示状态】⬓显示系统的层结构树，选取"03___PRT_ALL_

CURVES"，两次右键菜单分别选择【隐藏】及【保存状态】。单击菜单【文件】|【保存副本...】，以"WORM_SWEEP_BLEND_CURVES"作为文件名进行保存。

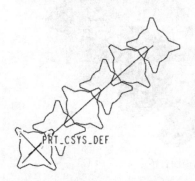

图 2-193　创建原点轨迹与截面曲线链

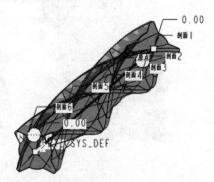

图 2-194　扫描混合特征的预览

6. 运用 Pro/E 扫描混合特征功能创建螺旋体造型（二）

（1）在 FRONT 基准平面上自原点向上草绘一长度为"50"的竖直线。

（2）单击菜单【插入】|【扫描混合...】　，选取上述长度为"50"的竖直线作为原点轨迹，以【垂直于轨迹】截面控制方式创建特征造型，右键菜单选择【截面位置】，拾取轨迹链位于原点的端点，再次右键菜单选择【草绘】，系统进入草绘界面，单击【草绘】|【数据来自文件...】|【文件系统...】，选取已保存的"WORM.SEC"文件并打开，在草绘界面适当位置单击左键，在系统所弹出的"缩放旋转"对话框中，键入比例为"1"并按【Enter】键，接受旋转角度为"0"，选择　按钮或单击中键完成截面草图的导入，添加【重合】　使截面轮廓草图中的草绘坐标系与轨迹线原点重合，单击　完成第一个截面草图的绘制。

（3）单击　选取视图为【标准方向】。右键菜单选择【插入截面】，再单击【点】　，在原点轨迹的直线上的适当位置单击，键入基准点对话框中"偏移"值为"0.2"并按【Enter】键确认，以此点来定义其截面的位置；继续在直线上创建点 PNT1、PNT2、PNT3，键入三个基准点"偏移"值分别为"0.4"、"0.6"、"0.8"，单击中键完成基准点集的创建，再次单击中键退出暂停模式，右键菜单选择【草绘】进入草绘界面，通过调入"WORM.SEC"文件、修改比例、定位后完成第二个截面草图轮廓的绘制。重复【插入截面】，分别选取另外的三个基准点和轨迹链上另一个端点，完成相应点位置的截面草图的绘制，注意：不用考虑选取点的先后顺序与位置。选择操控板上【创建一个实体（伸出项/切口）】　按键，单击中键完成直齿形部分的扫描混合造型，其特征预览如图 2-195（a）所示。

打开操控板中"剖面"面板，在"剖面"收集器中依次选取六个剖面，根据创建螺旋体齿形的扫描混合的截面轮廓顺序，而并非图 2-195 中的截面顺序，在其右下的"旋转"输入栏里将其对应截面位置的旋转角度依次修改为"−120"、"−75"、"−30"、"15"、"60"、"105"，每输入一个数值时均按【Enter】键确认，其特征预览如图 2-195（b）所示，单击中键完成螺旋体齿形部分的扫描混合造型。

此外，也可以在完成了图 2-195（a）中的对应的直齿形造型特征后，双击特征再编辑每个截面草图位置的旋转角度值即"−120"、"−75"、"−30"、"15"、"60"、"105"，单击【再生】　完成特征造型的更新。

（4）添加螺旋体旋转轴造型以完成圆柱螺旋体的建模。

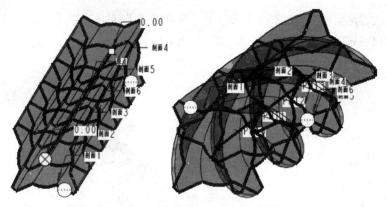

图 2-195　螺旋体齿形的扫描混合预览

（5）单击菜单【文件】|【保存副本...】，以"WORM_SWEEP_BLEND_SKETCH"作为文件名予以保存。

2.15 可乐瓶底型腔模

图 2-196 中的可乐瓶底曲面线框图是由 15 条开放的径向曲线与 2 条闭环轴向圆曲线构成的，其异形结构既可以运用旋转方式的"混合"功能实现其曲面的造型，也可以通过"边界混合"工具完成其曲面造型，然后再运用曲面的相关功能在工件上形成可乐瓶底的型腔结构完成其吹塑模的造型。

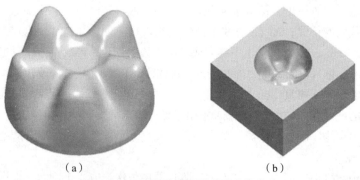

（a）　　　　　　　　　　　（b）

图 2-196　可乐瓶底曲面及其型腔模造型

1.　可乐瓶底曲面径向轮廓曲线的创建

（1）单击【草绘】，选择 FRONT 基准平面作为草绘平面，单击中键接受缺省参照与方向进入草绘界面，绘制如图 2-197（a）所示的草图，图中 5 个与相连图元相切的小圆弧半径尺寸均为"6"，右侧大圆弧的圆心与其上端点水平对齐，左侧 R6mm 圆弧的左端点与其圆心垂直对齐，底部两虚交点的水平尺寸为"17"。其左侧相切圆弧采用【3 点/相切端】绘制，于切点处分割直线图元并切换圆弧之间的直线为几何图元，而其右侧相切圆弧采用【圆角】对所在直线与圆弧图元进行倒圆角，图2-197（b）为3个局部详图，单击✔完成草图的绘制。

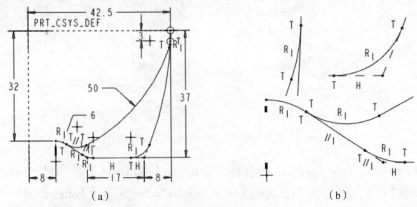

图2-197　可乐瓶底径向轮廓曲线草图

（2）在特征树中选取"草绘1"或直接在图形中拾取图2-197（a）中的草绘曲线，单击【复制】▤，再选择【选择性粘贴】▤，系统弹出"选择性粘贴"对话框，清除【从属副本】复选框，勾选【对副本应用移动/旋转变换】复选框，如图2-198（a）所示，选择【确定】或单击中键后再右键菜单选择【旋转】或选择操控板上【相对选定参照旋转特征】ↄ按键，选取系统坐标系的 *y* 轴作为方向参照的旋转轴，键入旋转的角度值为"11.2"（逆时针方向）并按【Enter】键，单击中键完成草绘特征的变换复制，如图2-198（b）所示。

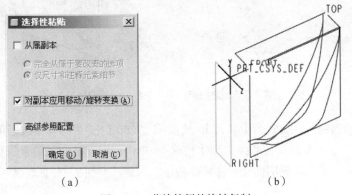

图2-198　草绘特征的旋转复制

在特征树中，展开"Moved Copy 1"特征的节点，右键节点中的"草绘2"选择菜单中的【编辑定义】；或直接在图形中选取上述旋转复制的曲线，右键菜单选择【编辑定义】进入草绘编辑界面，如图2-197（a）所示。选择【分割】✎，拾取右侧大圆弧位于其右上 *R*6mm 圆弧的切点，将大圆弧在切点处进行分割，于是，草图从左到右上（或从右上到左）形成了两条曲线链，其左侧 *R*6mm 圆弧与右上一小段大圆弧分别为两条曲线链的首尾圆弧。按住【Ctrl】键分别拾取下侧相连的切线、*R*6mm 圆弧、水平直线、*R*6mm 圆弧及右侧的大圆弧共 5 个草绘图元，右键菜单选择【构建】将其转换为几何图元，按住【Ctrl】键再依次拾取两个 *R*6mm 圆弧、*R*50mm 圆弧、*R*6mm 圆弧及右上一小段大圆弧共 5 个圆弧图元，选择菜单【编辑】|【转换到】|【样条】将草绘曲线链转换成样条线，如图2-199（a）所示，单击✔完成草图的编辑，至此，完成可乐瓶底曲面的一条径向轮廓曲线的创建，如图2-199（b）所示。

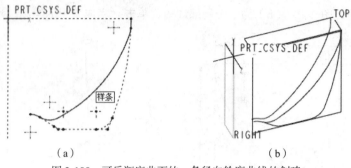

（a）　　　　　　　　　　　　　（b）

图 2-199　可乐瓶底曲面的一条径向轮廓曲线的创建

（3）在特征树中，右键"草绘 1"特征选择菜单中的【编辑定义】进入草绘界面，如图 2-197（a）所示。按住【Ctrl】键分别拾取上侧的 $R6mm$ 圆弧、$R50mm$ 圆弧及 $R6mm$ 圆弧三个圆弧图元，右键菜单选择【构建】将其转换为几何图元。按住【Ctrl】键再分别依次拾取 $R6mm$ 圆弧、斜切直线、$R6mm$ 圆弧、水平直线、$R6mm$ 圆弧及右侧大圆弧共 6 个草绘图元，选择菜单【编辑】|【转换到】|【样条】将其转换成样条线，如图 2-200（a）所示，单击✔完成草图的编辑，至此，完成可乐瓶底曲面的另一条径向轮廓曲线的创建，如图 2 200（h）所示。

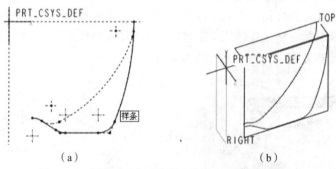

（a）　　　　　　　　　　　　　（b）

图 2-200　可乐瓶底曲面的另一条径向轮廓曲线的创建

（4）切换过滤器的选择方式为【几何】，拾取图 2-200（b）中的样条线，单击【复制】，再选择【粘贴】，接受默认的曲线类型【精确】，单击中键完成曲线的原位复制操作，此即为可乐瓶底曲面的第二条径向轮廓曲线。在特征树中，右键"复制 1"特征，选择菜单中的【隐藏】使其暂时不显示在图形中。

（5）确认过滤器的选择方式为【几何】，拾取图 2-200（b）中的样条线，单击【复制】，再选择【选择性粘贴】，右键菜单选择【旋转】或选择操控板上【相对选定参照旋转特征】按键，选取系统坐标系的 y 轴作为方向参照的旋转轴，键入旋转的角度值为"41.6"（逆时针方向）并按【Enter】键，单击中键完成草绘特征的变换操作，此即为可乐瓶底曲面的第三条径向轮廓曲线。在特征树中，右键"复制 1"选择菜单中的【取消隐藏】使其显示在图形中，如图 2-201（a）所示。

（6）在特征树中，按住【Shift】键分别选取"草绘 1"与"Moved Copy 2"之间的 4 个特征，右键菜单选择【组】完成"组 LOCAL_GROUP"特征的创建。

用鼠标右键单击"组 LOCAL_GROUP"特征，从快捷菜单中选择【阵列…】，在操控板中的"阵列"类型下拉列表框中选择【轴】来定义阵列成员，再单击【轴】，按住【Ctrl】键分别选取 FRONT 与 RIGHT 两基准平面，连续单击中键两次完成基准轴 A_1 的创建并激活【阵列】工具，分别键入"第 1 方向的阵列成员数"为"5"与"输入阵列成员间的角度"为"72"，单击中键可乐瓶底曲面 15 条径向曲线的阵列，如图 2-201（b）所示。

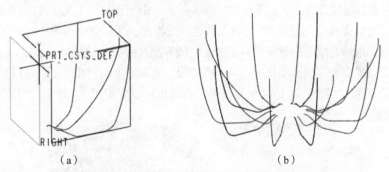

图 2-201　可乐瓶底曲面径向曲线的变换与阵列

2. 可乐瓶底曲面轴向圆曲线的绘制

单击【草绘】，选择 TOP 基准平面作为草绘平面，单击中键接受缺省参照与方向进入草绘界面，右键菜单选择【圆】于坐标系原点绘制一直径为"85"的截面圆，单击完成截面草图的绘制。继续单击【草绘】，再单击【平面】，按住【Ctrl】键分别拾取 TOP 基准平面与图 2-201 中的原位复制曲线（或其他曲线）的左侧端点，连续单击中键两次完成平行于 TOP 基准平面并过指定点的草绘平面 DTM1 的创建并以缺省参照与方向进入草绘界面，右键菜单选择【圆】于坐标系原点绘制一直径为"16"的截面圆，单击完成截面草图的绘制，如图 2-202 所示。

3. 可乐瓶底边界混合曲面的创建

（1）"边界混合"曲面是用来创建比较复杂曲面的常用工具，是利用在一个或两个方向上的至少两条有序的边界来定义曲面，通过设置边界中的点的对齐与控制方式及曲面边界的约束条件能更完整地定义曲面形状，以实现产品的设计要求。

图 2-202 中的线框图是由 15 条开放的径向曲线与两条闭环的轴向曲线构成的两个方向的曲线链，其异形结构可以采用"边界混合"工具完成可乐瓶底的曲面造型。

（2）选择菜单【插入】|【边界混合…】或单击【边界混合】，按住【Ctrl】键分别依次拾取图 2-202 中的 15 条径向曲线作为"第一方向曲线"，如图 2-203 所示，可以看出：可乐瓶底曲面的边界混合曲面并未闭合。打开操控板中的"曲线"面板，勾选其下方的【闭合混合】复选框，如图 2-204 所示，因形成边界混合曲面的边界具有数量较多且为均匀有序的径向曲线，从而使得可乐瓶底曲面的上、下边线非常接近圆形，故采用单方向的径向曲线能够实现可乐瓶底边界混

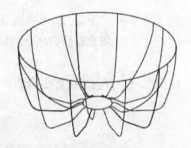

图 2-202　可乐瓶底曲面轴向的圆曲线

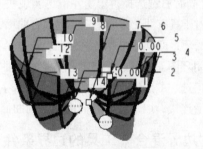

图 2-203　边界混合的径向曲线

合曲面的造型。其实，是否设置【闭合混合】对完成可乐瓶底的"边界混合"曲面造型并非必须的。激活操控板中的"第二方向链收集器"或右键菜单选择【第二方向曲线】，按住【Ctrl】键分别拾取图 2-202 中的两条轴向圆弧曲线，如图 2-205（a）所示。由于创建可乐瓶底曲面的边界在每个方向具有相同的图元（样条线）、且曲面的边界无其他的支撑面，所以忽略边界中图元的控制点与边界约束条件的设置。最后，单击中键完成可乐瓶底的边界混合曲面造型，如图 2-205（b）所示。顺便提一下，采用"边界混合"工具实现上述的曲面建模，其两个方向的曲线链是可以互换的。

运用旋转方式的"混合"工具以十五条径向曲线也可以实现图 2-205（b）中的曲面造型。

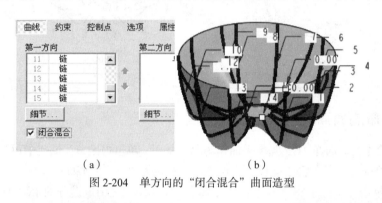

（a）　　　　　　　　　　　　　　　　（b）

图 2-204　单方向的"闭合混合"曲面造型

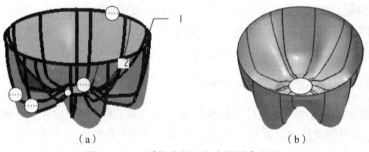

（a）　　　　　　　　　　　　（b）

图 2-205　可乐瓶底的双向边界混合造型

4. 有关"边界混合"工具中作为外部和内部边界的参照图元与选择方法

（1）曲线、特征或零件的边线、基准点、曲线或边的端点可作为参照图元使用，基准点、端点或顶点只能作为第一个或最后一个图元。

（2）在每个方向上，按住【Ctrl】键依次拾取参照图元以添加新链；如果要使用一个以上的参照图元来作为一条边界，可按【Shift】键添加其余的参照图元，对于光滑的边界图元，按住【Shift】键同时右键选择再单击左键可实现快速拾取。

（3）对于具有两个方向上定义的混合曲面，其内部边界可以相交或交错，但外部边界必须形成一个封闭的环，即外部边界必须相交。若边界不终止于相交点，系统将自动修剪环外的边界部分。

（4）闭环图元及其起始点的创建应避免曲面的扭曲。

（5）勾选"曲线"面板中的【闭合混合】复选框，可实现一个方向的边界混合曲面在其外部边界的光滑连接，以形成该方向的闭合的曲面。

5. "边界混合"工具的边界条件

根据设计需要，将创建的边界混合的曲面与已有曲面或面组在其边界处设置相应的约束条件，边界混合的边界条件缺省设置为"自由"，在"约束"面板中的"边界"列表对应的"条件"下拉框中切换可选择除"自由"之外的"相切"、"曲率"及"法向"约束条件，或右键单击外部边界（第一和第二方向）上的"敏感区域"，从快捷菜单中进行切换选择，在定义边界约束时，Pro/E会试图根据指定的边界来选取缺省参照，必要时需自行选取参照。

（1）自由：缺省方式，所创建的曲面在其边界为自由状态，即点接触（G0）。

（2）相切：所创建的曲面与参照曲面在其边界光滑相切（G1），在很多情况下，曲面的设计过程中至少应满足这一条件。

（3）曲率：所创建的曲面与参照平面在其边界具有光滑相切且曲率半径连续（G2）。若实现第一个或最后一个边界图元的切矢均匀连续条件，则选择操控板上的"约束"面板，勾选【显示拖动控制滑块】复选框，直接拖动滑块调整曲率值，或在其左下方拉伸值输入框键入适当数值（负值将反向）。

（4）垂直：所创建的曲面与参照曲面或基准平面在其边界垂直。

6. 关于边界混合控制点

使用控制点可以控制边界混合的曲面形状。对每个方向上的曲线，可以指定彼此相互对齐的点。混合控制点允许创建具有最佳的边和曲面数量，因此有助于更精确地实现设计意图，清除不必要的小曲面片和多余边，以得到较平滑的曲面，避免曲面不必要的扭曲。根据边界类型的不同，"控制点"面板中的"拟合"下拉列表框中包含以下的控制选项。

（1）自然：任何情况下都可以用这种方法来建立边界上的点的对应关系，以获得最佳的曲面逼近效果。

（2）弧长：任何情况下都可以用这种方法来建立边界上的点的对应关系，对原始曲线进行最小调整。

（3）点至点：仅适用于一个方向且具有相同数量插值点的闭环或开放样条曲线形成的边界混合曲面，但草绘型的样条曲线除外。对于具有三条以上的样条曲线，系统对所生成的边界混合曲面将进行一定的调整，以使曲面的曲率变化相互协调、趋于一致。

（4）段至段：仅适用于一个方向且具有相同数量图元或段的任意光滑的闭环或开放曲线或边线形成的边界混合曲面。

（5）可延展：仅适用于一个方向且仅有两条具有相同数量图元或光滑相切的开放边界形成的与边界曲面无约束的边界混合曲面。

"自然"与"弧长"两种控制点的对齐方法是通过选择每个方向的曲线上的对应点来完成其连接点的设置。而"点至点"、"段至段"及"可延展"的使用是通过选取各自符合形成边界混合曲面的边界曲线，再切换"控制点"面板中"拟合"下拉列表框中相应的控制点选项。

7. 可乐瓶底曲面中的底部曲面造型

（1）最简单、最直接的方法是创建"填充"曲面实现瓶底曲面的造型。激活操控板中的"草绘12"特征，选择菜单【插入】|【填充...】▢即可完成底部填充曲面的创建，按住【Ctrl】键再拾取图 2-205（b）中的边界混合曲面，选择菜单【插入】|【合并...】或单击【合并】▢，单击中键完成可乐瓶底两曲面的合并，如图 2-196（a）所示。

（2）确认过滤器的选择方式为【几何】，将位于瓶底的直径为"16"的圆予以隐藏，拾取可乐瓶底下部位于 FRONT 基准平面一侧的曲面边线，选择菜单【编辑】|【延伸...】▢，单击【将曲

面延伸到参照平面】⬜按键，选取 FRONT 基准平面作为参照，单击中键完成曲面边线的延伸；同样将瓶底另一侧的曲面边线也延伸至 FRONT 基准平面上，如图 2-206 所示。

值得注意的是，实现底部曲面造型的最好的方法是运用扫描工具，这样能使创建的曲面与可乐瓶底曲面一样具有径向几何属性的特点。

8. 可乐瓶底型腔模的造型

（1）单击【拉伸】🔲，右键菜单选择【定义内部草绘...】，选择 TOP 基准平面作为草绘平面，单击中键接受缺省参照与方向进入草绘界面，右键菜单选择【中心线】⦙于坐标系原点绘制两正交的中心线，右键菜单选择【矩形】▢绘制对称于中心线的截面矩形，键入矩形的尺寸为"150"，单击✔完成截面草图的绘制。选取拉伸的生长方向箭头使其反向，键入拉伸的盲孔尺寸为"80"，单击中键完成型腔模毛坯的拉伸造型，如图 2-207 所示。

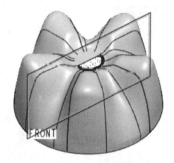

图 2-206　曲面边线的延伸

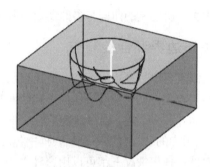

图 2-207　可乐瓶底曲面的实体化

（2）在特征树中，选取上述合并或延伸的曲面面组，单击菜单【编辑】|【实体化...】⬜，接受操控板上默认的【移除面组内侧或外侧的材料】◢，调整【更改刀具操作方向】✕使其指向上方，如图 2-207 所示，单击中键完成可乐瓶底型腔模的造型，如图 2-196（b）所示。

编辑图 2-197、图 2-199 中的草图，在其左侧 $R6mm$ 圆弧的端点处向左分别添加长度为"8"的直线图元，运用旋转方式的"混合"的切口工具实现可乐瓶底型腔模的造型。

9. 隐藏曲线

单击【设置层、层项目和显示状态】▱显示系统的层结构树，按住【Ctrl】键分别选取"03___PRT_ALL_CURVES"、"06___PRT_ALL_SURFS"，两次右键菜单分别选择【隐藏】及【保存状态】。

10. 保存文件

单击菜单【文件】|【保存副本...】▣，以"COLE_BOTTLE_CAVITY"作为文件名进行保存。

2.16

六圆角曲面交汇处的光滑过渡曲面

图 2-208（a）所示为共点六正交矩形平面（50mm×50mm）的曲面造型，就目前的 CAD/CAM

设计软件而言，几乎不可能采用圆角功能直接完成图 2-208（b）中的过渡曲面。图 2-208（b）中的六圆角曲面交汇处的过渡曲面造型是运用 Pro/E 软件的"N 侧曲面片"高级曲面功能的成功范例。

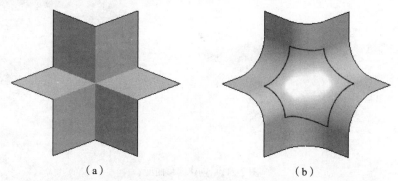

（a）　　　　　　　　　　　　　　（b）

图 2-208　共点六正交矩形平面的曲面造型及其圆角曲面交汇处的过渡曲面

1. 共点六正交矩形平面的曲面造型

（1）创建填充曲面。单击菜单【编辑】|【填充...】 ，右键菜单选择【定义内部草绘...】，选取 TOP 基准平面作为草绘平面，接受缺省参照与方向，单击中键进入草绘界面，右键菜单选择【中心线】 于坐标系原点绘制两正交的中心线，再次右键菜单选择【矩形】 ，绘制对称于中心线的矩形图元，选取【等长】 ＝ 使矩形的边长相等，键入矩形的边长为"100"并确定，如图 2-209 所示，单击 ✔ 完成截面草图的绘制，单击中键完成填充曲面的创建，如图 2-210 所示。

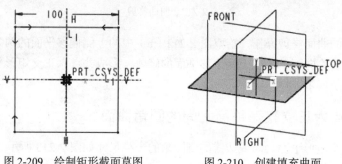

图 2-209　绘制矩形截面草图　　　　　图 2-210　创建填充曲面

（2）创建偏移曲面。选取图 2-210 中的填充曲面，单击菜单【编辑】|【偏移...】 ，右键菜单选择【展开】 ，再次右键菜单选择【定义内部草绘...】，选取填充曲面或 TOP 基准平面作为草绘平面，单击中键接受缺省参照平面与方向进入草绘界面，单击菜单【草绘】|【参照...】 ，分别选取填充曲面的右侧边线与下方边线或曲面的右下顶点作为参照，右键菜单选择【矩形】 ，绘制从系统原点到右下顶点的矩形，单击 ✔ 完成截面草图的绘制。键入偏距值为"50"，单击【将偏移方向变更为其他侧】 按键使其向下，或直接按住拖动控制滑块向下移动一定距离，键入尺寸为"50"，确认后单击中键完成偏移曲面的创建，如图 2-211（a）所示。

（3）重复上述的曲面偏移操作步骤，以填充曲面作为草绘平面，选取填充曲面的左上顶点作为参照绘制从原点到左上顶点的矩形草图，完成向上偏距"50"的偏移曲面，如图 2-211（b）所示。

（4）切换过滤器的拾取方式为【曲面】，选取图 2-211（b）中的曲面面组，单击菜单【编辑】|【修剪...】或单击【修剪】 ，拾取曲面面组中的下侧偏移平面的公共边线，按住【Shift】键再

拾取另一相连的边线作为修剪对象，选择黄色箭头使其向上，如图 2-212（a）所示，单击中键完成下侧偏移平面的修剪，如图 2-212（b）所示。

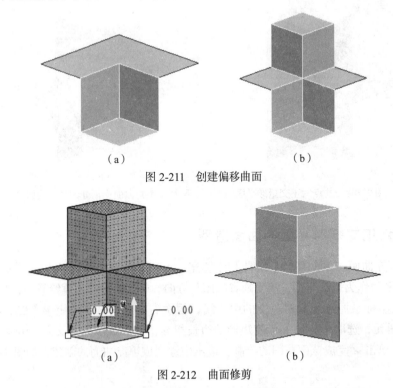

（a）　　　　　　　　　　　　　　　　（b）

图 2-211　创建偏移曲面

（a）　　　　　　　　　　　　　　　　（b）

图 2-212　曲面修剪

（5）重复上述的曲面修剪操作，拾取图 2-212（b）中的上侧偏移平面的两条公共边线作为修剪对象，确认黄色箭头向下，完成上侧偏移平面的修剪，形成共点六正交矩形平面面组的曲面造型，如图 2-208（a）所示。

2. 创建共点六正交矩形平面之间的圆角曲面

（1）共点六正交矩形平面之间或边线的倒圆角的半径尺寸如图 2-213 所示。

（2）单击【倒圆角】 ，分别拾取图 2-208（a）中的曲面的六条交线，按照图 2-213 中的倒圆角半径尺寸进行操作，单击【特征预览】 按键，其图形显示结果如图 2-214 所示，所创建的过渡曲面是由三对圆角曲面所形成的桥接曲面之间以混合的方式构成的，显然，这一过渡曲面并

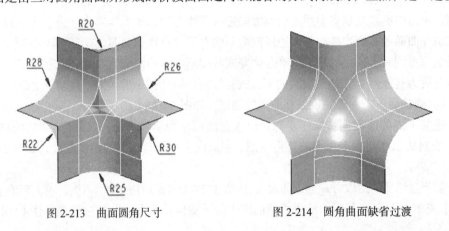

图 2-213　曲面圆角尺寸　　　　　　　　图 2-214　圆角曲面缺省过渡

非完美。打开操控板上的"选项"面板，勾选"附件"中的【新面组】单选框，单击中键完成曲面的倒圆角集的创建，如图 2-213 所示。

3. 创建圆角曲面的侧边线之间相交处的基准点

单击【点】 ✕✕，选取任一圆角曲面（如 $R20mm$）的侧边线，按住【Ctrl】键的同时再选取与之相邻的圆角曲面（如 $R28mm$）或与之相交的侧边线，于相交处生成基准点 PNT0 后松开【Ctrl】键；继续执行同样的操作过程并按一定的顺序完成余下的圆角曲面的侧边线相交处的五个基准点PNT1、PNT2...PNT5 的定义，单击中键完成基准点集的创建，如图 2-215 所示。

4. 创建圆角曲面上的基准曲线

（1）单击【曲线】 ～，系统弹出【曲线选项】菜单管理器，单击中键或选择【完成】接受以【经过点】方式创建曲线，系统弹出"曲线：通过点"对话框及【连接类型】菜单项，接受菜单的缺省设置，分别拾取位于圆角曲面（如 $R28mm$）两侧边线上的基准点 PNT0、PNT1，连续单击中键两次完成曲线端点的定义。

以下操作分别对曲线端点的切矢方向及曲线位于所在的曲面上（即曲面曲线）进行定义。

在特征对话框中，双击"相切"元素，系统弹出【定义相切】菜单项，接受缺省的【起始】|【曲线/边/轴】与【相切】复选框设置，带有"十字叉丝"标记的"起始点"被自动激活，拾取曲线起始点处的另一圆角曲面（即 $R20mm$ 的曲面）的侧边线作为相切参照，曲线起始点处的箭头表示切矢方向，若箭头的方向与构成曲线所拾取的点的顺序一致，则选取【方向】菜单项中的【正向】；反之，则选取【反向】|【正向】以切换箭头的方向，如图 2-216 所示；在完成曲线起始点的切矢方向定义后，系统自动切换到【终止点】及相应的菜单项，拾取曲线终止点处的第三个圆角曲面（即 $R22mm$ 的曲面）的侧边线作为相切参照，确认箭头的方向与构成曲线所拾取的点的顺序是否一致，通过选取【正向】或【反向】|【正向】以定义曲线终止点的切矢方向，连续单击中键两次完成曲线端点的切矢设置并返回至特征对话框。选择【定义相切】菜单项中的【清除】，可对起始、终止的切矢条件进行删除以便重新设置。另外若需要定义【曲率】条件，则在完成上述的【相切】设置后，再选取【曲率】重新按照上述的步骤进行定义即可获得曲线端点的"曲率"几何条件。

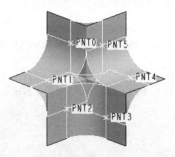 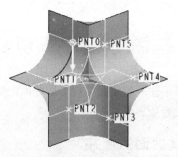

图 2-215　创建圆角边线相交处的基准点集　　图 2-216　定义基准曲线的切矢方向

双击对话框中的"属性"元素，系统弹出【曲线类型】菜单项，选择【面组/曲面】并单击中键或直接选择【完成】，拾取上述定义曲线所在的圆角曲面（即 $R28mm$ 的曲面），完成曲面曲线的定义并返回至特征对话框，单击中键完成基准曲线的创建，如图 2-217 所示。

（2）重复上述的操作步骤和方法，继续执行【曲线】 ～，分别完成其他 5 条曲面曲线的创建，其结果如图 2-217 所示。

5. 创建 N 侧曲面片的过渡曲面

单击菜单【插入】|【高级】|【圆锥曲面与 N 侧曲面片】，系统弹出【边界选项】菜单管理器，选择【N 侧曲面】，单击中键或直接选择【完成】后，系统弹出"曲面：N 侧"对话框及【链】菜单项。按住【Ctrl】键，顺次拾取图 2-217 中的 6 条曲线后，连续单击中键两次完成"N 侧曲面"的边线环的选取操作，单击对话框中【预览】按键可查看所生成的 N 侧曲面。为了使所创建的曲面分别与六个圆角曲面在各自的曲面曲线处光滑连接，双击特征管理器中"边界条件"元素，系统弹出【边界】菜单项，如图 2-218 所示，选择【Boundary # 1】，系统弹出【边界条件】菜单项，选择【相切】|【完成】，选取加亮边界元件的相切曲面即圆角曲面，单击中键或"Boundary # 1"对话框的【确定】按键，完成"N 侧曲面"边线之一的相切设置；继续选择图 2-218 中的【Boundary # 2】、【Boundary # 2】、…、【Boundary # 6】，重复上述的操作，以逆时针方向顺次选择余下的圆角曲面，完成所有的边界条件设置后，单击中键关闭对话框完成"N 侧曲面片"特征的创建，即六圆角曲面交汇处的过渡曲面，隐藏"填充 1"、"倒圆角 1"两特征后的结果如图 2-219 所示。

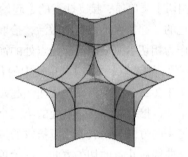
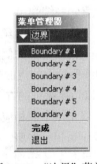

图 2-217　创建曲面曲线　　　　图 2-218　"边界"菜单项　　　　图 2-219　创建"N 侧曲面片"

创建"N 侧曲面片"应注意以下几个问题。

（1）创建条件：一是边界环所包含的边或曲线必须满足 $N \geqslant 5$；二是边界环中的边或曲线端点只能是 C0 条件。

（2）曲面结构："N 侧曲面片"所形成的曲面永远是非平面型的。

（3）拾取操作：拾取"N 侧曲面片"的边线环时，可以依次拾取，也可任意拾取。【Boundary #1】相切设置中并非为创建 N 侧曲面片时所选取的第一条边或曲线，而是最后所拾取的边或曲线。

（4）边界条件采用曲面曲线（如曲面上的投影曲线）、曲面边线作为参照，指定"相切"约束时可以无需设置边界条件。

6. 创建曲面的合并

（1）N 侧曲面片的过渡曲面与圆角曲面的合并。

① 将六条基准曲线分别进行隐藏，同时使圆角曲面显示在图形中。切换过滤器的选取方式为【曲面】，按住【Ctrl】键分别拾取 N 侧曲面片的过渡曲面与半径为"20"的圆角曲面，单击【合并】，调整曲面的合并方向，其图形预览显示如图 2-220 所示，两曲面面组以【相交】方式进行合并，其实只完成了两个面组中的部分曲面的合并，同样的情形也出现在半径为"22"的圆角

曲面的合并操作中。右键菜单选择【连接】或打开操控板中的"选项"面板，勾选【连接】单选框，调整曲面的合并方向，单击中键完成曲面面组的合并，如图 2-221（a）所示。

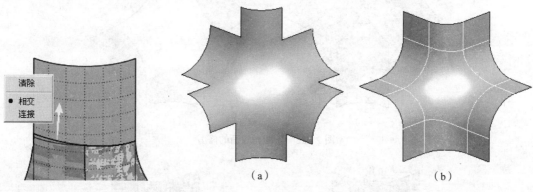

图 2-220　"相交"方式的曲面合并　　　　　　　　图 2-221　曲面合并

② 按住【Ctrl】键，分别选取上述的合并面组与半径为"28"的圆角曲面，单击【合并】，调整曲面的合并方向，右键菜单选择【连接】（以下操作均同），单击中键完成曲面的合并操作。继续执行【合并】直至完成 N 侧曲面片的过渡曲面与六个圆角曲面的合并，如图 2-221（a）所示。

（2）合并的曲面面组与共点六正交矩形平面的面组的合并。按住【Ctrl】键，分别选取图 2-221（a）中的合并面组与图 2-208（a）中的共点六正交矩形平面的面组，单击【合并】，调整曲面面组的合并方向，右键菜单选择【连接】，单击中键完成曲面面组的合并，其结果如图 2-221（b）所示。至此，完成了六圆角曲面交汇处的过渡曲面造型。

7. 关于六圆角曲面交汇处的过渡曲面造型的讨论

（1）上述六圆角曲面交汇处的过渡曲面造型是以比较简洁的建模过程进行操作的，其特征树中共包括了 21 个特征，主要由填充曲面的创建、曲面的偏移、曲面的修剪、基准点的定义、曲面曲线的构建、N 侧曲面片的创建、曲面的合并等特征来完成，而其中的正确构建曲面曲线与应用"N 侧曲面片"又是完成六圆角曲面交汇处光滑连接的过渡曲面的关键所在。

（2）运用 UG NX 软件的"N 边曲面"功能、Pro/E 软件的"N 侧曲面片"功能以及 CATIA、CAXA 实体设计、SOLIDWORKS、MASTERCAM X 等软件的"曲面填充"功能均可实现六圆角曲面交汇处光滑连接的过渡曲面的创建。

（3）Pro/E 软件的"合并"功能兼有修剪与缝合（或连接）的作用，在创建上述六圆角曲面交汇处的过渡曲面之前后，并未对六圆角曲面位于其曲面曲线处进行修剪或分割，如图 2-222 所示；也未对共点六正交矩形平面在六圆角曲面的侧边线处进行修剪与分割，如图 2-223 所示，而是直接与上述的两组曲面面组进行合并，极大地简化了操作过程。

本例中所创建的共点六正交矩形平面结构比较特殊，它是由填充曲面（或拉伸曲面等）经两次偏移以及两次修剪而完成的，属于一个曲面面组，并非是由六个矩形平面以正交方式所构成的，如图 2-208（a）中的六条边线的显示，不能采用圆角的侧边线完成图 2-223 中的修剪效果。图 2-223（a）中的共点六正交矩形平面结构是由六个矩形平面共同组成的，属于一般的曲面建模方法。

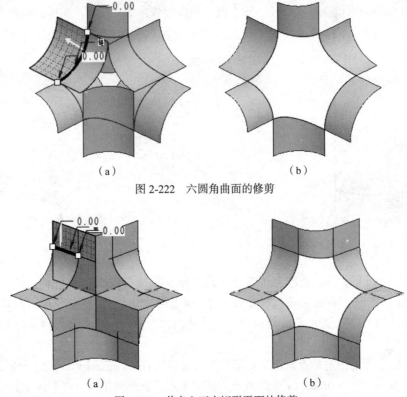

（a）　　　　　　　　　　　（b）

图 2-222　六圆角曲面的修剪

（a）　　　　　　　　　　　（b）

图 2-223　共点六正交矩形平面的修剪

（4）六倒圆曲面交汇处的过渡曲面过渡的创建集中地运用到了软件操作中的点、线、曲面、曲面编辑等命令以及曲线、曲面切矢连续方式的设置，是一个难得的曲面建模的实例。

8. 隐藏曲线及曲面

单击【设置层、层项目和显示状态】显示系统的层结构树，选取"03___PRT_ALL_CURVES"，两次右键菜单分别选择【隐藏】及【保存状态】。

9. 保存文件

单击菜单【文件】|【保存副本...】，以"6_ROUND_SURFS_TRANSITION"作为文件名予以保存。

第3章

实体建模产品设计

3.1 | 楔形锻模（一）

图 3-1 所示为楔形零件及其锻模的造型，其三维建模过程主要由"拉伸"、"拔模"、"倒圆角"、曲面"复制"与"偏移"、"关系"等功能来完成。从楔形锻模整体结构来看，采用 Pro/E 的"混合"功能或"扫描混合"功能、甚至"可变剖面扫描"功能均很快地完成锻模毛坯及模腔部分结构的创建，其造型过程比较直观、明了。在未接触到这些较复杂的造型功能之前，采用"拉伸"、"拔模"等简单造型功能完成该锻模造型是建立在剖析其结构特点的基础上的灵活运用。另外，在楔形锻模的造型中还运用了"测量"特征的创建与应用、"倒圆角"中的过渡问题的设置与参照选取以及通过曲线的倒圆角方式。

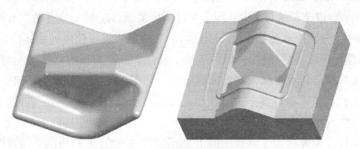

图 3-1　楔形零件及锻模的造型

1. 两个重要截面的创建

（1）单击【草绘】，选择 RIGHT 基准平面作为草绘平面，接受 TOP 基准平面作为参照平面，在"草绘"对话框的"方向"下拉列表框中选择【顶】，单击中键进入草绘界面，单击菜单【草绘】|【参照…】或右键菜单选择【参照】，选取系统坐标系作为参照几何，右键菜单选择【线】，绘制一条过原点与水平方向夹角为 2° 的斜线，标注并修改尺寸，如图 3-2 所示，单击✓完成截面草图的绘制。

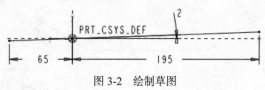

图 3-2　绘制草图

楔形零件中锥面的顶部截面圆弧半径为"40"，图 3-2 中的斜线用于控制锥面的斜度或其圆弧半径的大小。

（2）单击【草绘】⌇，选择 FRONT 基准平面作为草绘平面，接受缺省参照与方向，单击中键进入草绘界面，绘制如图 3-3（a）所示的闭环截面草图（先绘制一"◇"形草图，再对顶角倒圆角），其中半径为"40"的圆弧过系统原点且圆弧的圆心位于 RIGHT 基准面上，与圆弧相切的两条斜线的夹角为"120°"，下方的水平直线两端的斜线等长，单击✔完成截面草图的绘制，其结果如图 3-3（b）所示。

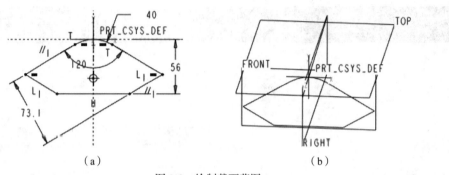

图 3-3　绘制截面草图

2. 楔形锻模毛坯的造型

（1）单击【拉伸】◻，右键菜单选择【定义内部草绘…】，再单击【平面】◻选取 FRONT 基准平面作为偏移平面，按住【Ctrl】键拾取图 3-2 中的 2°斜线的左端点即尺寸为"65"的端点，单击中键完成 DTM1 草绘平面的创建，接受缺省参照平面与方向，单击中键进入草绘界面，单击菜单【草绘】|【参照…】◻或右键菜单选择【参照】，选取图 3-3（b）中的与水平线相连的两条斜线作为参照几何，右键菜单选择【中心线】┊过坐标系原点绘制一竖直的中心线。首先选取【偏移】◻并选择【链】，分别拾取图 3-3（b）中的右、左两条切线所构成的曲线链向下偏距"5"（暂定值），然后再将偏距尺寸"5"删除，最后运用【重合】◎使偏移的圆弧图元与 2°斜线的左端点以及偏距切弧直线的端点与水平线两端的斜线重合，如图 3-4（a）所示。右键菜单选择【矩形】◻绘制对称于中心线的矩形，且其上方直线图元过偏距切弧直线的端点，再修剪两参照几何间的直线图元，标注并修改矩形底边与系统原点的尺寸为"110"，如图 3-4（b）所示，单击✔完成截面草图的绘制。设置拉伸方式为【到选定的】，拾取图 3-2 中的 2°斜线的右端点即尺寸为"195"处的端点作为参照几何，单击中键完成楔形锻模毛坯基本形体的造型，如图 3-5 所示。

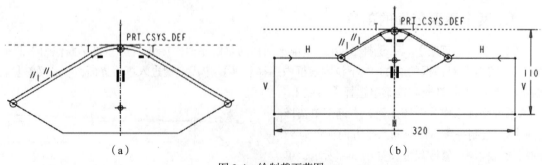

图 3-4　绘制截面草图

图 3-4 所示的草绘截面也可直接以 FRONT 基准平面作为草绘平面，再分别以图 3-2 中斜线的左、右端点作为参照对象进行双向拉伸完成图 3-5 所示的造型。

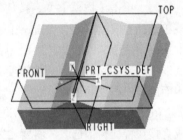

图 3-5　创建楔形锻模毛坯的基本形体

（2）单击【拔模】，选取图 3-5 中上方的圆弧表面或两斜切面之一作为拔模面，右键菜单选择【拔模枢轴】，选取基体的前侧面即尺寸为"65"处的表面作为拔模基准平面，键入拔模角度值"2"，选择图形中的黄色箭头使其指向后侧面或调整操控板中的【反转角度以添加或去除材料】按键使其为添加材料一侧，单击中键完成楔形锻模毛坯基体中圆弧表面及其两斜切面的拔模斜度的创建，如图 3-6 所示。

值得注意的是，图 3-6 中位于左、右侧的两上表面的拔模斜度并非为 2°，如图 3-7 所示。

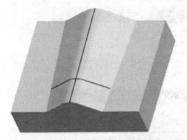

图 3-6　创建毛坯基体部分表面的拔模

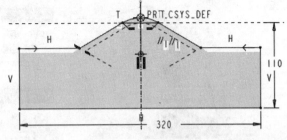

图 3-7　绘制截面草图

（3）单击【草绘】，选择图 3-6 中毛坯基体的后侧面作为草绘放置平面，接受缺省的参照并切换方向为【左】，单击中键进入草绘界面，如图 3-4 中的截面绘制方法完成图 3-7 中的截面草图，其中偏距圆弧约束于图 3-2 中的尺寸为"195"的端点处，修剪前的矩形上方水平直线与偏距斜切线的交点约束于图 3-3（b）中水平直线两端的斜线的延伸线上，尺寸"110"的定位基准同样为系统原点，单击完成截面草图的绘制。

（4）单击菜单【分析】|【测量】|【距离】，系统弹出"距离"对话框，拾取图 3-7 中草图矩形的左上角点，再拾取图 3-6 中的邻近的上表面，即可获得所选对象间的距离，从对话框中左下方的分析方式下拉列表框中选取【特征】，如图 3-8 所示，单击中键或对话框中的【接受并完成当前的分析】按键，完成"ANALYSIS_DISTANCE_1"特征的创建。

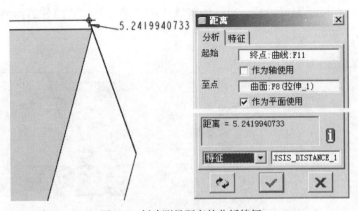

图 3-8　创建测量距离的分析特征

（5）单击【拔模】，按住【Ctrl】键分别拾取图 3-6 中左、右两上表面作为拔模面，右键菜单选择【拔模枢轴】，选取基体的前侧面即尺寸为"65"处的表面作为拔模基准平面，接受默认的拔模角度值"1"（暂定值），单击图形中的黄色箭头使其指向后侧面或调整操控板中的【反转角度以添加或去除材料】按键使其为添加材料一侧，单击中键完成楔形锻模毛坯基体左、右两上表面的拔模斜度的创建。

（6）单击菜单【工具】|【关系…】，系统打开"关系"对话框。单击以拾取上述的拔模表面或直接在特征树中选取"斜度 2"特征，图形中立即显示出拔模斜度的尺寸"d22"，拾取斜度值"d22"将其送入"关系"对话框的输入栏中，键入关系式"d22=ATAN(DISTANCE:FID_ANALYSIS_DISTANCE_1/260)"（即拔模斜度值为"1.155013"），如图 3-9 所示，连续单击中键两次确认并关闭对话框后单击菜单【编辑】|【再生】或选取【再生】按键使其模型更新，完成拔模斜度值的设置。至此，完成了楔形锻模毛坯的造型。

（a）　　　　　　　　　（b）

图 3-9　添加关系式控制拔模角度值

3. 楔形零件模腔的造型

（1）单击【拉伸】，两次右键菜单分别选择【去除材料】及【定义内部草绘…】，选择 FRONT 基准平面作为草绘平面，接受缺省参照与方向，单击中键进入草绘界面，选取【偏移】并选择【链】分别拾取图 3-3（b）中的右、左两条切线所构成的曲线链向下偏距"8.7"（其精确值应为"8.7/cos(2)"）；确定后单击【使用】并选择【链】，分别拾取图 3-7 中的右、左两条切线所构成的曲线链进行原位复制，再以【单个】方式对图 3-3（b）中的下方水平线两端的两条斜线进行原位复制，运用【拐角】完成四个尖角的修剪，如图 3-10 所示，单击完成截面草图的绘制。键入拉伸的盲孔尺寸为"132"，单击中键完成楔形零件模腔的部分结构的造型，如图 3-11 所示。

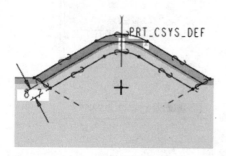

图 3-10　绘制截面草图

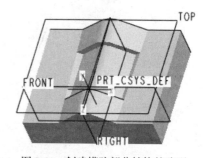

图 3-11　创建模腔部分结构的造型

（2）单击【拉伸】，两次右键菜单分别选择【去除材料】及【定义内部草绘...】，选择 RIGHT 基准平面作为草绘平面，接受 TOP 基准平面作为参照平面，从"方向"下拉列表框中选择【顶】，单击中键进入草绘界面，绘制如图 3-12 所示的倒梯形截面草图，图中 11°直线的上端点位于图 3-12 中的 2°的斜线上，其下端点与图 3-3（b）中的下方水平线被约束为水平对齐，单击✔完成截面草图的绘制。设置拉伸方式为【到选定的】，选取图 3-11 中的部分模腔的左侧斜面作为参照对象，再选择操控板上的"选项"面板，从"第 2 侧"的下拉列表栏中选取【到选定的】作为控制方式，选取图 3-11 中的部分模腔的右侧斜面作为参照对象，单击中键完成模腔部分结构的造型，如图 3-13 所示。

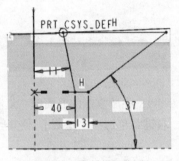

图 3-12　绘制截面草图

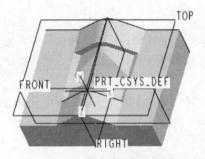

图 3-13　创建模腔楔形结构的造型

（3）单击【拔模】，选取图 3-13 中的模腔处上方的圆弧表面或两斜切面之一作为拔模面，右键菜单选择【拔模枢轴】，选取模腔的前侧面或 FRONT 基准平面作为拔模基准平面，键入拔模角度值"2"，选择图形中的黄色箭头使其指向后侧面或调整操控板中的【反转角度以添加或去除材料】按键使其为添加材料一侧，单击中键完成楔形锻模模腔的上表面拔模斜度的创建，如图 3-14 所示。

至此，完成了楔形锻模模腔基本结构的造型。

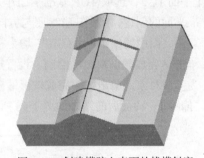

图 3-14　创建模腔上表面的拔模斜度

4. 创建楔形锻模锻模溢流槽与飞边槽部分结构的造型

（1）切换窗口右下方过滤器的选择模式为【几何】，按住【Ctrl】键分别拾取图 3-14 中楔形锻模上部的五个表面，单击【复制】，再选择【粘贴】，两次右键菜单分别选择【排除曲面并填充孔】及【填充的孔】，再拾取图 3-14 中所复制的表面位于模腔处的任一边线，此时模腔处显示所填充的曲面，如图 3-15 所示，单击中键完成楔形锻模上表面的复制。

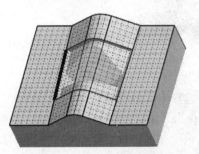

图 3-15　复制表面并填充孔

（2）拾取上述所完成曲面，单击菜单【编辑】|【偏移...】，选择操控板上的【将偏移方向更改为其他侧】按键或单击图形中的黄色箭头使其向下，键入偏移值为"1.5"，如图 3-16（a）所示，单击中键完成偏移曲面的创建。

重复上述的操作步骤，再次拾取所复制的曲面完成偏距值为"6"的偏移曲面的创建，如图 3-16（b）所示。

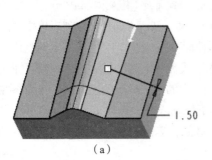
（a）

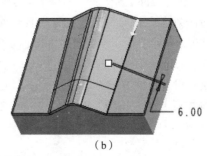
（b）

图 3-16　创建偏移曲面

适时切换过滤器的选择模式为【智能】模式。上述锻模毛坯的上表面的复制与偏移也可在完成毛坯造型后进行创建。

（3）按住【Ctrl】键，在特征树中分别选取对应于图 3-15 中所复制的曲面即"复制 1"与对应于图 3-16（b）中的偏移曲面即"偏距 2"两个特征，右键菜单选择【隐藏】，使其暂时不显示在图形中。

（4）单击【拉伸】，两次右键菜单分别选择【去除材料】及【定义内部草绘…】，再单击【平面】，选取 TOP 基准平面作为偏移平面、向上偏距"10"，确认后单击中键完成 DTM2 基准平面的创建，接受缺省参照与方向，单击中键进入草绘界面，绘制如图 3-17 所示的倒梯形截面草图，图中的偏距尺寸"10"均为相对于图 3-13 中的模腔位于锻模毛坯上表面处边线的距离值，单击✔完成截面草图的绘制。设置拉伸的方式为【到选定的】，选取图 3-16（a）中的偏移曲面作为参照对象，单击中键完成楔形锻模溢流槽部分结构的造型，隐藏图 3-16（a）中的偏移曲面即"偏距 1"特征后的结果如图 3-18 所示。

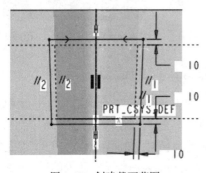

图 3-17　创建截面草图

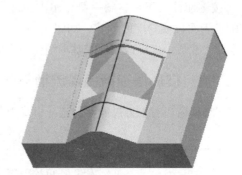

图 3-18　创建锻模溢流槽的部分结构造型

（5）在特征树中，右键"偏距 2"特征，从快捷菜单中选择【取消隐藏】，以使"偏距 2"的曲面显示在图形中。重复上述的拉伸除料操作步骤创建偏移为"10"的草绘平面 DTM3，绘制如图 3-19 所示的截面草图，其中左、右两条斜线为原位复制，上、下两条水平直线采用直线连接。选取图 3-16（b）中的偏移曲面作为深度控制参照，激活操控板中的【加厚草图】按键或右键菜单选择【加厚草图】，调整【在草绘的一侧、另一侧或两侧间更改拉伸方向】按键使其向草图的外侧以加厚草图，其值为"30"，完成锻模飞边槽的创建后再次隐藏图 3-16（b）中的偏移曲面即"偏距 2"特征，其结果如图 3-20 所示。

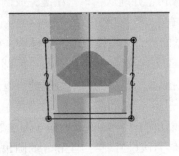

图 3-19　创建截面草图

图 3-20　创建锻模飞边槽的部分结构造型

5. 创建模腔结构的过渡圆角

单击【倒圆角】　，按住【Ctrl】键分别拾取如图 3-21（a）所示的模腔中的两条相切的边线，松开【Ctrl】键后键入倒圆角尺寸为"10"并确认；拾取如图 3-21（b）所示模腔中的任一边线，键入倒圆角尺寸为"5"并确认，然后按住【Ctrl】键再分别拾取如图 3-21（b）中余下的所有边线，单击中键实现倒圆角集的创建，完成楔形锻模模腔边线的过渡圆角。

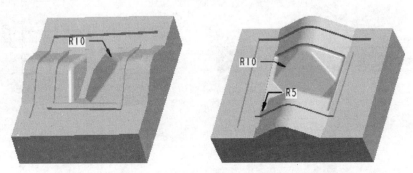

图 3-21　创建模腔各边线的过渡圆角

6. 创建锻模溢流槽与飞边槽结构的过渡圆角

（1）单击【倒圆角】　，按住【Ctrl】键分别拾取图 3-21 中的锻模飞边槽外侧的四条拐角的竖直边线，松开【Ctrl】键后键入倒圆角尺寸为"45"并确认；拾取图 3-21 中的锻模飞边槽内侧的任一拐角竖直边线，键入倒圆角尺寸为"15"并确认，然后按住【Ctrl】键再分别拾取飞边槽内侧的其他三条竖直边线，单击中键实现倒圆角集的创建，如图 3-22 所示。

（2）单击【倒圆角】　，按住【Ctrl】键分别拾取如图 3-23 所示的锻模毛坯的前、后四条边

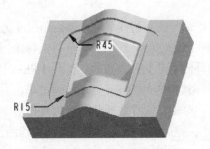

图 3-22　创建飞边槽倒圆角

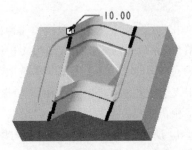

图 3-23　创建倒圆角

线及飞边槽底部的上、下四条边线，键入倒圆角尺寸为"10"并确认，单击中键完成倒圆角的创建。根据系统的提示信息，单击菜单【信息】|【几何检查】，系统弹出"故障排除器"对话框，选取对话框中的"项目 1"后，系统显示一条描述该问题的消息并在模型中加亮显示，如图 3-24 所示。直接右键"倒圆角 3"特征，从快捷菜单中选择【编辑定义】，激活操控板中倒圆角的【切换至过渡模式】 按键或右键菜单选择【显示过渡】，图形显示整个倒圆角特征的所有过渡的预览几何，如图 3-25 所示。选取对应于图 3-25 中要定义的过渡（飞边槽左下），右键菜单选择【终止于参照】，拾取位于过渡处的 R45mm 圆角表面作为参照几何；同样，选取对应于图 3-25 中的飞边槽右下处的过渡，过渡方式为【终止于参照】，参照几何为该过渡处的 R45mm 的圆角表面，单击中键完成"倒圆角 3"的编辑定义。单击菜单【信息】，【几何检查】显示为灰色，表明圆角的过渡问题得以解决。

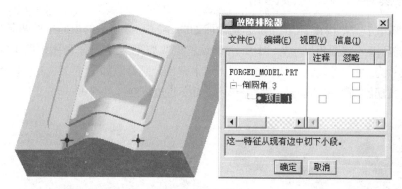

图 3-24　几何检查

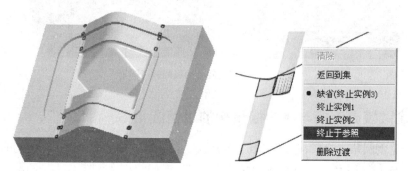

图 3-25　显示要定义倒圆角的过渡

> 上述定义倒圆角的过渡模式并非必做！此处只是初步了解倒圆角的过渡模式的操作方法而已。

（3）单击【倒圆角】 ，拾取锻模飞边槽内侧底部的任一边线，键入倒圆角尺寸为"4.3"并确认，如图 3-26（a）所示；拾取锻模飞边槽外侧底部的任一边线，右键菜单选择【通过曲线】倒圆角方式，如图 3-26（b）所示，再选取飞边槽外侧上部的任一边线，按住【Shift】键的同时将光标置于飞边槽外侧上部的其他相切边线上，当环状相切边线高亮显示或通过单击右键的选择方式使环状相切边线高亮时，如图 3-26（c）所示，单击左键拾取环状相切边线作为驱动曲线，如图 3-26（d）所示，单击中键实现倒圆角集的创建，完成飞边槽底部内外、侧边线的过渡圆角，其结果如图 3-1 所示。

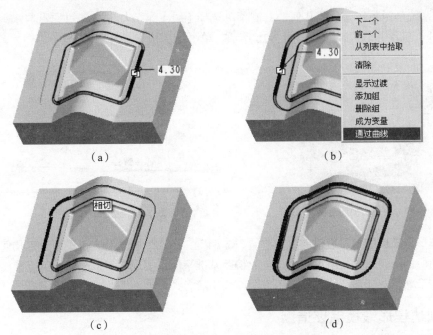

图 3-26 创建等半径与曲线驱动的倒圆角

7. 隐藏曲线与曲面

单击【设置层、层项目和显示状态】⊜显示系统的层结构树，按住【Ctrl】键分别选取"03___PRT_ALL_CURVES"、"06___PRT_ALL_SURFS"，两次右键菜单分别选择【隐藏】及【保存状态】。

8. 保存文件

单击菜单【文件】|【保存副本...】，以"FORGED_MOLD"作为文件名进行保存。若已保存过文件，再单击菜单【文件】|【删除】|【旧版本】，只保存模型的最新版本。

3.2 楔形锻模（二）

在熟悉图 3-27 中的楔形锻模零件的造型的基础上，本实例对于锻模的可变剖面扫描特征造型作出了较为详细的介绍。运用可变剖面扫描功能完成锻模的造型，一是根据零件的结构灵活选择其扫描的"起始 x 方向"及扫描剖面的控制方式，二是在扫描截面的绘制过程中，正确、合理地使用"剖面"几何作为参照，这是完成锻模零件的关键所在。

1. 绘制扫描轨迹线

单击【草绘】，选择 RIGHT 基准平面作为草绘平面，接受 TOP 基准平面作为参照平面，切换方向为【顶】，单击中键进入草绘界面，单击菜单【草绘】|【参照...】或右键菜单选择【参

照】，选取系统坐标系作为参照几何，右键菜单选择【线】＼，绘制一条过原点与水平方向夹角为2°的斜线，标注并修改尺寸，如图3-28所示，单击✔完成直线草图的绘制。

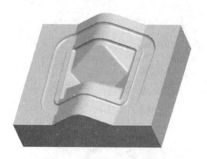

图 3-27　楔形锻模的造型

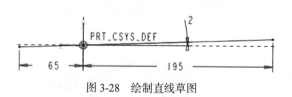

图 3-28　绘制直线草图

确定楔形锻模模腔与飞边槽的纵向位置，既可以在图3-28中的斜线上采用分割几何点的方法来定义其相应的位置尺寸，也可以通过创建偏距基准平面来实现其扫描起始与终止截面位置的定义，此处为了熟悉"异步特征"的使用方法而采用后者。

2. 创建楔形锻模毛坯造型

（1）选择菜单【插入】|【可变剖面扫描...】或单击【可变剖面扫描】＼，拾取图3-28中的直线作为原点轨迹，右键菜单选择【垂直于投影】作为剖面控制方式，选取TOP基准平面或系统坐标系的*y*轴作为投影方向，右键菜单选择【草绘】或单击操控板上的【创建或编辑扫描剖面】☑按键进入草绘界面，右键菜单选择【线】＼，按照图3-29（a）中的图形，首先绘制一"◇"形草图，然后右键菜单选择【圆角】☽对其顶部尖角进行圆角过渡，再运用【重合】◉分别使圆弧与系统坐标系原点重合、圆弧的圆心与RIGHT基准平面重合，如图3-29（b）所示；运用【等长】═使与圆弧相切的两条切线、水平线两侧的斜线各自等长；运用【平行】∥使切线与其相对的斜线平行，标注并修改尺寸，其中竖直尺寸"56"的定位基准为坐标系原点。框选所有的草图对象，右键菜单选择【构建】将其转换成几何图元，如图3-29（a）所示。再次绘制与120°夹角的切线相平行的左、右两条斜线并对其尖角倒圆角，斜线的下端点分别位于水平线两侧的斜线上，将圆角的圆弧约束至轨迹链的原点上，其圆心与*R*40mm的圆弧圆心重合，如图3-30所示，最后右键菜单选择【矩形】▢，绘制对称于竖直中心线的矩形并修剪其位于几何图元之间的直线，如图3-31所示。其中竖直尺寸"110"的定位基准为系统坐标系，单击✔完成截面草图的绘制，选择操控板上【扫描为实体】▢按键，单击中键完成锻模毛坯的可变剖面扫描的实体造型，如图3-32所示。

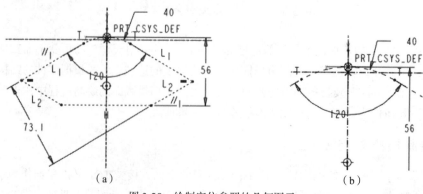

（a）　　　　　　　　　　　　　　　　（b）

图 3-29　绘制定位参照的几何图元

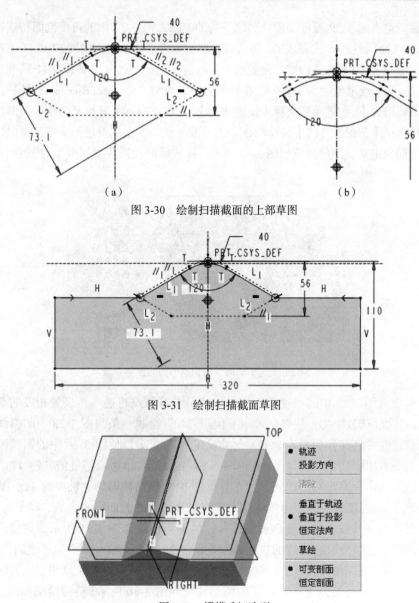

图 3-30　绘制扫描截面的上部草图

（a）　　　　　　　　　　　　　　（b）

图 3-31　绘制扫描截面草图

图 3-32　锻模毛坯造型

（2）从上述的扫描截面草图绘制过程能够看出：图 3-28 中的斜线用于控制锻模上部的锥面与四个斜面的斜度大小，其中的锥面与两个斜切面相对于系统坐标系 z 轴的夹角均为"2"，而左、右两斜面相对于 TOP 基准平面的夹角经计算为"1.155013"，在随后的扫描截面绘制中会用到这两个角度值。图 3-29 中的几何图元控制锻模模腔中的楔形零件的最小尺寸，即楔形零件的端面圆弧半径为"40"，楔形零件的宽度为"56"，相互平行的两斜线的间距尺寸"73.1"控制楔形零件的长度。另外，楔形零件的高度尺寸为"132"。

（3）图 3-32 中的锻模毛坯的可变剖面扫描造型是采用位于 RIGHT 基准平面上的 2°的斜线作为原点轨迹并通过指定扫描截面控制方式而完成的。若不使用扫描截面控制方式，则扫描截面草图将沿着轨迹线的法向平面方向完成扫描特征的造型，这显然不能实现锻模模腔尺寸的变化。因此，在以 2°的斜线作为原点轨迹的基础上，应当再选取一个方向作为扫描截面的控制方向，即扫描截面以指定的方向沿着轨迹线进行扫描完成其特征的创建，而作为控制截面的方向的参照可以选取与扫描截面垂直的 TOP 基准平面或与之平行的 y 轴，图 3-32 中的可变剖面扫描特征的创建即是以【垂直于投影】这种方式完成的。也可以选取扫描截面的法向方向即 FRONT 基准平面或 z 轴作为【恒定法向】，但考虑到扫描截面的水平方向这一问题，此时选取 RIGHT 基准平面或系统坐标系 x 轴以控制草绘平面的水平方向。在特征树中，右键"Var Sect Sweep 1"特征，从快捷菜单中选择【编辑定义】，右键菜单选择【恒定法向】，选取 FRONT 基准平面作为截面控制方向，再次右键菜单选择【起始 x 方向】，选取 RIGHT 基准平面并单击其黄色箭头使其反向，实现扫描截面的水平方向的定义，图形预览如图 3-33 所示，完成后的扫描造型如图 3-32 所示。

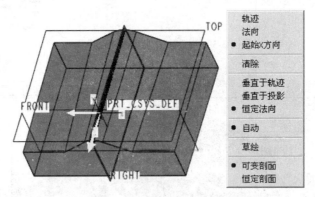

图 3-33　"恒定法向"的扫描截面的控制方式

（4）图 3-32 或图 3-33 中的可变剖面扫描造型是沿着原点轨迹通过设置相应的截面控制方式完成锻模的建模。若以 TOP 基准平面向下偏距"40"绘制一条与图 3-28 中的斜线两端点分别对齐的水平直线并将其作为原点轨迹（此处设定为"40"，以使图 3-30 中的圆弧圆心位于轨迹线的原点上而不用标注这一尺寸），而将图 3-28 中的斜线作为轨迹链的"链 1"，对于 TOP 基准平面上的直线作为原点轨迹而言，上述图 3-31 中的扫描截面的 y 轴即为 TOP 基准平面的法向，相当于以 TOP 基准平面作为参照的【垂直于投影】的截面控制方式，绘制如图 3-34 所示的扫描截面草图，其锻模的可变剖面扫描特征的图形预览如图 3-35 所示，完成后造型如图 3-32 所示。若将上述作为原点轨迹的直线绘制在图 3-28 中的相应位置，为了绘制图 3-34 中的截面草图，则必须指定草绘截面的水平方向，通过选取 RIGHT 基准平面并切换方向以此定义【起始 x 方向】，锻模的可变剖面扫描特征的图形预览如图 3-36 所示，造型结果如图 3-32 所示。上述不同草绘平面上的直线作为原点轨迹因其所在平面的法向不同而应区别对待，即一个无需设置而另一个需要设置，其扫描截面控制方式均为"垂直于轨迹"，此处仅涉及扫描截面草图绘制的方向。

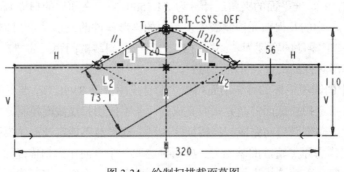

图 3-34　绘制扫描截面草图

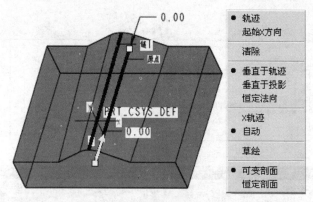

图 3-35 "垂直于轨迹"的扫描截面的控制方式（一）

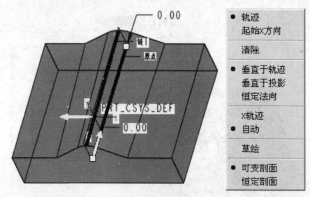

图 3-36 "垂直于轨迹"的扫描截面的控制方式（二）

（5）从上述锻模的可变剖面扫描特征造型过程可以看出，控制锻模结构形状变化的有两个尺寸，一个是上部截面圆弧的半径，另一个是夹角 120°的两切线的下端点的位置尺寸，它们在 FRONT 基准平面上的尺寸分别为"40"、"73.1"。根据图 3-28 中的 2°斜线的端点尺寸，通过计算可以得到：斜线左端点位置的截面圆弧半径为"40-65*tan(2)"、斜线上截面圆弧半径的增量为"(65+195)*tan(2)"；斜线左端点位置的截面中的两平行线的间距尺寸为"73.1-65*tan(2)"、两平行线的间距增量为"(65+195)*tan(2)"，由此可以运用关系式来控制锻模截面尺寸的变化。

在 TOP 基准平面上绘制过系统原点的竖直线，标注直线的上端点与系统原点的尺寸为"195"、其下端点与系统原点的尺寸为"65"，如图 3-38 所示。选择刚绘制的竖直线作为原点轨迹，激活【可变剖面扫描】，以【垂直于轨迹】方式并接受缺省参照与方向进入草绘界面绘制如图 3-37 所示的扫描截面草图，其中的 3 个定位尺寸"sd24"（即"40"）、"sd21"（即"56"）、"sd23"（即"110"）的基准均为坐标系原点，其他尺寸如图 3-34 所示，添加控制截面圆弧半径与平行线间距的关系式分别为："sd16=40-65*tan(2)+260*tan(2)*trajpar"、"sd20=73.1-65*tan(2)+260*tan(2)*trajpar"，其锻模的可变剖面扫描特征的图形预览如图 3-38 所示，完成后的造型如图 3-32 所示。

对比图 3-31、图 3-34、图 3-37，适时运用关系式控制截面草图的变化，能够简化可变剖面扫描的截面草图的绘制。

以上对运用可变剖面扫描功能完成楔形锻模毛坯的造型做了较为详细的介绍，请对上述所列举的几种情形自行操作并加以总结。

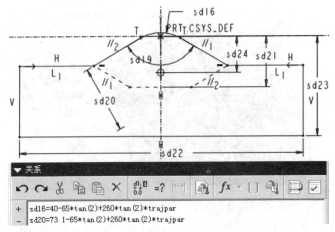

图 3-37　绘制扫描截面草图

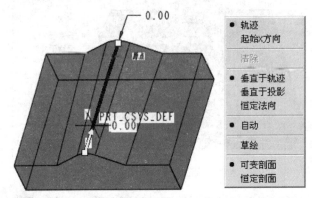

图 3-38　"垂直于轨迹"的扫描截面的控制方式（三）

3. 楔形锻模飞边槽与溢流槽结构造型

考虑到楔形锻模造型中的几何参照的选取及用最简捷的方法与步骤完成造型，先设计楔形锻模飞边槽与溢流槽结构造型，然后再对楔形零件的模腔进行建模。

（1）单击【可变剖面扫描】🖊️，拾取图 3-28 中的斜线作为原点轨迹，单击【平面】▱并选取 FRONT 基准平面，按住拖动控制滑块向前拖动，键入偏距值为"40"（即 Z 方向）并确认，单击中键完成 DTM1 基准平面的创建；再次单击【平面】▱并选取 FRONT 基准平面，按住拖动控制滑块向后拖动，键入偏距值为"172"（即−Z 方向）并确认，连续单击中键两次完成 DTM2 基准平面的创建并激活【可变剖面扫描】特征功能，右键轨迹线端点处的拖动控制滑块，从快捷菜单中选择【修剪位置…】，分别选取相应位置的 DTM1 与 DTM2 基准平面作为参照，将原点轨迹修剪到指定的位置，或者拖动滑块时再按住【Shift】键捕捉相应位置的 DTM1 与 DTM2 基准平面。右键菜单选择【垂直于投影】作为剖面控制方式，选取 TOP 基准平面或坐标系的 y 轴作为投影方向，如图 3-39 所示。右键菜单选择【草绘】进入草绘界面，单击菜单【草绘】|【参照…】🗔，再选择"参照"对话框中的【剖面】按键，分别拾取图 3-39 中的锻模毛坯上表面的左、右侧的两平面与两斜切面，使其与可变剖面扫描的动态坐标系草绘平面产生的剖面截交线作为参照，分别右键菜单选择【线】🖊、【圆角】🖊，绘制如图 3-40 所示的开放截面草图。其中圆弧的定位尺寸"sd11"（即"40"）的基准为系统坐标系原点，且圆心位于 RIGHT 基准平面上，左、右侧水

平直线的两端用竖直线连接至参照几何上，为了标注定位尺寸"sd14"，需在参照几何的拐角处添加"草绘点" ╳ ，在"关系"对话框中键入关系式"sd12=6/cos(1.155013)"、"sd13=6/cos(2)"、"sd14=40/cos(2)"，确认后单击 ✔ 完成截面草图的绘制，分别选择操控板上【扫描为实体】 ▢ 与【移除材料】 ◿ 两按键，单击图形中的黄色箭头或调整操控板中的【将材料的伸出项方向更改为草绘的另一侧】 ╱ 按键使其指向锻模毛坯内侧，单击中键完成锻模飞边槽局部结构外形的可变剖面扫描的特征造型，如图 3-41（a）所示。

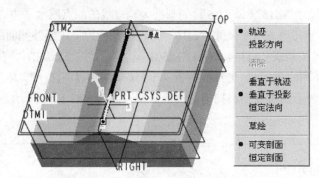

图 3-39　修剪轨迹线并设置截面控制方式

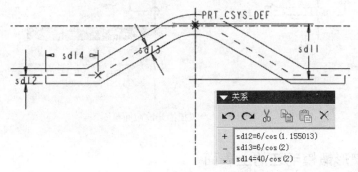

图 3-40　绘制扫描开放截面草图

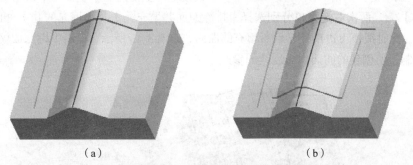

（a）　　　　　　　　　　　　　（b）

图 3-41　创建锻模飞边槽与溢流槽结构造型

　　（2）单击【可变剖面扫描】 ，拾取图 3-28 中的斜线作为原点轨迹，单击【平面】 ▱ 并选取 FRONT 基准平面，按住拖动控制滑块向前拖动，键入偏距值"10"并确认，单击中键完成 DTM3 基准平面的创建。再次单击【平面】 ▱ 并选取 FRONT 基准平面，按住拖动控制滑块向后拖动，键入偏距值"142"并确认，连续单击中键两次完成 DTM4 基准平面的创建并激活【可变剖面扫描】特征功能，右键轨迹线端点处的拖动控制滑块，从快捷菜单中选择【修剪位置...】，分别选取相应位置的 DTM3 与 DTM4 基准平面作为参照，将原点轨迹曲线修剪到指定的位置，右键

菜单选择【垂直于投影】作为剖面控制方式，选取 TOP 基准平面或坐标系的 y 轴作为投影方向，如图 3-39 所示。右键菜单选择【草绘】进入草绘界面，单击菜单【草绘】|【参照…】□，再选择"参照"对话框中的【剖面】按键，分别拾取图 3-41（a）中的锻模飞边槽的外侧面与底表面以及两斜切面（非锻模上表面中的斜切面），使其与可变剖面扫描的动态坐标系草绘平面产生的剖面截交线为参照，分别右键菜单选择【线】＼、【圆角】⌐，绘制如图 3-42 所示的开放截面草图，其中圆弧的定位尺寸"sd11"（即"40"）的基准为系统坐标系原点，且圆心位于 RIGHT 基准平面上，圆弧的定形尺寸"sd15"（即"1.5"）的基准为轨迹线的原点或水平中心线，竖直尺寸"sd3"的定位基准为水平参照几何，水平尺寸"sd16"的定位基准为飞边槽外侧面的竖直参照几何，在"关系"对话框中键入关系式"sd3=4.5/cos(1.155013)"、"sd15=1.5/cos(2)"、"sd16=30/cos(2)"，确认后单击✔完成截面草图的绘制，选择操控板上【扫描为实体】□按键，单击中键完成锻模飞边槽与溢流槽局部结构外形的可变剖面扫描的特征造型，如图 3-41（b）所示。

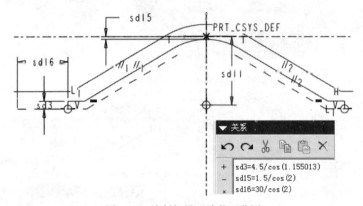

图 3-42　绘制扫描开放截面草图

4. 复制楔形锻模毛坯的上表面

按住【Ctrl】键分别拾取图 3-41（b）中楔形锻模毛坯上部的 5 个表面，单击【复制】⧉，再选择【粘贴】⧉，两次右键菜单分别选择【排除曲面并填充孔】及【填充的孔】，再拾取飞边槽的任一边线，此时锻模飞边槽处显示所填充的曲面，如图 3-43 所示，单击中键完成楔形锻模毛坯上表面的复制，所创建的曲面作为后续的参照之用。

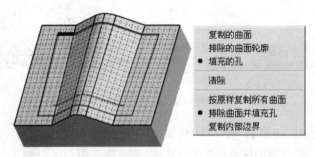

图 3-43　复制锻模毛坯上表面的操作

5. 楔形锻模模腔的造型

（1）单击【可变剖面扫描】↘，拾取图 3-28 中的斜线作为原点轨迹，单击【平面】▱并选

取 FRONT 基准平面，按住拖动控制滑块向后拖动，键入偏距值为"132"并确认，连续单击中键两次完成 DTM5 基准平面的创建并激活【可变剖面扫描】特征功能，右键轨迹线端点处的拖动控制滑块，从快捷菜单中选择【修剪位置…】，分别选取 FRONT 与 DTM5 基准平面作为参照，将原点轨迹的曲线修剪到指定的长度，右键菜单选择【垂直于投影】作为剖面控制方式，选取 TOP 基准平面或坐标系的 y 轴作为投影方向，如图 3-39 所示，右键菜单选择【草绘】进入草绘界面，单击菜单【草绘】|【参照…】□，再选择"参照"对话框中的【剖面】按键，分别拾取图 3-41 中所完成的左、右两斜切面，使其与可变剖面扫描的动态坐标系草绘平面产生的剖面截交线作为参照，分别右键菜单选择【线】＼、【圆角】┗，绘制如图 3-44 所示的开放截面草图，其中圆弧的定位尺寸"sd9"（即"40"）的基准为系统坐标系原点，且圆心位于 RIGHT 基准平面上，尺寸"sd10"的定位基准为轨迹线的原点，左、右侧两斜线平行于相对应的参照几何且其上端点分别位于参照几何的端点上，在"关系"对话框中键入关系式"sd10=8.7/cos(2)"，确认后单击✔完成截面草图的绘制，分别选择操控板上【扫描为实体】□与【移除材料】✐两按键，单击图形中的黄色箭头或调整操控板中的【将材料的伸出项方向更改为草绘的另一侧】✐按键使其指向锻模毛坯的上侧，单击中键完成锻模模腔部分结构可变剖面扫描的特征造型，将上述的复制曲面隐藏后的结果如图 3-45 所示。

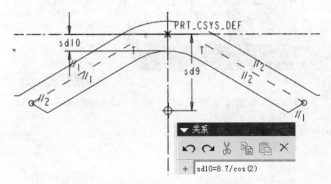

图 3-44　绘制扫描开放截面草图

（2）单击【草绘】，选择 RIGHT 基准平面作为草绘平面，接受 TOP 基准平面作为参照平面，方向为【顶】，单击中键进入草绘界面，绘制如图 3-46 所示的草图，其中圆弧分别垂直于 11° 与 37° 的两斜线，且左端点位于 11° 斜线在 TOP 基准平面的端点上，标注并修改尺寸，单击✔完成轨迹链的用草图的绘制，并将图 3-28 的草图予以隐藏。

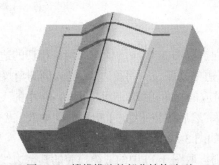

图 3-45　锻模模腔的部分结构造型

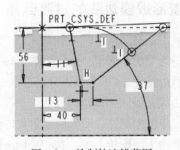

图 3-46　绘制轨迹线草图

（3）单击【可变剖面扫描】，拾取图 3-46 中的圆弧作为可变剖面扫描的原点轨迹，单击起始点方向箭头使其位于 11° 斜线的上端点处，按住【Ctrl】键再拾取图 3-46 中的长度为"13"的水

平直线作为可变剖面扫描的"链1"轨迹线，右键菜单选择【起始 X 方向】以定义草绘平面的水平方向，选取 RIGHT 基准平面作为参照并单击箭头使其反向，如图 3-47 所示，右键菜单选择【草绘】进入草绘界面，单击菜单【草绘】|【参照...】□，再选择"参照"对话框中的【剖面】按键，分别拾取图 3-47 中的模腔结构的左、右两小斜面（注意不是切斜面），使其与可变剖面扫描的动态坐标系草绘平面产生的剖面截交线作为参照，绘制如图 3-48 所示的开放截面草图，其中左、右两斜线分别与参照几何平行且重合，其上端点分别位于水平中心线上，下方的水平直线过扫描轨迹线的"链 1"，单击✔完成截面草图的绘制。分别选择操控板上【扫描为实体】□与【移除材料】✐两按键，单击图形中的黄色箭头或调整操控板中的【将材料的伸出项方向更改为草绘的另一侧】✗按键使其指向锻模毛坯的上侧，单击中键完成锻模模腔的可变剖面扫描的特征造型，隐藏图 3-46 中的草绘曲线，结果如图 3-49 所示。

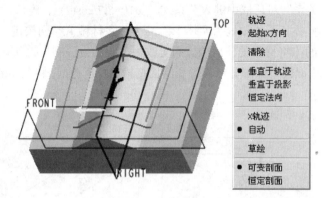

图 3-47　设置【起始 X 方向】定义草绘平面的水平方向

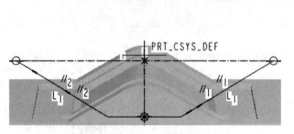

图 3-48　绘制扫描开放截面草图

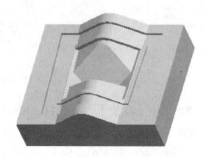

图 3-49　楔形锻模模腔的造型

6. 楔形锻模边线的过渡圆角

（1）单击【倒圆角】✐，按住【Ctrl】键分别拾取图 3-49 中的模腔的两条相切的边线，键入倒圆角半径为"10"并确认。拾取如图 3-49 中的飞边槽外侧任一拐角边线，键入倒圆角尺寸为"45"并确认，然后按住【Ctrl】键再分别拾取三个相对应的拐角边线。拾取如图 3-49 中的飞边槽内侧任一拐角边线，键入倒圆角尺寸为"15"并确认，然后按住【Ctrl】键再分别拾取三个相对应的拐角边线，单击中键完成锻模倒圆角集的创建，如图 3-50 所示。

（2）单击【倒圆角】✐，按住【Ctrl】键分别拾取图 3-50 中的锻模模腔的其余边线，键入倒圆角半径为"5"并确认；再拾取锻模毛坯上表面中两斜面的交线，按住【Ctrl】键的同时分别拾取相对应的三条交线以及飞边槽底面上、下四条斜面的交线，键入倒圆角尺寸为"10"并确认，单击中键完成锻模倒圆角集的创建，如图 3-51 所示。

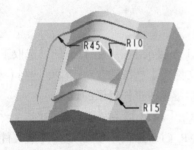

图 3-50 锻模过渡圆角

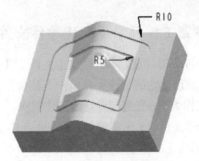

图 3-51 锻模过渡圆角

（3）单击【倒圆角】🖊，参照图 3-26 中的操作过程，分别完成锻模飞边槽底部内侧边线半径为"4.3"的过渡圆角及其槽底外侧边线以其侧面位于上表面的环状相切边线为驱动曲线实现【通过曲线】方式的过渡圆角，其结果如图 3-27 所示。

7. 隐藏曲线与曲面

单击【设置层、层项目和显示状态】🗇显示系统的层结构树，按住【Ctrl】键分别选取"03＿＿PRT_ALL_CURVES"、"06＿＿PRT_ALL_SURFS"，两次右键菜单分别选择【隐藏】及【保存状态】。

8. 保存文件

单击菜单【文件】|【保存副本…】🖫，以"FORGED_MOLD_VSS"作为文件名进行保存。再单击菜单【文件】|【删除】|【旧版本】，只保存模型的最新版本。

3.3

单级减速器箱盖

图 3-52 所示为单级减速器箱盖零件的造型，通过运用"拉伸"、"拔模"、"倒圆角"、"孔"、"阵列"、"镜像"等工具，使其三维建模过程简单、易于操作。对于减速器箱体、箱盖这类的铸、锻工艺成型的毛坯零件，其圆角过渡的处理是比较重要的环节，同时，拔模设置应位于圆角过渡之前完成。在倒圆角及拔模操作中，若需要选取的对象较多，采用以"目的边"或"目的曲面"的拾取方式能有效地加快建模过程。

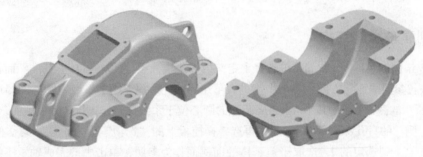

图 3-52 减速器箱盖零件的造型

1. 设置工作目录及新建零件文件

（1）设置工作目录。单击菜单【文件】|【设置工作目录】 🔁，在打开的"选取工作目录"对话框中，选取已建立的文件夹或单击工具条【新建文件夹】 📁 按键或右键菜单选择【新建文件夹】并重命名以作为 Pro/E 进行设计的工作目录，单击中键完成工作目录的设置。

（2）新建文件。单击菜【文件】|【新建】或单击【新建】 □ 按键，接受缺省文件类型为【零件】，子类型为【实体】，并键入 "REDUCING_GEAR_COVER" 作为新建文件的文件名，不勾选【使用缺省模板】复选框，单击对话框中的【确定】按键。在系统弹出的"新文件选项"对话框中双击 "mmns_part_solid" 模板文件，进入 Pro/E 零件设计工作界面。

（3）单击菜单【工具】|【选项】，系统弹出"选项"对话框，先在其左下方的"选项"输入栏中键入 "show_axes_for_extr_arcs" 并按【Enter】键确认后，再在"值"的下拉列表框中选取 "yes"，然后单击其右侧的【添加/更改】按键，最后单击【确定】按键完成系统配置选项的设置。此选项的作用是为新拉伸的圆弧创建轴线，方便减速器箱盖、箱体建模中孔的定位操作，减少基准特征的创建。

2. 箱盖基体的造型

（1）单击【拉伸】 🔩，右键菜单选择【定义内部草绘…】，选取 FRONT 基准平面作为草绘平面，接受缺省参照平面与方向，单击中键进入草绘界面，运用【线】 ＼ 及【圆心和端点】 ⌒ 绘制如图 3-53 所示的闭环截面草图，其中 R120mm 圆弧的圆心位于系统原点，单击 ✔ 完成截面草图的绘制。设置拉伸方式为【对称】并键入盲孔的深度值为 "96"，单击中键完成箱盖基体结构的造型，如图 3-54 所示。

（2）单击【倒圆角】 ⌒，选取图 3-54 中的上表面前后任一侧的边线（相切边线拾取其中之一即可），再按住【Ctrl】键选取另一侧的任一边线，键入倒圆角的半径值为 "15"，单击中键完成所选边线的过渡圆角的创建，如图 3-55 所示。

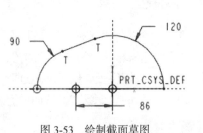

图 3-53　绘制截面草图

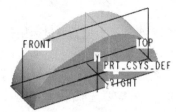

图 3-54　创建箱盖基体的造型

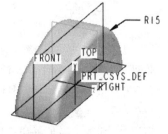

图 3-55　创建倒圆角过渡

3. 创建轴承座结构

（1）单击【拉伸】 🔩，右键菜单选择【定义内部草绘…】，选取 FRONT 基准平面作为草绘平面，接受缺省参照平面与方向，单击中键进入草绘界面，运用【线】 ＼ 及【圆心和端点】 ⌒ 绘制如图 3-56 所示的截面草图，其中 R65mm 圆弧的圆心位于系统原点，单击 ✔ 完成截面草图的绘制。键入"第 1 侧"的盲孔深度值为 "90"，再选择操控板上的"选项"面板，从"第 2 侧"的下拉列表框中选取【到选定的】，选取箱盖基体的前侧面作为参照，单击中键完成轴承座的创建，如图 3-57 所示。

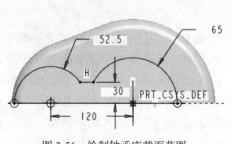

图 3-56　绘制轴承座截面草图

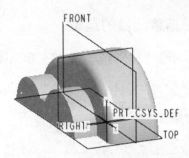

图 3-57　创建轴承座造型

上述操作中并未采用【对称】直接完成箱盖中两侧的轴承座结构，其原因是后续的创建拔模出现失败，但在箱体的建模中却是以这种方式完成轴承座的结构造型。

（2）单击【拔模】，将光标置于上述轴承座的圆柱表面处待其高亮后，右键两次直到轴承座的上部的三个表面高亮显示后再单击左键即可拾取拉伸体的侧面（目的曲面）以作为拔模曲面（也可按住【Ctrl】键的同时分别拾取轴承座的两个圆柱面与一个小平面），右键菜单选择【拔模枢轴】，选取轴承座的前侧面作为拔模基准平面，键入拔模角度值"10"（暂定值），单击操控板中的【反转角度以添加或去除材料】按键或黄色箭头使其为增加材料一侧，也即指向外侧，单击中键完成轴承座上部表面的拔模处理，如图 3-58 所示。

单击菜单【工具】|【关系…】，系统打开"关系"对话框，选取拔模的表面或直接在特征树中选取"斜度 1"特征，拾取图形中显示的拔模的特征尺寸"d38"，将其送入"关系"对话框的输入栏中，键入关系式"d38=atan(1/10)"，连续单击中键两次完成关系式的键入并关闭对话框，再选择菜单【编辑】|【再生】或单击【再生】按键使其模型更新，完成拔模斜度值的设置。在上述拔模角度值输入中，也可不用建立关系式而直接在角度输入框中键入函数式"atan(1/10)"，确认后单击中键即可。

在上述拔模面的拾取操作中，也可以将光标置于拔模面处，右键菜单选择【从列表中拾取】，在系统打开的"从列表中拾取"对话框中选取所列的对象来查看对应图元的显示，双击列表中相应的目的对象即可完成拾取操作。在过渡圆角创建中，也可采用相同的操作方式快速实现圆角对象的拾取。

（3）在特征树中，按住【Ctrl】键分别拾取轴承座的"拉伸 2"与"斜度 1"两个特征，单击菜单【编辑】|【镜像…】或单击【镜像】，再选取 FRONT 基准平面作为镜像平面，单击中键完成轴承座及其拔模斜度的镜像操作，如图 3-59 所示。

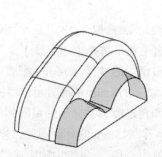

图 3-58　创建轴承座拔模斜度

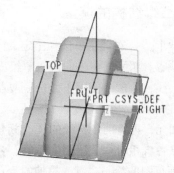

图 3-59　镜像轴承座及拔模斜度

4. 箱盖凸台的造型

（1）单击【拉伸】 ，右键菜单选择【定义内部草绘...】，选取 TOP 基准平面作为草绘平面，单击中键接受缺省参照平面与方向进入草绘界面，右键菜单选择【中心线】 于坐标系原点绘制一水平中心线，再绘制图 3-60 中的草图，其中的上侧为倒梯形 "⬜" 折线图元，将左、上、右三条折线的两个拐角进行圆角过渡并约束其半径相等，再通过【镜像】 完成截面中的下侧图元，标注并修改尺寸，单击 ✔ 完成截面草图的绘制。键入拉伸的盲孔深度值为 "45"，单击中键完成箱盖凸台的创建，如图 3-61 所示。

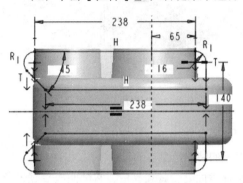

图 3-60 绘制凸台截面草图

（2）图 3-62 所示为箱盖左前侧凸台处的结构详图，从中可以看出轴承座因其上部表面拔模而加大的尺寸使其所在的结构未能被凸台完全融合，影响后续过渡圆角的创建。

切换过滤器的选择方式为【几何】，直接选取图 3-62 中的两个阴影面中的一个，从而将两个阴影面一次选取，操作时注意将视图进行适当的放大以便选取；也可在【智能】模式下选取拔模表面，先选图 3-62 中的两个阴影面中的一个，再重复选取一次即可拾取图 3-62 中的阴影面，用同样的方法选取相对称的另一侧的几何表面。选择菜单【编辑】|【移除...】 ，单击中键完成移除操作。

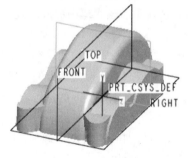

图 3-61 创建箱盖凸台

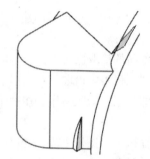

图 3-62 箱盖左前侧凸台处的结构详图

5. 箱盖凸缘结构的造型

单击【拉伸】 ，右键菜单选择【定义内部草绘...】，选取 TOP 基准平面作为草绘平面，单击中键接受缺省参照平面与方向进入草绘界面，右键菜单选择【中心线】 于坐标系原点处绘制一水平中心线，单击【使用】 分别复制凸台造型中的 4 个 *R*16mm 圆弧侧面的边线，再绘制图 3-63 中的草图，其中的左、右、上、下分别为与 *R*16mm 复制图元相切的 "("与 ")" 形折线与直线图元，再将两条折线的 4 个拐角进行圆角过渡，并分别约束同侧的圆角相等、两条竖直线的端点各自相对称，运用【拐角】 修剪 4 个 *R*16mm 的复制图元，标注并修改尺寸，单击 ✔ 完成截面草图的绘制。键入拉伸的盲孔深度值为 "12"，单击中键完成箱盖凸缘的创建，如图 3-64 所示。

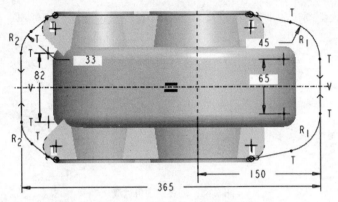

图 3-63　绘制箱盖凸缘的草图

6.　箱盖凸台侧面的拔模

单击【拔模】，将光标置于图 3-61 中的凸台侧面任一表面处待其高亮后，右键两次直到凸台的所有可见表面高亮显示，再单击左键即可拾取需拔模的侧面（目的曲面）以作为拔模曲面，右键菜单选择【拔模枢轴】，选取箱盖凸缘的上表面作为拔模基准平面，再次右键菜单选择【根据拔模枢轴分割】，选择操控板中"分割"面板，从"侧选项"下拉列表框中选择【只拔模第二侧】，将拔模基准平面即凸缘表面以下的部分不作拔模处理，键入凸台上部的拔模角度值"10"（暂定值），单击操控板中的【反转角度以添加或去除材料】按键或黄色箭头使其为去除材料一侧，也即指向里面，单击中键完成箱盖凸台侧面的拔模处理，如图 3-65 所示。与上述操作步骤一样，添加拔模斜度的关系式"d46=atan(1/20)"，确认后再生模型即可。

图 3-64　箱盖凸缘结构造型

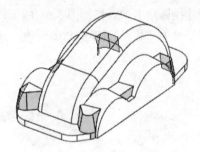

图 3-65　创建凸台的拔模斜度

7.　创建轴承座部分与箱盖凸台部分的过渡圆角

（1）单击【倒圆角】，将光标置于图 3-65 中的轴承座弧面与小平面的较短交线处（调整视图将其予以放大）待其高亮后，右键一次直到两条交线高亮显示后再单击左键即可拾取这一侧的两条交线（目的边），如图 3-66（a）所示；按住【Ctrl】键以同样的方法再拾取另一侧的两条交线以及箱盖凸台上部所有的可见边线（目的边），如图 3-66（b）所示，键入倒圆角的半径值为"4"，单击中键完成过渡圆角的创建。

（2）单击【倒圆角】，将光标置于图 3-66（b）中的轴承座弧面与箱盖凸台的交线处（最好是拾取中间的凸台靠近大弧面的交线）待其高亮后，右键一次直到一侧的所有交线高亮后单击左键拾取这一侧的交线（目的边），如图 3-67（a）所示，按住【Ctrl】键以同样的操作分别拾取箱盖凸台与箱盖凸缘的两条交线（调整视图将其适当放大），如图 3-67（b）所示；再拾取另一侧相对应的交线，键入倒圆角的半径值为"4"，单击中键完成过渡圆角的创建。

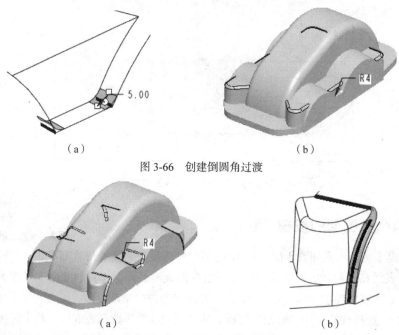

（a）
（b）

图 3-66 创建倒圆角过渡

（a）
（b）

图 3-67 创建倒圆角过渡

8. 创建箱盖轴承座部分、箱盖凸台部分、箱盖凸缘部分及箱盖基体部分之间的过渡圆角

选择【倒圆角】 🔧，按照图 3-68（a）～（e）中的顺序以"目的边"方式分别拾取倒圆角的边线完成半径为"4"的过渡圆角的创建，其结果如图 3-68（f）所示。

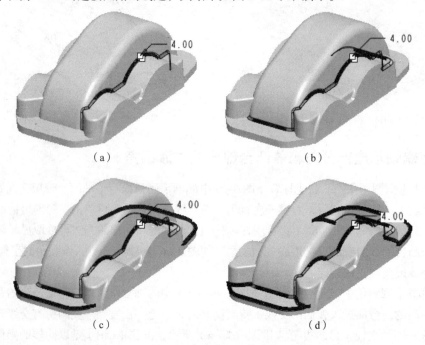

（a）
（b）

（c）
（d）

图 3-68 创建过渡圆角

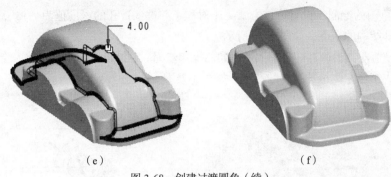

（e）　　　　　　　　　　　　　　（f）

图 3-68　创建过渡圆角（续）

9. 创建窥视孔凸台

（1）单击【拉伸】 ，右键菜单选择【定义内部草绘...】，选取箱盖基体上部的斜平面作为草绘平面，接受缺省参照平面，切换方向为【顶】，单击中键进入草绘界面，在系统弹出"参照"对话框后选取系统坐标系与该草绘平面左、右侧的两条边线（通过右键的方式拾取以获得图 3-69 中的两条竖直虚线）作为参照图元。运用【线】 在两条参照直线图元之间绘制一条过坐标系的直线并将其转换为几何图元，右键菜单选择【中心线】 过坐标系原点及上述的水平直线几何图元的中点处绘制正交的两条中心线。右键菜单选择【矩形】 绘制对称于中心线的矩形并修改尺寸，如图 3-69 所示，单击 完成截面草图的绘制。键入第 1 侧的盲孔深度值为"5"，再选择操控板上的"选项"面板，从"第 2 侧"的下拉列表框中选取【到选定的】，选取箱盖基体的下表面作为参照，单击中键完成窥视孔凸台的创建，如图 3-70 所示。

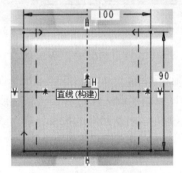

图 3-69　绘制矩形草图

图 3-70　创建窥视孔凸台

（2）单击【倒圆角】 ，以"目的边"方式拾取窥视孔凸台的四条拐角边线，修改倒圆角尺寸为"15"；再次以"目的边"方式拾取窥视孔凸台侧面与箱盖基体任一交线，修改倒圆角的尺寸为"4"，单击中键完成过渡圆角的创建，如图 3-71 所示。

10. 创建箱盖左、右侧的吊耳

（1）创建箱盖右侧的吊耳。单击【拉伸】 ，右键菜单选择【定义内部草绘...】，选取 FRONT 基准平面作为草绘平面，接受缺省参照平面与方向，单击中键进入草绘界面，单击菜单【草绘】|【参照...】 或右键菜单选择【参照】，选择箱盖基体的右侧弧面边线及箱盖凸缘上的过渡圆角的边线作为参照几何。绘制如图 3-72 所示的草图，其中直径为"18"的截面圆与 $R18mm$ 圆弧同心，切换过截面圆圆心与弧面正交的直线为几何图元，用于标注定位尺寸"15"，标注并修改尺寸，单

击✔完成截面草图的绘制。设置拉伸方式为【对称】并键入盲孔的深度值为 "15"，单击中键完成箱盖右侧吊耳结构的造型，如图 3-73 所示。

（2）创建箱盖左侧的吊耳。采用上述相同的操作步骤、草绘设置与盲孔尺寸，绘制图 3-74 中的截面草图完成箱盖左侧吊耳结构的造型，如图 3-75 所示。

图 3-71 创建窥视孔凸台的过渡圆角

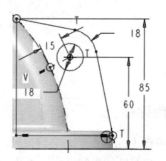

图 3-72 绘制右侧吊耳截面草图

图 3-73 创建箱盖右侧的吊耳

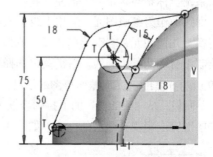

图 3-74 绘制左侧吊耳截面草图

（3）单击【拔模】 ，按住【Ctrl】键分别选取左、右吊耳的 4 个侧面作为拔模面，如图 3-76 中的阴影面所示，右键菜单选择【拔模枢轴】，选取箱盖凸缘的上表面作为拔模基准平面，键入拔模角度值为 "5"（暂定值），单击操控板中的【反转角度以添加或去除材料】 按键或黄色箭头使其为去除材料一侧，也即指向里面，单击中键完成箱盖左、右两吊耳的拔模处理。添加拔模斜度的关系式 "d68=atan(1/20)"，确认后再生模型即可。

图 3-75 创建箱盖左侧的吊耳

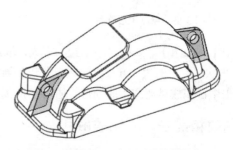

图 3-76 创建左、右吊耳的拔模斜度

（4）单击【倒圆角】 ，按住【Ctrl】键分别拾取箱盖左、右吊耳穿孔四条边线，键入倒圆角的半径尺寸为 "3"；按住【Ctrl】键分别拾取箱盖左、右吊耳与箱盖基体和箱盖凸缘交线，键入倒圆角的半径尺寸为 "4"，如图 3-77（a）所示；按住【Ctrl】键分别拾取箱盖左、右吊耳外侧四条边线，键入倒圆角的半径尺寸为"3"，如图 3-77（b）所示，单击中键完成所选边线的过渡圆角的创建。

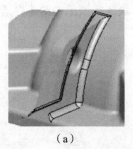 

（a）　　　　　　　　　　　（b）

图 3-77　创建凸耳边线的过渡圆角

11. 创建箱盖内腔结构

（1）单击【拉伸】🗗，分别右键菜单选择【去除材料】及【定义内部草绘…】，选取 FRONT 基准平面作为草绘平面，接受缺省参照平面与方向，单击中键进入草绘界面，绘制如图 3-78 所示的开放草图，标注并修改尺寸，单击✔完成截面草图的绘制。设置拉伸方式为【对称】并键入盲孔的深度值为"80"，单击中键完成箱盖内腔结构的造型，如图 3-79 所示。

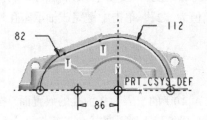 

图 3-78　绘制箱盖内腔草图　　　　　　图 3-79　创建箱盖内腔结构

（2）加工飞溅润滑的油路。单击【边倒角】🖊，按住【Ctrl】键分别选取箱盖内腔位于凸缘接合面的左、右两条边线，键入倒角距离值为"11"，单击中键完成飞溅润滑油路的加工，如图 3-79 所示。

（3）创建箱盖内腔顶部两条边线半径为"6"的过渡圆角，如图 3-79 所示。

12. 创建窥视孔

单击【拉伸】🗗，分别右键菜单选择【去除材料】及【定义内部草绘…】，选取窥视孔凸台上表面作为草绘平面，接受缺省参照平面与方向，单击中键进入草绘界面，在系统弹出"参照"对话框后直接单击【使用】⬚右侧的箭头▶选取【偏移】⬚，确认"缺少参照"的提示，选择使用偏距边类型为【环】再拾取窥视孔凸台的上表面，输入偏距值"−15"（向里）并确认，右键菜单选择【圆角】↳对偏距图元的尖角进行半径为"4"的圆角过渡并对四个圆角添加【相等】＝，如图 3-80（a）所示，单击✔完成截面草图的绘制。设置拉伸方式为【穿透】或【到下一个】，单击中键完成箱盖窥视孔结构的造型，如图 3-80（b）所示。

13. 加工轴承座孔

（1）选择【基准轴开/关】🖊按键以使圆柱的中心轴显示在图形中。单击【孔】🔟，选取箱盖轴承座前侧面作为孔的放置面,按住【Ctrl】键的同时再选取基准轴 A_4 或 A_20(大轴承座)作为定位基准。接受操控板上默认的【创建简单孔】 及【使用预定义矩形作为钻孔轮廓】 方式,输入孔的直径尺寸为"85",右键孔的深度控制滑块选择菜单中的【穿透】,单击中键完成大轴承座孔的加工,如图 3-81 所示。

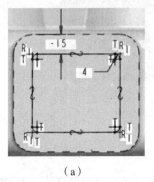
(a)

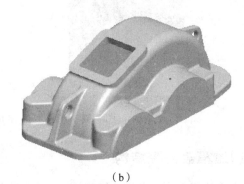
(b)

图 3-80 创建窥视孔

(2)以同样的方式选择基准轴 A_3 或 A_19(小轴承座)作为定位基准,键入孔的直径尺寸为"62",完成小轴承座孔的加工,如图 3-81 所示。

(3)单击【边倒角】 ,拾取任一轴承座孔外侧的边线,按住【Ctrl】键再分别拾取大、小轴承座孔的其他三条相对应的边线,修改倒角距离值为"2",单击中键完成轴承座孔外侧边线的倒角,如图 3-81 所示。

14. 加工箱盖凸台螺栓孔

(1)单击【孔】 ,选取箱盖右前侧凸台(轴 A_10)的上表面作为孔的放置面,按住【Ctrl】键的同时再选取轴基准轴 A_10 作为定位基准。接受操控板上默认的【创建简单孔】 ,选择操控板上【使用标准孔轮廓作为钻孔轮廓】 方式以及【添加沉孔】 按键,打开"形状"面板,输入孔的直径尺寸为"13"、沉孔的直径为"26"、沉孔深度为"2",选择钻孔的深度为【穿透】,单击中键完成凸台螺栓孔的加工,如图 3-82 所示。

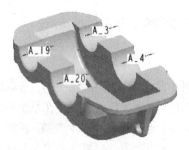

图 3-81 加工轴承座孔

图 3-82 加工凸台螺栓孔

(2)按照上述孔的设置以基准轴 A_9 作为定位基准完成左前侧凸台螺栓孔的加工,如图 3-82 所示。

(3)单击【孔】 ,选取箱盖前侧中间凸台的上表面作为孔的放置面,将两个偏移参照控制滑块分别拖至 FRONT 基准平面与基准轴 A_3 或 A_19 上,键入其定位尺寸分别为"70"、"54",如图 3-83 所示,孔径设置同上,单击中键完成螺栓孔的加工。

（4）从特征树中，按住【Shift】键，分别拾取轴承座的"孔3"与"孔5"之间的三个特征，单击菜单【编辑】|【镜像…】或单击【镜像】╳，再选取FRONT基准平面作为镜像平面，单击中键完成箱盖凸台三个螺栓孔的镜像，如图3-84所示。

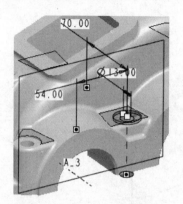

图3-83　凸台螺栓孔的定位与尺寸

图3-84　镜像凸台螺栓孔

15. 加工箱盖凸缘连接螺栓孔

操作方法同上述箱盖前侧中间凸台螺栓孔的加工。以箱盖凸缘右前侧的上表面作为加工面，定位基准分别为FRONT基准平面和图3-82中的凸台基准轴A_10，相应的定位尺寸分别为"32.5"、"69"，沉孔的直径与沉孔深度及孔径分别为"24"、"2"、"11"。运用镜像工具完成另一孔的加工，其结果如图3-85所示。

16. 加工箱盖凸缘定位锥销孔

（1）单击【孔】╥，以箱盖凸缘右前侧的上表面作为加工面，定位基准分别为FRONT基准平面和图3-81中的轴承座的基准轴A_4或RIGHT基准平面，相应的定位尺寸分别为"70"、"100"。接受操控板上默认【创建简单孔】▫，选取【使用草绘定义钻孔轮廓】按键，打开【激活草绘器以创建剖面】按键进入草绘界面，绘制图3-86（a）中的旋转截面，单击✔完成草图的绘制，单击中键完成定位锥销孔的加工，如图3-86（b）所示。

图3-85　加工箱盖凸缘连接螺栓孔

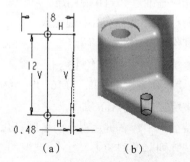

图3-86　加工定位销孔

（2）运用复制的方式完成箱盖凸缘左后侧处的定位锥销孔的加工。选取图3-86（b）中的孔特征，选择【复制】再激活【选择性粘贴】，系统弹出"选择性粘贴"对话框，选取【完全从属于要改变的选项】单选项，勾选【对副本应用移动/旋转变换】复选框，如图3-87所示，确定后接受默认的【沿选定参照平移特征】↔，选取RIGHT基准平面作为方向参照，按住图3-86

中的孔的控制滑块向左侧拖动，键入平移值为"292"；右键菜单选择【New Move】，再次接受平移的方式 ↔，选择 FRONT 基准平面作为方向参照，按住控制滑块向吊耳一侧移动，键入平移值为"100"，单击中键实现定位锥销孔的移动复制，如图 3-88 所示。

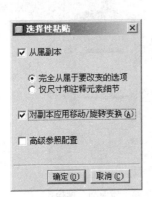

图 3-87　"选择性粘贴"对话框

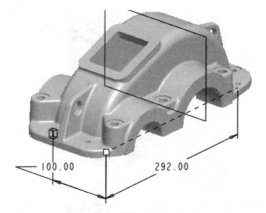

图 3-88　加工定位锥销孔与起盖螺钉孔

17.　加工起盖螺钉孔

单击【孔】，选择箱盖凸缘左前侧的上表面作为加工面，定位基准分别为 FRONT 基准平面和图 3-81 中的轴承座的基准轴 A_3，相应的定位尺寸分别为"35"、"72"。选择操控板上【创建标准孔】，【添加攻丝】按键被激活，接受"设置标准孔的螺纹类型"为"ISO"，从"输入螺钉尺寸"列表栏中选取"M10×1.25"规格的螺纹，设置螺纹加工深度为【穿透】，若必要的话，在"注释"面板中不勾选【添加注释】复选框，单击中键完成螺钉孔的加工，如图 3-88 所示。

18.　加工窥视孔盖连接螺钉孔

（1）单击【孔】，选择窥视孔凸台上表面的左前侧作为加工面，其中一个定位基准为 FRONT 基准平面，另一个定位基准按如下方法来创建：在单击【平面】后再次单击【点】，选取窥视孔上表面倾斜的边线，在"基准点"对话框中修改"偏移"值为"0.5"并按【Enter】确认，单击中键即可完成基准点 PNT0 的创建，以此点来定义其基准平面的位置，再按住【Ctrl】键选取基准点 PNT0 所在的边线，单击中键完成过基准点 PNT0 并垂直于该边线的法向平面的创建并再次单击中键将其作为定位平面，两定位基准相应的定位尺寸分别为"35"、"40"。选择操控板上【创建标准孔】方式，【添加攻丝】按键被激活，接受"设置标准孔的螺纹类型"为"ISO"，从"输入螺钉尺寸"列表栏中选取"M6×1"规格的螺纹，设置螺纹钻孔深度值为"15"，如图 3-89 所示，单击中键完成螺钉孔的加工。

（2）在特征树中，右键窥视孔凸台螺钉孔"孔 10"特征，从快捷菜单中选择【阵列...】，接受默认的"阵列"类型为【尺寸】，选取图 3-89 中的定位尺寸"40"，键入阵列增量为"-80"并确认后，接受操控板上"输入第一方向的阵列成员数"为"2"；再激活"第二方向的阵列尺寸"收集框，选取图 3-89 中的定位尺寸"35"，键入阵列增量为"-70"并确认后，接受操控板上"输入第二方向的阵列成员数"为"2"，单击中键完成孔的阵列操作，如图 3-90 所示。

"孔 10"特征包含有基准点 PNT0 与基准平面 DTM2，这两个特征并非"孔 10"的内部特征，而是嵌入在特征中并且自动隐藏，属于"异步特征"，如果后续需要使用基准点 PNT0 与基准平面

DTM2，可将其拖至"孔10"特征的外部。恰当地运用"异步特征"可减少特征树中的特征数量，使特征树节点更清晰。

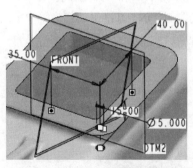

图 3-89　窥视孔凸台螺钉孔的定位

图 3-90　阵列螺钉孔

19. 加工轴承座连接轴承端盖的螺钉孔

（1）确认【基准轴开/关】 按键处于激活状态。单击【孔】 ，选择小轴承座的右前侧面作为加工面，如果需要可拖动孔径的滑块至适当位置以调整孔径的大小。将两个偏移参照控制滑块分别拖至基准轴 A_3（见图 3-91）与箱盖凸缘的接合面上，右键两个定位控制滑块中的任一个，选择快捷菜单中的【直径】，键入孔的分度圆直径、孔中心角度（一半值）分别为"85"和"30"，如图 3-91 所示。选择操控板上【创建标准孔】 ，【添加攻丝】 按键被激活，接受"设置标准孔的螺纹类型"为"ISO"，从"输入螺钉尺寸"列表栏中选取"M8×1.25"规格的螺纹，设置钻孔深度值为"21"，若必要，在"注释"面板中不勾选【添加注释】复选框，单击中键完成螺钉孔的加工，如图 3-92 所示。

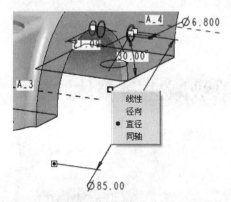

图 3-91　轴承座连接轴承端盖的螺钉孔的定位

图 3-92　加工螺钉孔

（2）采用与上述操作相同的步骤，其加工面为大轴承座的前左侧面，定位参照分别为基准轴 A_4 和箱盖凸缘的接合面，分别修改孔的分度圆直径、孔中心角度（一半值）为"110"和"30"，螺钉孔规格尺寸同上，完成大轴承座左前侧面的螺钉孔的加工，如图 3-92 所示。

（3）在特征树中，右键图 3-91 所对应的"孔 11"特征，从快捷菜单中选择【阵列...】，从操控板中的"阵列"类型下拉列表框中选择【轴】为阵列方式，再选取基准轴 A_3 作为阵列中心轴，分别键入"输入第一方向的阵列成员数"为"3"、"输入阵列成员间的角度"为"60"，单击中键完成孔的阵列操作，其结果如图 3-93 所示。

（4）选取 A_4 作为阵列中心轴并单击【反向阵列的角度方向】✗按键，完成"孔 12"的相应个数与角度的阵列操作，其结果如图 3-93 所示。

（5）从特征树中，按住【Ctrl】键分别选取"阵列 2/孔 11"和"阵列 3/孔 12"两个特征，单击菜单【编辑】|【镜像…】或单击【镜像】)|(，再选取 FRONT 基准平面作为镜像平面，单击中键完成轴承座连接轴承端盖的螺钉孔的镜像，如图 3-94 所示。

图 3-93　阵列螺钉孔

图 3-94　镜像螺钉孔

20.　隐藏基准轴

单击【设置层、层项目和显示状态】⧼显示系统的层结构树，选取 "02___PRT_ALL_AXES"，两次右键菜单分别选择【隐藏】及【保存状态】。

21.　保存文件

单击菜单【文件】|【保存】◻完成"单级减速器箱盖"模型的创建。若已保存过文件，再单击菜单【文件】|【删除】|【旧版本】，只保存模型的最新版本。

3.4

单级减速器箱体

图 3-95 所示为减速器箱体零件的造型，其三维建模过程与减速器箱盖基本相同。

1.　设置工作目录及新建零件文件

（1）设置工作目录。单击菜单【文件】|【设置工作目录】⧼，在打开的"选取工作目录"对话框中，选取已建立的文件夹或单击工具条【新建文件夹】◻按键或右键菜单选择【新建文件夹】并重命名以作为 Pro/E 进行设计的工作目录，单击中键完成工作目录的设置。

图 3-95　减速器箱体零件的造型

（2）新建文件。单击菜单【文件】|【新建】或单击【新建】◻按键，接受缺省文件类型为【零件】，其子类型为【实体】，并键入 "REDUCING_GEAR_BODY"作为新建文件的文件名，不勾选【使用缺省模板】复选框，单击对话框中的【确定】按键。在系

统弹出"新文件选项"对话框中双击"mmns_part_solid"模板文件后进入 Pro/E 零件设计工作界面。

（3）单击菜单【工具】|【选项】，系统弹出"选项"对话框，先在其左下方的"选项"输入栏中键入"show_axes_for_extr_arcs"并按【Enter】键确认后，再在"值"的下拉列表框中选取"yes"，然后单击其右侧的【添加/更改】按键，最后单击【确定】按键完成系统配置选项的设置。此选项的作用是为新拉伸的圆弧创建轴线，方便减速器箱盖、箱体建模中孔的定位操作，减少基准特征的创建。

2. 箱体基体的造型

单击【拉伸】 ，右键菜单选择【定义内部草绘...】，选取 RIGHT 基准平面作为草绘平面，接受缺省参照平面并切换方向为【顶】，单击中键进入草绘界面，右键菜单选择【中心线】 于坐标系原点处绘制一竖直中心线，右键菜单选择【矩形】 按照图 3-96 中的位置分别绘制对称于中心线的三个矩形，选择【删除段】 修剪"96×135"、"180×20"、"60×5"矩形中重复、多余的图元，标注并修改尺寸，如图 3-96 所示，单击 完成截面草图的绘制。设置拉伸方式为【对称】并键入盲孔的深度值为"296"，单击中键完成箱体基体结构的造型，如图 3-97 所示。

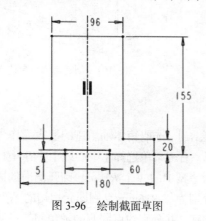

图 3-96　绘制截面草图

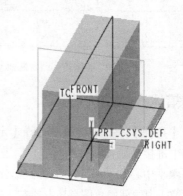

图 3-97　创建箱盖基体的造型

3. 创建轴承座结构

单击【拉伸】 ，右键菜单选择【定义内部草绘...】，选取 FRONT 基准平面作为草绘平面，单击中键接受缺省参照平面与方向进入草绘界面，单击菜单【草绘】|【参照...】 或右键菜单选择【参照】，选择箱体基体的上表面边线作为参照几何。运用【线】 及【圆心和端点】 绘制如图 3-98 所示的闭环截面草图，单击 完成截面草图的绘制。设置拉伸方式为【对称】并键入盲孔的深度值为"180"，单击中键完成箱体轴承座结构的造型，如图 3-99 所示。

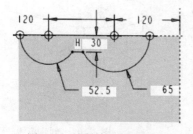

图 3-98　绘制轴承座截面草图

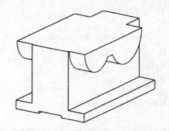

图 3-99　创建轴承座造型

4. 箱体凸台的造型

单击【拉伸】🗂，右键菜单选择【定义内部草绘…】，选取图 3-99 中的轴承座的接合面即上表面作为草绘平面，单击中键接受缺省参照平面与方向进入草绘界面，右键菜单选择【中心线】┆于坐标系原点绘制一水平中心线，再绘制图 3-100 中的截面草图，其中的上侧为倒梯形"◻"折线图元，将左、上、右三条折线的两个拐角进行圆角过渡并约束其半径相等，再通过【镜像】🔌完成截面中的下侧图元，标注并修改尺寸，单击✔完成截面草图的绘制。键入拉伸的盲孔深度值为"45"，单击拉伸生长方向箭头使其向下，单击中键完成箱体凸台结构的创建，如图 3-101 所示。

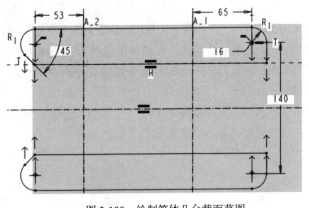

图 3-100   绘制箱体凸台截面草图

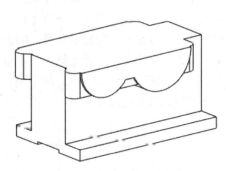

图 3-101   创建箱体凸台结构

5. 箱体凸缘结构造型

单击【拉伸】🗂，右键菜单选择【定义内部草绘…】，选取箱体轴承座的上表面作为草绘平面，单击中键接受缺省参照平面与方向进入草绘界面，右键菜单选择【中心线】┆于坐标系原点处绘制一水平中心线，单击【使用】◻分别复制凸台造型中的 4 个 R16mm 圆弧侧面的边线，再绘制图 3-102 中的截面草图，其中的左、右、上、下分别为与 R16mm 复制图元相切的"⟮"与"⟯"形折线与直线图元，再将折线的 4 个拐角进行圆角过渡，并分别约束同侧的圆角相等、两条竖直线的端点各自相对称，运用【拐角】⎳修剪 4 个 R16mm 的复制图元，标注并修改尺寸，单击✔完成截面草图的绘制。键入拉伸的盲孔深度值为"12"，拉伸方向向下，单击中键完成箱体凸缘结构的创建，如图 3-103 所示。

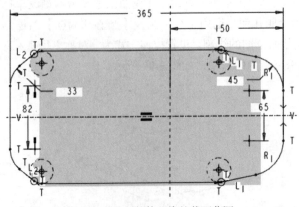

图 3-102   绘制箱体凸缘的截面草图

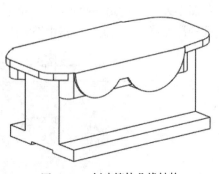

图 3-103   创建箱体凸缘结构

6. 创建轴承座下表面的拔模斜度

（1）创建前侧轴承座下表面的拔模斜度。单击【拔模】，将光标置于箱体前侧轴承座的下方圆柱表面处待其高亮后，右键两次直到轴承座的所有侧面（前面与后面）高亮显示后再单击左键即可拾取拉伸体的侧面（目的曲面）以作为拔模曲面（当然也可按住【Ctrl】键的同时分别拾取轴承座下方的两圆柱面与一个小平面），右键菜单选择【拔模枢轴】，选取轴承座的前侧面作为拔模基准平面，打开操控板中"选项"面板单击"排除环"收集器，分别选取后侧轴承座下部的两个圆柱面与一个小平面不作为拔模面，如图 3-104 所示，键入拔模角度值"6"（暂定值），调整操控板中的【反转角度以添加或去除材料】按键使其为增加材料一侧，也即指向后侧，单击中键完成轴承座下部表面的拔模处理，如图 3-105 中的阴影部分所示。上述拔模斜度的操作中激活"排除环"是一个很好的应用实例。

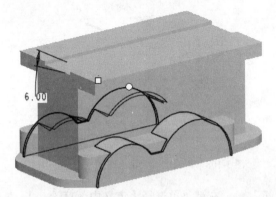

图 3-104　拔模操作中选取后侧轴承座三个表面作为排除环

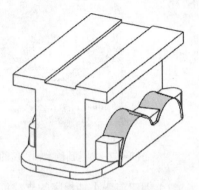

图 3-105　创建前侧轴承座下表面的拔模

单击菜单【工具】|【关系…】，系统打开"关系"对话框。选取拔模的表面或直接在特征树中选取"斜度 1"特征，拾取图形中显示的拔模斜度的特征尺寸"d38"，将其送入"关系"对话框的输入栏中，键入关系式"d38=atan(0.1)"，连续单击中键两次确认并关闭对话框后单击菜单【编辑】|【再生】或选取【再生】按键使其模型更新，完成拔模斜度值的设置。

（2）创建后侧轴承座下表面的拔模斜度。分别拾取箱体后侧轴承座相应的下表面作为拔模面，其后侧面作为拔模枢轴，以与上述步骤相同的斜度值完成其拔模斜度的创建。

7. 箱体凸台侧面的拔模

单击【拔模】，将光标置于箱体凸台侧面任一表面处待其高亮后，右键两次直到凸台的所有可见表面高亮显示，再单击左键即可拾取需拔模的侧面（目的曲面）以作为拔模曲面，右键菜单选择【拔模枢轴】，选取箱体凸缘的下表面作为拔模基准平面，再次右键菜单选择【根据拔模枢轴分割】，选择操控板中"分割"面板，从"侧选项"下拉列表框中选择【只拔模第一侧】，将拔模基准平面即凸缘表面以上的部分不作拔模处理，键入凸台下部的拔模角度值"10"（暂定值），调整操控板中的【反转角度以添加或去除材料】按键使其为去除材料一侧，也即指向里面，单击中键完成箱体凸台侧面的拔模处理，如图 3-106 所示。

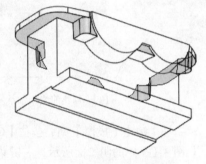

图 3-106　创建凸台的拔模斜度

与上述操作步骤一样，添加拔模斜度的关系式"d42=atan(1/20)"，确认后再生模型即可。

8. 创建前侧轴承座的支撑筋

（1）创建前侧大轴承座的支撑筋。单击【筋】◢，右键菜单选择【定义内部草绘...】，选择【平面】◻，按住【Ctrl】键分别选择 RIGHT 基准平面与基准轴 A_1（大轴承座的几何轴线）创建平行平面 DTM1 作为草绘平面，选择 TOP 基准平面作为参照平面，切换方向为【顶】，单击中键进入草绘界面，单击菜单【草绘】|【参照...】◻或右键菜单选择【参照】，选择大轴承座拔模面的边线与箱座上表面边线作为参照几何。右键菜单选择【线】◣绘制一条竖直线，标注筋板的深度尺寸为"40"，如图 3-107 所示，单击✔完成草图的绘制。调整筋板的生长方向指向内侧，调整筋板的厚度与草绘平面为对称。键入筋板厚度尺寸为"6"并按【Enter】键，单击中键完成筋板的创建，如图 3-108 所示。

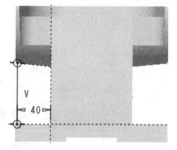
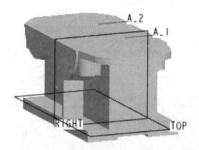

图 3-107 创建前侧大轴承座的筋板草图　　　图 3-108 创建前侧大轴承座的支撑筋

（2）创建前侧小轴承座的支撑筋。单击【筋】◢，右键菜单选择【定义内部草绘...】，选择【平面】◻，按住【Ctrl】键分别选择 RIGHT 基准平面与基准轴 A_2（小轴承座的几何轴线）创建平行平面 DTM2 作为草绘平面，选择 TOP 基准平面作为参照平面，切换方向为【顶】，单击草绘视图方向的黄色箭头使其反向，单击中键进入草绘界面，单击菜单【草绘】|【参照...】◻或右键菜单选择【参照】，选择小轴承座拔模面的边线与箱座上表面边线以及图 3-108 中筋的侧面边线作为参照几何。右键菜单选择【线】◣在图 3-109 中筋的侧面边线处绘制一条竖直线，单击✔完成草图的绘制。调整筋板的生长方向指向内侧，调整筋板的厚度与草绘平面为对称。键入筋板厚度尺寸为"6"并按【Enter】键，单击中键完成筋板的创建，如图 3-110 所示。

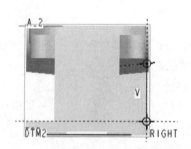
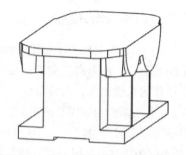

图 3-109 创建前侧小轴承座的筋板草图　　　图 3-110 创建前侧小轴承座的支撑筋

（3）单击【拔模】◢，按住【Ctrl】键分别选取上述两个筋板左、右共四个侧面作为拔模面，如图 3-111 中的阴影面所示，右键菜单选择【拔模枢轴】，选取筋板的外侧面作为拔模基准平面，键入拔模角度值"5"（暂定值），单击操控板中的【反转角度以添加或去除材料】◢按键使其为去除增加一侧，也即指向外侧，单击中键完成两筋板侧面的拔模处理，如图 3-112 所示。添加拔模斜度的关系式 "d109=atan(1/20)"，确认后再生模型即可。

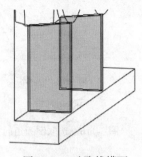
图 3-111　选取拔模面

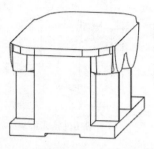
图 3-112　筋板的拔模与镜像

（4）在特征树中，按住【Shift】键分别选取轴承座的 "筋 1" 与 "斜度 4" 之间的三个特征，单击菜单【编辑】|【镜像…】或单击【镜像】，再选取 FRONT 基准平面作为镜像平面，单击中键完成轴承座的两筋板及其拔模斜度的镜像，如图 3-112 所示。

9．创建过渡圆角

（1）创建箱体基体部分的过渡圆角。单击【倒圆角】，按住【Ctrl】键，先选取图 3-113 中的箱座的四条侧向边线，键入倒圆角的半径尺寸为 "20"；选取图 3-114（a）中的箱座底部中间的两条边线之一，按住【Ctrl】再选取相应的另一条边线以及箱座上表面所有的边线，键入倒圆角的半径尺寸为 "5"；拾取图 3-114（b）中的箱体基体侧面的四条边线之一，按住【Ctrl】键再拾取相应的其他三条边线，键入倒圆角的半径尺寸为 "15"，单击中键完成所选边线的过渡圆角的创建，如图 3-115 所示。

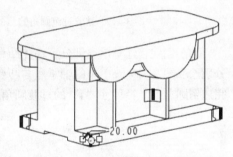
图 3-113　选取创建倒圆角的四条边线

（2）创建轴承座部分与箱体凸台部分的过渡圆角。单击【倒圆角】，将光标置于箱体的轴承座弧面与小平面的较短交线处（调整视图将其适当予以放大）待其高亮后，右键一次直到四条交线高亮显示后再单击左键即可拾取这四条交线（目的边），如图 3-116 所示；按住【Ctrl】键以同样的方法再选取箱体凸台下部所有的可见边线（目的边），如图 3-117 所示，修改圆角的半径为 "4"，单击中键完成过渡圆角的创建，如图 3-118 所示。

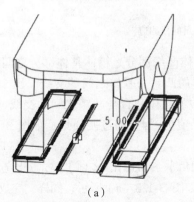
（a）

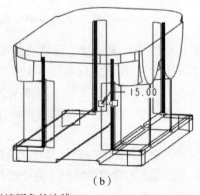
（b）

图 3-114　选取创建过渡圆角的边线

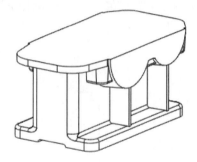

图 3-115　创建过渡圆角

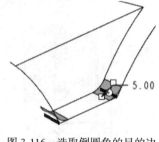

图 3-116　选取倒圆角的目的边

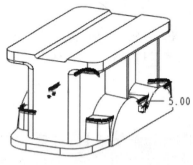

图 3-117　选取过渡圆角的目的边

图 3-118　创建过渡圆角

（3）创建箱体轴承座部分、箱体凸台部分、箱座部分之间的过渡圆角。以"目的边"的方式分别选取图 3-119（a）中的轴承座与凸台的交线和图 3-119（b）中的轴承座与箱体凸缘处的交线完成倒圆角的半径尺寸"4"的过渡圆角，如图 3-120 所示。

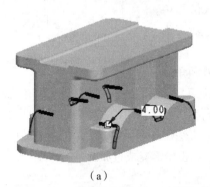

（a）

（b）

图 3-119　选取过渡圆角的目的边

（4）创建箱体轴承座部分、箱体凸台部分、箱体凸缘部分、箱体基体部分之间的过渡圆角。以"目的边"方式分别选取图 3-121 中的箱体的凸台与基体之间的交线、图 3-122（a）中的箱体基体与凸缘之间的交线、图 3-122（b）中的箱体凸台与凸缘之间的交线、图 3-122（c）中箱体凸缘下表面的边线，完成倒圆角的半径值为"4"的过渡圆角，如图 3-122（d）所示。

（5）创建筋板外侧面的完全倒圆角。单击【倒圆角】　，按住【Ctrl】键，分别选取任一筋板外侧的两条边线，右键菜单选择【完全倒圆角】，如图 3-123（a）所示；同样，完成其他三个筋板侧面边线的选取，单击中键完成完全倒圆角集的创建，如图 3-123（b）所示。

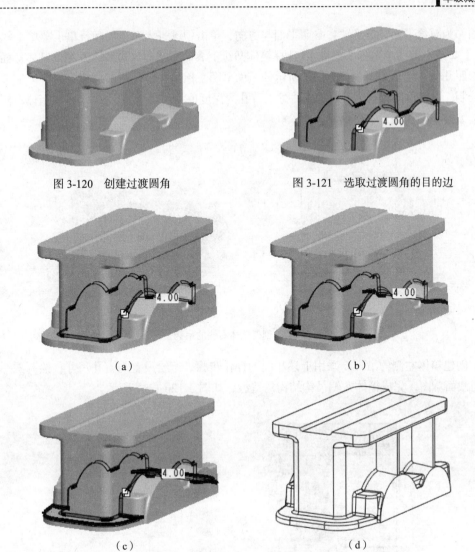

图 3-120　创建过渡圆角　　　　　　图 3-121　选取过渡圆角的目的边

（a）　　　　　　　　　　　　　　　　（b）

（c）　　　　　　　　　　　　　　　　（d）

图 3-122　选取目的边与创建过渡圆角

（6）如图 3-124 所示，完成筋板与箱体轴承座、基体及箱座之间的交线的过渡圆角。

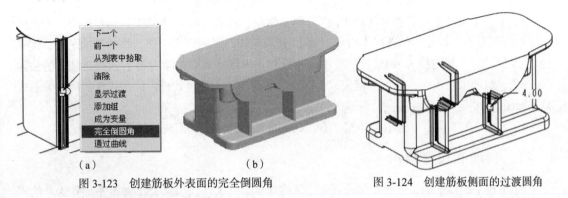

（a）　　　　　　　　　　　（b）

图 3-123　创建筋板外表面的完全倒圆角　　　　图 3-124　创建筋板侧面的过渡圆角

10. 创建箱体的吊钩

（1）创建箱体右侧的吊钩。单击【拉伸】，右键菜单选择【定义内部草绘...】，选取 FRONT

基准平面作为草绘平面，接受缺省参照平面与方向，单击中键进入草绘界面，单击菜单【草绘】|【参照...】 □或右键菜单选择【参照】，选择箱体凸缘上表面与侧面的边线以及箱体基体侧面的边线作为参照几何，绘制如图3-125（a）所示的截面草图，标注并修改草图尺寸，单击 ✔ 完成截面草图的绘制。设置拉伸方式为【对称】并键入盲孔的深度值为"20"，单击中键完成箱体右侧吊钩结构的造型，如图3-125（b）所示。

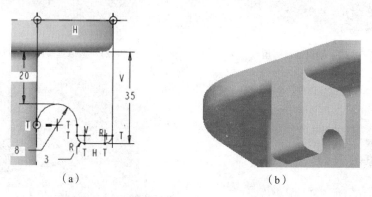

（a）	（b）

图 3-125　创建箱体右侧的吊钩

（2）创建箱体左侧的吊耳。采用上述相同的操作步骤、草绘设置与盲孔尺寸，绘制图 3-126（a）中的截面草图，完成箱体左侧吊钩结构的造型，如图3-126（b）所示。

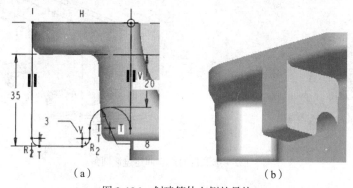

（a）	（b）

图 3-126　创建箱体左侧的吊钩

（3）单击【拔模】 ⟋⟍ ，按住【Ctrl】键分别选取左、右吊钩的 4 个侧面作为拔模面，参见图3-127中的阴影面，右键菜单选择【拔模枢轴】，选取箱体凸缘的下表面作为拔模基准平面，键入拔模角度值"3"（暂定值），调整操控板中的【反转角度以添加或去除材料】 ⟋⟋ 按键使其为去除材料一侧，也即指向里面，单击中键完成吊钩左、右两吊钩的拔模处理。添加拔模斜度的关系式"d136=atan(1/20)"，确认后再生模型即可。

（4）如图3-128所示，选取箱体左、右吊钩侧面边线及其交线完成过渡圆角的创建。

11.　创建油尺座结构

（1）单击【旋转】 ◈ ，右键菜单选择【定义内部草绘...】，选取 FRONT 基准平面作为草绘平面，单击中键接受缺省参照进入草绘界面，单击菜单【草绘】|【参照...】 □或右键菜单选择【参照】，选择箱座基体左前侧面边线作为参照几何，右键菜单选择【中心线】 ┆ 在箱体左侧绘制一倾斜的中心线，在位于中心线的左下侧绘制一矩形，过矩形右上部的端点和参照图元之间绘制一

垂直于中心线的直线，并将其转换成几何图元以用于标注定位尺寸，如图 3-129 所示，标注并修改草图尺寸，单击✔完成截面草图的绘制。接受缺省的旋转角度值为"360"，单击中键完成箱体油尺座结构的部分造型，如图 3-130 所示。

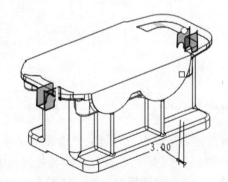

图 3-127　创建左、右吊钩的拔模斜度

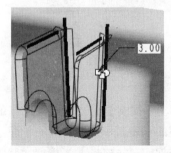

图 3-128　创建吊钩侧面边线过渡圆角

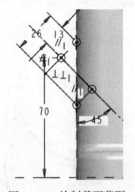

图 3-129　绘制截面草图

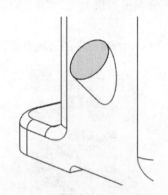

图 3-130　创建箱体油尺座的部分结构

（2）单击【拉伸】，右键菜单选择【定义内部草绘...】，选取图 3-130 中的油尺座上表面即图中的阴影面作为草绘平面，选取 FRONT 基准平面作为参照平面，切换方向为【右】，单击中键进入草绘界面，系统弹出"参照"对话框，选取图 3-130 中的圆柱侧面边线作为参照几何，右键菜单选择【矩形】，自左向右上方向绘制过参照对象的矩形，并使矩形与参照对象相切，如图 3-131 所示，单击✔完成截面草图的绘制。单击拉伸生长箭头使其向下，设置拉伸方式为【到选定的】，选取箱座的上表面作为参照，单击中键完成箱体油尺座的造型，如图 3-132 所示。

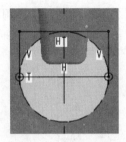

图 3-131　绘制矩形草图

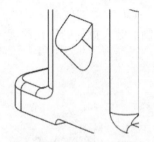

图 3-132　箱体油尺座造型

完成图 3-132 中的油尺座造型也可以下列方法操作：首先在 FRONT 基准平面上绘制如图 3-133（a）所示的草图，图中用于标注尺寸"13"的图元为几何图元，然后创建过 45°斜线的上端点的法平面，以该平面作为草绘面绘制如图 3-133（b）的截面草图进行拉伸完成油尺座造型。

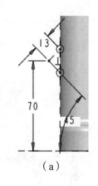
（a）

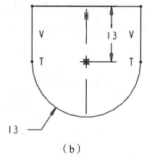
（b）

图 3-133　绘制截面草图

（3）单击【拔模】 ，选取油尺座的旋转侧面作为拔模面，右键菜单选择【拔模枢轴】，选取油尺座的上表面作为拔模基准平面，键入拔模角度值"5"（暂定值），调整操控板中的【反转角度以添加或去除材料】 按键使其为增加材料一侧，也即指向外侧，如图 3-134 所示，单击中键完成油尺座侧面的拔模处理。添加拔模斜度关系式"d154=atan(1/10)"，确认后再生模型即可。

（4）选取图 3-135 中的油尺座的边线完成其过渡圆角的创建。

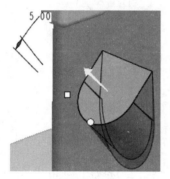

图 3-134　创建油尺座的拔模斜度

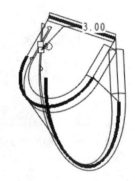

图 3-135　创建油尺座棱线的过渡圆角

12. 创建放油孔凸台

（1）单击【拉伸】 ，右键菜单选择【定义内部草绘…】，选取箱体基体左侧表面作为草绘平面，选取 TOP 基准平面作为参照平面，切换方向为【顶】，单击中键进入草绘界面，在油尺座的正下方绘制如图 3-136 所示的截面圆草图，其中定位尺寸"20"的基准为箱座的底面，单击 完成截面草图的绘制。键入拉伸的盲孔深度为"5"，单击中键完成箱体放油孔凸台的造型，如图 3-137 所示。

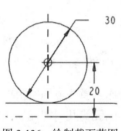

图 3-136　绘制截面草图

图 3-137　创建放油孔凸台造型

（2）选择放油孔凸台与箱体基体侧面的交线，创建倒圆角半径为"3"的过渡圆角。

13. 创建箱体的内腔结构

（1）单击【拉伸】🗗，两次右键菜单分别选择【去除材料】、【定义内部草绘…】，选取 RIGHT 基准平面作为草绘平面，接受缺省参照平面，切换方向为【顶】，单击中键进入草绘界面，选择菜单【草绘】|【参照…】🗖或右键菜单选择【参照】，选择箱体凸缘的接合面边线作为参照几何，右键菜单选择【中心线】┆于坐标系原点处绘制一竖直中心线，右键菜单选择【矩形】▢绘制如图 3-138 所示的截面草图，标注并修改尺寸，单击✔完成截面草图的绘制。设置拉伸方式为【对称】并键入盲孔的深度值为"280"，单击中键完成箱体内腔结构的造型，如图 3-139 所示。

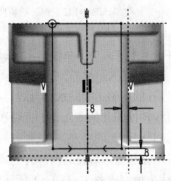

图 3-138　绘制箱体内腔截面草图

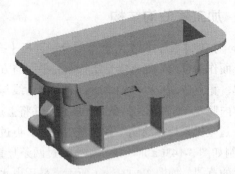

图 3-139　创建箱体内腔结构

（2）单击【拔模】🗋，选取箱体内腔的底面作为拔模面，右键菜单选择【拔模枢轴】，选取箱体内腔左侧面作为拔模基准平面，接受默认的拔模角度值"1"，调整操控板中的【反转角度以添加或去除材料】╱按键使其为增加材料一侧，如图 3-140 所示，单击中键完成箱体内腔底面的拔模处理。

（3）单击【倒圆角】🗋，按住【Ctrl】键，分别拾取箱体内腔侧面的四条边线，键入倒圆角的半径尺寸为"7"；按住【Ctrl】键，再分别拾取内腔底面的四条边线，键入倒圆角的半径尺寸为"4"，如图 3-141 所示，单击中键完成过渡圆角集的创建。

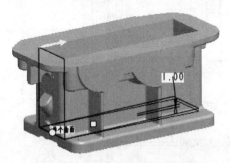

图 3-140　创建内腔底面的拔模斜度

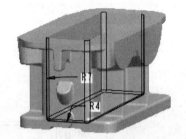

图 3-141　创建内腔边线的过渡圆角

14. 加工轴承座孔

（1）选择【基准轴开/关】╱按键以使圆柱的中心轴显示在图形中。单击【孔】🗋，选取箱体轴承座前侧面作为孔的放置面，按住【Ctrl】键的同时再选取基准轴 A_1（大轴承座）作为定位基准。接受操控板上默认的【创建简单孔】▢及【使用预定义矩形作为钻孔轮廓】▢，输入孔

的直径尺寸为 "85"，右键孔的深度控制滑块选择快捷菜单中的【穿透】，单击中键完成大轴承孔的加工，如图 3-142 所示。

（2）以同样的方式选择轴基准轴 A_2（小轴承座）作为定位基准，键入孔的直径尺寸为 "62"，完成小轴承孔的加工，如图 3-142 所示。

（3）单击【边倒角】 ，拾取任一轴孔外侧的边线，按住【Ctrl】键再分别拾取大、小轴承座孔的其他三条相对应的边线，修改倒角距离值为 "2"，单击中键完成轴承座的轴孔倒角，其结果如图 3-142 所示。

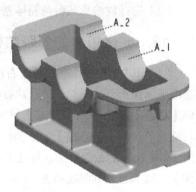

图 3-142   加工轴承座孔

15. 加工输油沟结构

单击【拉伸】 ，两次右键菜单分别选择【去除材料】及【定义内部草绘…】，选取箱体凸缘的接合面作为草绘平面，接受缺省参照平面与方向，单击中键进入草绘界面，运用【线】 绘制一条起、止点分别位于小轴承座孔的左侧边线与大轴承座孔的右侧边线的水平直线，再绘制一条过箱体内腔左、右侧面边线的水平直线，并将上述两条直线转换为几何图元，右键菜单选择【中心线】 过坐标系原点绘制一条水平中心线，再过上述两条几何图元的中点各自绘制一条竖直中心线。绘制如图 3-143（a）所示的草图，通过两条竖直的中心线分别镜像后经适当修剪完成图 3-143（b）所示的草图，如图 3-143（c）所示。最后由水平中心线镜像完成图 3-143（c）所示的草图，图中定位尺寸 "7" 的基准为内壁侧面的边线，单击 完成截面草图的绘制。键入拉伸的盲孔深度 "5"，单击中键完成输油沟结构的造型，如图 3-143（d）所示。

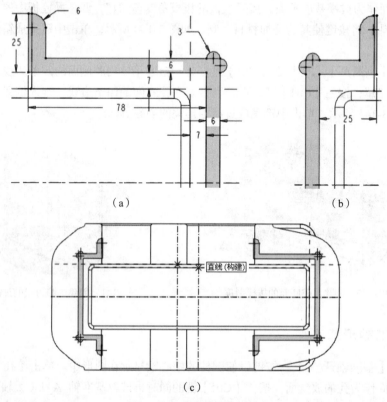

（a）   （b）

（c）

图 3-143   加工输油沟结构

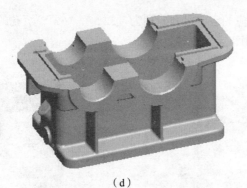

（d）

图 3-143　加工输油沟结构（续）

16.　加工箱体凸台螺栓孔

（1）单击【孔】，选取箱体右前侧凸台（轴 A_11）的下表面作为孔的放置面，按住【Ctrl】键的同时再选取轴基准轴 A_11 作为定位基准。接受默认的【创建简单孔】，选择操控板上【使用标准孔轮廓作为钻孔轮廓】与【添加沉孔】按键，打开"形状"面板，输入孔的直径尺寸为"13"、沉孔的直径为"26"、沉孔深度为"2"，选择钻孔的深度为【穿透】，单击中键完成凸台螺栓孔的加工，如图 3-144 所示。

（2）按照上述孔的设置以基准轴 A_12 作为定位基准完成左前侧凸台螺栓孔的加工，如图 3-144 所示。

（3）单击【孔】，选取箱体前侧中间凸台的下表面作为孔的放置面，将两个偏移参照控制滑块分别拖到 FRONT 基准平面与基准轴 A_2 上，键入其定位尺寸分别为"70"、"54"，如图 3-145 所示，孔径设置同上，单击中键完成螺栓孔的加工。

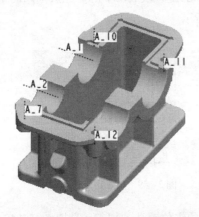

图 3-144　加工箱体凸台螺栓孔

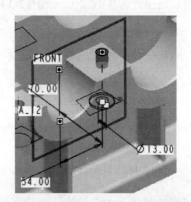

图 3-145　凸台螺栓孔的定位与尺寸

（4）从特征树中，按住【Shift】键，分别选取轴承座的"孔 3"与"孔 5"之间的 3 个特征，单击菜单【编辑】|【镜像…】或单击【镜像】，再选取 FRONT 基准平面作为镜像平面，单击中键完成箱体凸台 3 个螺栓孔的镜像，如图 3-146 所示。

17.　加工箱体凸缘连接螺栓孔

（1）以箱体凸缘右前侧的下表面作为加工面，定位基准分别为 FRONT 基准平面和图 3-144

中的凸台基准轴 A_11，相应的定位尺寸分别为"32.5"、"69"，沉孔的直径与沉孔深度及孔径分别为"24"、"2"、"11"，如图 3-147 所示。

图 3-146　镜像箱体凸台螺栓孔

图 3-147　加工凸缘连接螺栓孔

（2）以【几何】方式选取图 3-147 中的带黑线框的表面（位于过渡圆角曲面的下面），选择菜单【编辑】|【移除…】![icon]，单击中键完成移除操作，其结果如图 3-148 中的相应部位编辑后的结构所示。

（3）选择【镜像】![icon]完成"孔 6"和"移除 1"的镜像，如图 3-148 所示。

18. 加工箱体凸缘定位锥销孔

（1）单击【孔】![icon]，以箱体凸缘右前侧的上表面作为加工面，定位基准分别为 FRONT 基准平面和图 3-144 中的大轴承座的基准轴 A_1，相应的定位尺寸分别为"70"、"100"。接受操控板上默认【创建简单孔】![icon]，选取【使用草绘定义钻孔轮廓】![icon]按键，打开【激活草绘器以创建剖面】![icon]按键进入草绘界面，绘制如图 3-149 左图所示的旋转截面，单击![icon]完成草图的绘制，最后单击中键完成定位锥销孔的加工，如图 3-149 右图所示。

图 3-148　镜像凸缘连接螺栓孔

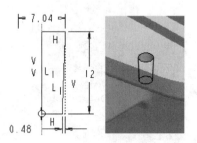
图 3-149　加工定位销孔

（2）运用复制的方式完成箱体凸缘左前右侧处的定位销孔的加工。选取图 3-149 中的孔特征，选择【复制】![icon]并激活【选择性粘贴】![icon]，系统弹出"选择性粘贴"对话框，选取【完全从属于要改变的选项】单选项，勾选【对副本应用移动/旋转变换】复选框，如图 3-150 所示，确定后接受默认的【沿选定参照平移特征】![icon]，选取 RIGHT 基准平面作为方向参照，用鼠标按住图 3-149 右图中孔的拖动控制滑块向左侧拖动，键入平移值为"292"；右键菜单选择【New Move】，再次接受平移的方式![icon]，选择 FRONT 基准平面作为方向参照，按住控制滑块向吊耳一侧移动，键入平移动值为"100"，如图 3-151 所示，完成上述操作后单击中键即可实现定位锥销孔的移动复制。

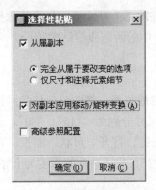

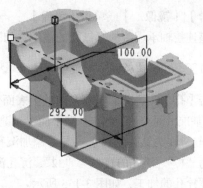

图 3-150 "选择性粘贴"对话框   图 3-151 复制移动定位锥销孔

19. 加工轴承座连接轴承端盖的螺钉孔

（1）确认【基准轴开/关】 按键处于激活状态。单击【孔】，选择小轴承座的左前侧面作为加工面，如果需要可拖动孔径的控制滑块至适当位置以调整孔径的大小。将两个偏移参照控制滑块拖至基准轴 A_2（见图 3-144）与箱体凸缘的接合面上，右键两个定位控制滑块中的任一个选择菜单中的【直径】，键入孔的分度圆直径、孔中心角度（一半值）分别为"85"和"30"，如图 3-152 所示。选择操控板上【创建标准孔】，【添加攻丝】被激活，接受"设置标准孔的螺纹类型"为"ISO"，从"输入螺钉尺寸"列表栏中选取"M8×1.25"规格的螺纹，设置钻孔深度值为"21"，若必要的话，在"注释"面板中不勾选【添加注释】复选框，单击中键完成螺钉孔的加工，如图 3-153 左侧的螺钉孔所示。

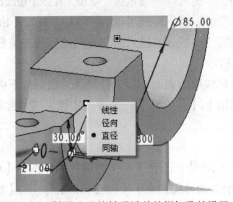

图 3-152 轴承座连接轴承端盖的螺钉孔的设置   图 3-153 加工螺钉孔

（2）采用与上述操作相同的步骤，其定位参照分别为基准轴 A_1 和箱体凸缘的接合面，分别修改孔的分度圆直径、孔中心角度（一半值）为"110"和"30"，螺钉孔规格尺寸同上，完成大轴承座的左前侧面的螺钉孔的加工，如图 3-153 所示右侧的螺钉孔。

（3）在特征树中，右键图 3-152 中所对应的"孔 9"特征，从快捷菜单中选择【阵列…】，从操控板中的"阵列"类型下拉列表框中选择【轴】，再选取基准轴 A_2 作为阵列中心轴，分别键入"输入第一方向的阵列成员数"为"3"、"输入阵列成员间的角度"为"60"，单击中键完成孔的阵列操作，如图 3-154 所示。

（4）选取 A_1 作为阵列中心轴，完成"孔 10"的阵列操作，其结果如图 3-154 所示。

（5）从特征树中，按住【Ctrl】键分别选取"阵列 1/孔 9"与"阵列 2/孔 10"两个特征，选

择菜单【编辑】|【镜像…】或单击【镜像】，再选取 FRONT 基准平面作为镜像平面，单击中键完成轴承座连接轴承端盖的螺钉孔的镜像，如图 3-154 中的阴影线框结构所示。

20. 加工地脚螺栓孔

（1）单击【孔】，选取箱座左前的上表面作为孔的放置面，将两个偏移参照控制滑块分别拖至 RIGHT 基准平面与 FRONT 基准平面上，键入定位尺寸分别为"115"、"70"。选择操控板上【使用标准孔轮廓作为钻孔轮廓】与【添加沉孔】按键，打开"形状"面板，在其中输入孔的直径尺寸为"17"、沉孔的直径为"32"、沉孔深度为"2"，选择钻孔的深度为【穿透】，单击中键完成地脚螺栓孔的加工，如图 3-155 所示。

图 3-154　阵列与镜像螺钉孔

图 3-155　加工地脚螺栓孔

（2）在特征树中，右键图 3-155 中所对应的"孔 11"特征，从快捷菜单中选择【阵列…】，接受默认的阵列类型【尺寸】，选取定位尺寸"115"，键入阵列增量为"-230"并按【Enter】键确认，右键菜单选择【方向 2 尺寸】，选取定位尺寸"70"，键入阵列增量为"-140"并按【Enter】键确认，接受操控板上"输入第一方向的阵列成员数"为"2"及"输入第二方向的阵列成员数"为"2"，单击中键完成地脚螺栓孔的阵列，如图 3-156 所示。

（3）以"几何"方式选取图 3-155 中的带黑线框的表面（位于过渡圆角曲面的下面）及经由阵列形成的相对应的孔的表面，选择菜单【编辑】|【移除…】，单击中键完成移除操作。

21. 加工油塞和油标尺的螺纹孔

（1）加工油塞螺纹孔。单击【孔】，选取放油孔凸台表面作为加工面，按住【Ctrl】键选取基准轴 A_28 作为定位基准，如图 3-157 所示。选择操控板上【创建标准孔】，【添加攻丝】

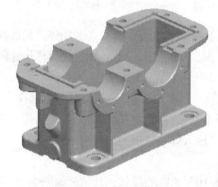

图 3-156　阵列地脚螺栓孔

图 3-157　加工油塞和油标尺的螺纹孔

被按键，接受"设置标准孔的螺纹类型"为"ISO"，从"输入螺钉尺寸"列表栏中选取"M16×1.5"规格的螺纹，设置钻孔深度值为"35"，打开"形状"面板，设置螺纹的深度值为"15"。若必要的话，在"注释"面板中不勾选【添加注释】复选框，单击中键完成油塞螺纹孔的加工，如图3-157所示。

（2）加工油表尺螺纹孔。单击【孔】⫟，选取油尺座的表面作为加工面，按住【Ctrl】键选取基准轴A_27作为定位基准，如图3-157所示。选择操控板上【创建标准孔】⛉，【添加攻丝】⬙按键被激活，接受"设置标准孔的螺纹类型"为"ISO"，从"输入螺钉尺寸"列表栏中选取"M12×1.5"规格的螺纹，设置钻孔深度值为"35"，打开"形状"面板，设置沉孔的直径与深度分别为"20"和"2"，螺纹的深度值为"16"。若必要的话，在"注释"面板中不勾选【添加注释】复选框，单击中键完成油表尺螺纹孔的加工，如图3-157所示。

22. 隐藏基准轴

单击【设置层、层项目和显示状态】⊗显示系统的层结构树，选取"02___PRT_ALL_AXES"，两次右键菜单分别选择【隐藏】及【保存状态】。

23. 保存文件

单击菜单【文件】|【保存】☐完成"单级减速器箱体"模型的创建。若已保存过文件，再单击菜单【文件】|【删除】|【旧版本】，只保存模型的最新版本。

3.5

弯管

图3-158所示为一大型变径弯管零件的造型，该铸件主要由中间的变径弯曲管道、法兰、吊耳等结构组成。弯管的变径部分的中心线半径为"660"，其内腔各圆形截面直径分别为"640"、"600"、"580"、"550"、"515"、"475"、"420"、"365"、"310"、"300"、"300"，且中间的九个截面间的夹角均为"8.125"（65/8=8.125），法兰颈部的起始与终止截面分别平行于各自相邻的截面，截面间距离分别为小端"93.5"、大端"200"。运用拉伸、旋转、混合、壳、筋、倒圆角、阵列等功能完成产品的建模，其中间段的变径结构采用Pro/E的"混合"、"扫描混合"及"边界混合"等功能进行造型。

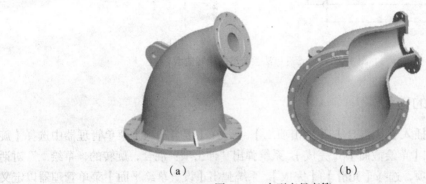

（a）　　　　　　　　　　（b）

图3-158　大型变径弯管

1. 绘制弯管的中心线草图

以 TOP 基准平面为草绘平面，完成图 3-159 中的圆弧中心线草图的绘制，图中圆弧的下端点位于系统原点，并与其圆心水平对齐。注意图中圆弧的中心角标注方法：选择【尺寸】⟷，分别拾取圆弧的两个端点，再拾取圆弧，单击中键以确定尺寸的位置。

2. 弯管进出口法兰流道的造型

（1）单击【拉伸】🗗，右键菜单选择【定义内部草绘...】，再选择【平面】⟋，按住【Ctrl】键分别拾取图 3-159 中的圆弧的右上端点及其圆弧，单击中键完成过圆弧端点的法向草绘平面DTM1 的创建，接受缺省参照平面并切换方向为【顶】，单击中键进入草绘界面，拾取圆弧中心线的右上端点作为参照图元，再选择【圆】〇绘制圆心位于参照点、直径为"300"的截面圆，单击✔完成截面圆草图的绘制。选取拉伸的生长方向箭头使其反向，键入拉伸的深度值为"93.5"，单击中键完成弯管小端出口法兰流道的拉伸造型，如图 3-160 所示。

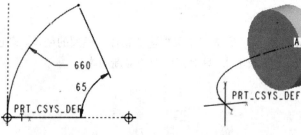

图 3-159 弯管中心线草图　　　图 3-160 弯管出口法兰流道的拉伸造型

（2）单击【旋转】⟲，右键菜单选择【定义内部草绘...】，选择 TOP 基准平面作为草绘平面，单击中键接受缺省参照与方向进入草绘界面，右键菜单选择【中心线】┆绘制过系统原点的一条竖直中心线，再绘制如图 3-161（a）所示的旋转剖面草图，单击✔完成草图的绘制，接受旋转角度的缺省值为"360"，单击中键完成弯管大端进口法兰流道的旋转造型，如图 3-161（b）所示。

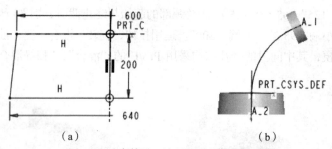

（a）　　　　　　　　（b）

图 3-161 弯管进口法兰流道的旋转造型

3. 弯管流道的造型

（1）选择菜单【插入】|【混合】|【伸出项...】🗗，在【混合选项】菜单管理器中选择【旋转的】|【规则界面】|【草绘截面】|【完成】，系统弹出"伸出项：混合，旋转的，草绘..."对话框及【属性】菜单选项，选择【光滑】|【完成】，系统弹出【设置草绘平面】菜单管理器以定义旋转混合特征的草绘平面、参照平面与方向，直接拾取图 3-160 中的拉伸起始表面作为草绘平面，

由于旋转方式的混合特征是在以逆时针方向所确定的平面上进行截面草图绘制,因此选择【方向】选项中的【反向】|【正向】,再选择【草绘视图】选项中的【顶】,选取 TOP 基准平面作为参照直接进入草绘界面,选取圆弧中心线的上端点作为参照图元,选择【圆】〇绘制圆心位于参照点、直径为"300"的截面圆,选择【坐标系】↳在截面圆的左侧添加草绘坐标系,并添加【使线或两顶点】↔使草绘坐标系与截面圆的圆心水平对齐,标注水平定位尺寸为"660",如图 3-162 所示。选择菜单【文件】|【保存副本…】,以"BEND_TUBE_R"作为文件名保存上述的截面草图,单击✔完成混合"截面 1"草图的绘制。

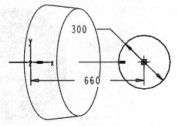

图 3-162 旋转方式混合的
"截面 1"草图

(2)根据系统的提示,在输入栏键入"8.125"作为 y 轴的旋转角度后单击中键进行第二个混合截面草图的绘制。选择【草绘】|【数据来自文件…】|【文件系统…】📷,选取上述保存的"BEND_TUBE_R.SEC"文件并打开,在草绘界面适当位置单击左键,在系统所弹出的"缩放旋转"对话框中,键入比例为"1"并按【Enter】键,接受旋转角度为"0",单击中键完成截面草图的导入,选择【重新调整】🔍按键使草图完全显示在窗口中,键入截面圆的直径为"310",单击✔完成混合"截面 2"草图的绘制。

(3)根据系统的提示,单击【是】按键后系统再次提示为"截面 3"输入 y 轴的旋转角度,继续步骤(2)的操作过程,导入草图、键入截面圆的直径为"365",完成混合"截面 3"草图的绘制。

(4)重复上述步骤(3)的操作过程,分别修改截面圆的直径为"420"、"475"、"515"、"550"、"580"、"600"完成混合"截面 4"、"截面 5"、"…"、"截面 9"草图的绘制并单击中键,选择对话框中的【预览】按键显示出弯管中间段的旋转方式的混合造型,如图 3-163(a)所示。

(5)在"伸出项:混合,旋转的,草绘…"对话框中双击【相切】,系统提示"是否混合与任何曲面在第一端相切?",单击输入栏右侧的【是】按键(不要单击中键),此时与之交接的拉伸几何体的一侧边线图元高亮显示,系统提示"选取加亮图元的一张曲面或选'完成'",拾取高亮图元所在的表面完成一侧的相切约束设置,系统切换到拉伸体的另一侧的边线图元高亮显示,拾取高亮图元所在的表面完成另一侧的相切约束设置;根据系统的提示继续完成混合特征另一端的相切设置,至此,单击中键完成弯管中间段流道混合特征的造型,如图 3-163(b)所示。

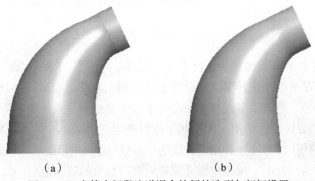

(a)   (b)

图 3-163 弯管中间段流道混合特征的造型与相切设置

4. 弯管中间段的造型

单击【壳】▣,按住【Ctrl】键分别选取弯管大、小端的进出口法兰流道的两个端面作为移除表面，选择操控板中的【更改厚度方向】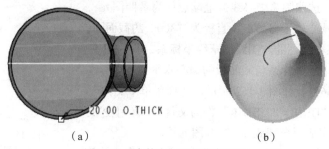按键使其向外抽壳，如图 3-164（a）所示，键入抽壳的厚度值为"20"，单击中键完成弯管中间段的结构造型，如图 3-164（b）所示。

（a）   （b）

图 3-164　弯管中间段的薄壳造型

5. 弯管进出口法兰的造型

（1）单击【旋转】❖，右键菜单选择【定义内部草绘…】，选择 TOP 基准平面作为草绘平面，单击中键接受缺省参照与方向进入草绘界面，选择菜单【草绘】|【参照…】▫，拾取图 3-164 中的出口流道的端面与外侧面边线以及基准轴 A_1 作为参照，右键菜单选择【中心线】⋮绘制一条与基准轴 A_1 重合的倾斜中心线，再绘制如图 3-165（a）中的旋转剖面草图，单击✔完成草图的绘制，接受旋转角度缺省值为"360"，单击中键完成弯管出口法兰的旋转造型，如图 3-165（b）所示。

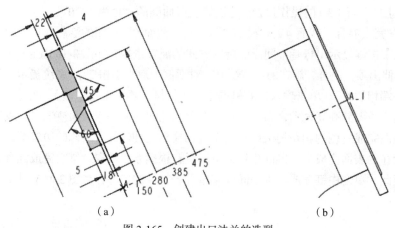

（a）   （b）

图 3-165　创建出口法兰的造型

（2）单击【旋转】❖，右键菜单选择【定义内部草绘…】，选择"草绘"对话框中的【使用先前的】按键进入草绘界面，选择菜单【草绘】|【参照…】▫，拾取图 3-164 中的进口流道的端面与侧面边线作为参照，右键菜单选择【中心线】⋮于坐标系原点绘制一条竖直中心线，再绘制如图 3-166（a）中的旋转剖面草图，图中两个环形槽止口的深度与宽度均为"10"，标注径向尺寸"810"、"760"之前使用【点】✖在槽底直线的中点分别添加一草绘点，单击✔完成草图的绘制，接受旋转角度缺省值为"360"，单击中键完成弯管进口法兰的旋转造型，如图 3-166（b）所示。

（3）单击【倒圆角】⟍，按住【Ctrl】键分别拾取出口法兰内侧与颈部内、外表面的两条交线，键入倒圆角的半径尺寸为"10"，如图 3-167（a）所示；拾取进口法兰颈部与中间段的交线，键入倒圆角的半径尺寸为"100"；再拾取进口法兰内侧与其颈部的交线，键入倒圆角的半径尺寸为"30"，单击中键完成过渡圆角的创建，如图 3-167（b）所示。

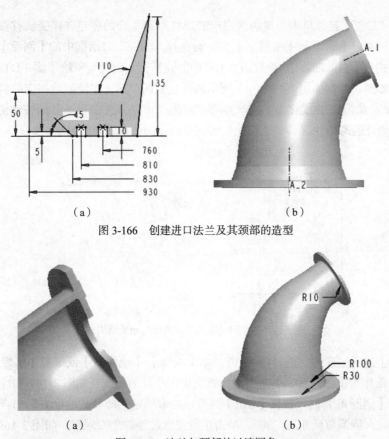

（a） （b）

图 3-166 创建进口法兰及其颈部的造型

（a） （b）

图 3-167 法兰与颈部的过渡圆角

6. 弯管进口法兰加强筋与固定用凸耳的造型

（1）单击【筋】，右键菜单选择【定义内部草绘...】，选择 TOP 基准平面作为草绘平面，单击中键接受缺省参照与方向进入草绘界面，绘制如图 3-168（a）所示的直线草图，单击✔完成草图的绘制，键入筋板的厚度值为"20"，单击中键完成筋板的创建，如图 3-168（b）所示。

（a） （b）

图 3-168 进口法兰内侧的筋板

（2）在特征树中，右键"筋 1"特征，从快捷菜单中选择【阵列...】，选择操控板中的"阵列"类型下拉列表框中的【轴】，再选取基准轴 A_2 作为阵列中心轴，分别键入"输入第一方向的阵列成员数"为"8"、"输入阵列成员间的角度"为"45"，单击中键完成大端进口法兰内侧加强筋的阵列，如图 3-168（b）所示。

（3）单击【筋】，右键菜单选择【定义内部草绘...】，再单击【平面】，选取 TOP 基准

平面向上偏距"22.5",连续单击中键两次完成 DTM2 草绘平面的创建并接受缺省参照与方向进入草绘界面,选择菜单【草绘】|【参照…】🔲,再选择"参照"对话框中的【剖面】按键,切换过滤器的选择方式为【目的曲面】,拾取图 3-164 中的壳特征,使其与草绘平面(DTM2)产生的剖面截交线作为参照,绘制如图 3-169(a)所示的开放截面草图(先绘制两相交的斜线再进行过渡圆角),单击✔完成草图的绘制,键入筋板的厚度值为"30",调整筋板厚度✗按键使其位于 DTM2 基准平面的一侧且远离 TOP 基准面,单击中键完成固定用凸耳结构的创建,如图 3-169(b)所示。

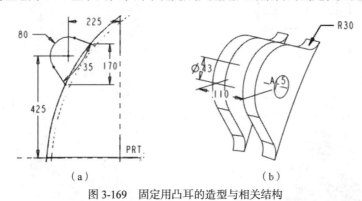

(a)　　　　　　　　　　　　　(b)

图 3-169　固定用凸耳的造型与相关结构

(4)拾取上述所创建的"筋 2",单击菜单【编辑】|【镜像…】或单击【镜像】, 再选取 TOP 基准平(面作为镜像平面,单击中键完成固定用凸耳的镜像,如图 3-169(b)所示。

(5)单击【倒圆角】, 按住【Ctrl】键分别拾取固定用凸耳的厚度方向与弯管中间段表面的四条交线,键入倒圆角尺寸为"30",单击中键完成过渡圆角的创建,如图 3-169(b)所示。

(6)单击【孔】, 选取图 3-169(b)中凸耳的侧面作为孔的放置面,按住【Ctrl】键再选取基准轴 A_5/A_6 作为定位基准。接受操控板上默认的【创建简单孔】🔲及【使用预定义矩形作为钻孔轮廓】🔲,输入孔的直径尺寸为"43",键入钻孔的深度值为"110",单击中键完成两凸耳上穿孔的加工,如图 3-169(b)所示。

7. 弯管进出口法兰螺栓孔的加工

(1)单击【孔】, 选择大端进口法兰的密封面作为加工面,将两个偏移参照控制滑块分别拖至 A_2 基准轴与 TOP 基准平面上,右键两个定位控制滑块中的任一个选择菜单中的【直径】,键入孔的分度圆直径、螺栓孔相对 TOP 基准面的角度值分别为"880"和"0",如图 3-170(a)所示。接受操控板上默认的【创建简单孔】🔲及【使用预定义矩形作为钻孔轮廓】🔲,键入钻孔的直径值为"33",设置钻孔深度值为"50",单击中键完成进口法兰上其中之一的螺栓孔的加工,如图 3-170(b)所示。

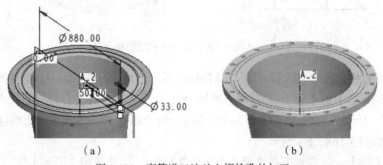

(a)　　　　　　　　　　　　　(b)

图 3-170　弯管进口法兰上螺栓孔的加工

（2）在特征树中，右键图 3-170（a）中所对应的"孔 2"特征，从快捷菜单中选择【阵列...】⊞，接受操控板中默认的"阵列"类型为【尺寸】，拾取螺栓孔相对 TOP 基准面的角度值"0"，键入阵列的角度增量值为"15"，在操控板中，键入"输入第一方向的阵列成员数"为"24"，单击中键完成法兰上螺栓孔的阵列，如图 3-170（b）所示。

（3）单击【孔】⓪，选择小端出口法兰的密封面作为加工面，将两个偏移参照控制滑块分别拖至 A_1 基准轴与 TOP 基准平面上，右键两个定位控制滑块中的任一个选择菜单中的【直径】，键入孔的分度圆直径、螺栓孔相对 TOP 基准面的角度值分别为"430"和"15"，如图 3-171（a）所示。接受操控板上默认的【创建简单孔】ⓤ及【使用预定义矩形作为钻孔轮廓】ⓤ，键入钻孔的直径值为"27"，设置钻孔深度值为"35"，单击中键完成出口法兰上的其中之一的螺栓孔的加工，如图 3-171（b）所示。

（4）在特征树中，右键图 3-171（a）中所对应的"孔 3"特征，从快捷菜单中选择【阵列...】⊞，接受操控板中默认的"阵列"类型【尺寸】，拾取螺栓孔相对 TOP 基准面的角度值"15"，键入阵列的角度增量值为"30"，在操控板的"输入第一方向的阵列成员数"中键入"12"，单击中键完成螺栓孔的阵列，如图 3-171（b）所示。

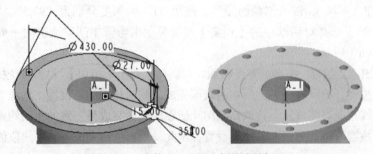

图 3-171　弯管出口法兰上螺栓孔的加工

（5）单击菜单【文件】|【保存副本...】📑，以"BEND_TUBE_R"作为文件名予以保存。

8. 弯管中间段的一般混合特征造型

（1）在特征树中，按住"在此插入"将其拖至"旋转 1"特征的后面。

（2）选择菜单【插入】|【混合】|【伸出项...】📑，在【混合选项】菜单管理器中选择【一般】|【规则界面】|【草绘截面】|【完成】，系统弹出"伸出项：混合，一般，草绘截面"对话框及【属性】菜单选项，选择【光滑】|【完成】，系统弹出【设置草绘平面】菜单管理器以定义一般混合特征的草绘平面、参照平面与方向，直接拾取图 3-160 中的拉伸终止表面作为草绘平面，选择【方向】选项中的【反向】|【正向】以确定特征创建的方向，再选择【草绘视图】选项中的【顶】，选取 TOP 基准平面作为参照直接进入草绘界面。选取圆弧中心线的上端点作为参照图元，选择【圆】○绘制圆心位于参照点、直径为"300"截面圆，选择【坐标系】⅄在截面圆的右侧添加草绘坐标系，并添加【使线或两顶点】↔使草绘坐标系与截面圆的圆心水平对齐，标注水平定位尺寸为"660"，如图 3-172 所示。单击菜单【文件】|

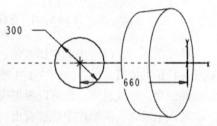

图 3-172　一般混合的"截面 1"草图

【保存副本...】，以"BEND_TUBE_G"作为文件名保存上述的截面草图，单击✔完成一般混合的

"截面1"草图的绘制。

（3）根据系统的提示，连续单击中键三次接受缺省值"0"，即相对于上一截面不变的方向进行第二个混合截面草图的绘制，选择【草绘】|【数据来自文件…】|【文件系统…】⎙，选取上述保存的"BEND_TUBE_G.SEC"文件并打开，在草绘界面适当位置单击左键，在系统所弹出的"缩放旋转"对话框中，键入比例为"1"并按【Enter】键，接受旋转角度为"0"，单击中键完成截面草图的导入，选择【重新调整】🔍按键使草图完全显示在窗口中，键入截面圆的直径为"300"，单击✔完成一般混合的"截面2"草图的绘制。

（4）根据系统提示，单击【是】按键后系统再次提示为"截面3"输入其三个轴的旋转角度，分别接受 x 轴与 z 轴的缺省值"0"，键入 y 轴的旋转角度值"8.125"，导入草图、键入截面圆的直径为"310"，完成一般混合的"截面3"草图的绘制。

（5）重复上述步骤（3）的操作过程，分别修改截面圆的直径为"365"、"420"、"475"、"515"、"550"、"580"、"600"完成混合"截面4"、"截面5"、"…"、"截面10"草图的绘制；对于"截面11"的草绘平面的方向，直接单击中键接受缺省值"0"并键入截面圆的直径为"640"即可。单击中锥完成一般混合特征用所有截面的绘制后，根据系统的提示需要键入相邻两个截面的深度（以草绘坐标系作为基准），键入"截面2"、"截面11"的深度分别为"93.5"、"200"，其他的截面深度均为"0"。选择对话框中的【预览】按键显示出弯管中间段流道的一般方式的混合造型，如图3-173（a）所示。

（6）在"伸出项：混合，一般，草绘截面"对话框中双击【相切】，根据系统提示，单击输入栏右侧的【是】按键，拾取高亮图元所在的表面完成一侧的相切约束设置，系统立刻切换到拉伸体的另一侧的边线图元高亮显示，拾取高亮图元所在的表面完成另一侧的相切约束设置；根据系统的提示继续完成混合特征另一端的相切设置，至此，单击中键完成弯管中间段流道一般混合特征的造型，如图3-173（b）所示。

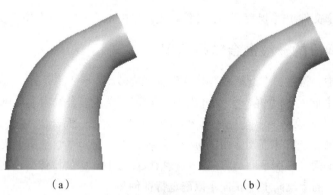

（a） （b）

图3-173 弯管流道一般混合特征的造型与相切设置

调整图3-173（b）中的视图方位，左键双击所创建的一般方式的"混合"特征，图形显示出截面与特征的所有参数，如图3-174所示，由此，既可以查看创建特征的各参数值，有助于理解特征的创建、形成过程，也可以根据设计要求对其进行编辑与修改。

从以上具体实例操作中能够看出：混合特征的旋转方式只是混合特征的一般方式的一个特例而已。同样，混合特征的平行方式也只是混合特征的一般方式的一个特例而已，只是出于具体的操作对象将平行及旋转这两者方式加以单列。混合特征的一般方式能够适用于处理几乎所有具有平面截面的混合造型的对象，特征功能具有更强的可塑性，操作也更复杂。

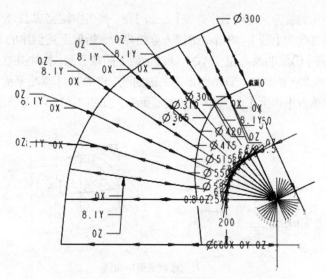

图 3-174　一般混合特征的截面参数

9. 弯管特征树中其余相关特征的编辑定义

（1）在特征树中，将弯管中间段旋转的混合特征"伸出项 标识#"即图 3-163（b）中的特征予以删除。

（2）在特征树中，将"在此插入"拖至"壳 1"特征的后面。右键"壳 1"特征选择【编辑定义】，按住【Ctrl】键再选取弯管小端法兰流道的端面作为移除曲面，单击中键完成"壳 1"的编辑定义。

（3）将"在此插入"拖至"旋转 2"的后面，系统弹出【求解特征】菜单管理器，选择【快速修复】|【重定义】，两次右键菜单分别选择【放置收集器】、【编辑内部草绘…】，在弹出的"参照"对话框中，选取第一个"缺少参照"，连续单击【删除】按键两次将两个"缺少参照"删除，添加小端法兰流道的端面作为参照；再选择"参照"对话框中的【剖面】按键，切换过滤器的选择模式为【目的曲面】，拾取步骤（2）中的壳特征，使其与草绘平面（TOP 基准平面）产生的剖面截交线作为参照，如图 3-165 中的剖面草图添加约束并标注尺寸，单击 ✔ 完成草图的绘制，连续单击中键两次完成出口法兰的编辑定义。

（4）将"在此插入"拖至"倒圆角 1"的后面，系统再次弹出【求解特征】菜单管理器，选择【快速修复】|【重定义】，打开操控板中的"放置"面板，激活"参照"收集器中带红点的参照对象，右键菜单选择【删除全部】，按住【Ctrl】键分别拾取出口法兰内侧表面与颈部外表面，再拾取法兰内侧与颈部内侧面的交线，如图 3-167 所示，连续单击中键两次完成倒圆角的编辑定义。

（5）将"在此插入"拖至"阵列 3/孔 3"的后面，特征再生成功完成，其结果如图 3-158 所示。单击菜单【文件】|【保存副本…】🖼，以"BEND_TUBE_G"作为文件名予以保存。

10. 弯管中间段的扫描混合造型与弯管零件的建模

（1）打开弯管文件"BEND_TUBE_R"。在特征树中，按住"在此插入"将其拖至"草绘 1"特征的后面。

（2）单击【草绘】🖎，再分别选择【平面】▱与【轴】╱，拾取图 3-159 中的圆弧以创建过其圆心与圆弧所在平面正交的基准轴，单击中键完成基准轴 A_44 的创建，按住【Ctrl】键选取 FRONT 基准平面，在"基准平面"对话框中的"旋转"右侧下拉列表框中键入"-10"（暂定值、负号表示更改基准平面的旋向为顺时针）并按【Enter】键，单击中键完成 DTM4 草绘平面的创建，接受缺省参照并切换方向为【顶】，单击中键进入草绘界面，拾取上述创建的基准轴 A_44 作为参照，右键菜单选择【圆】○绘制圆心位于 TOP 基准平面上的截面圆，标注并修改尺寸，如图 3-175（a）所示，单击✔完成草图的绘制。双击图形中的圆曲线，将 DTM4 草绘平面的旋转角度值"10"修改为"0"，确定后单击【再生】按键使其模型更新，如图 3-175（b）所示。

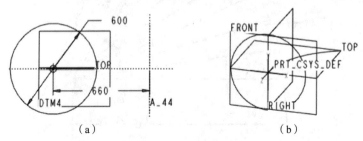

（a）　　　　　　　　　　　（b）

图 3-175　绘制截面圆曲线

　　（3）右键"草绘 2"特征，从快捷菜单中选择【阵列...】，在操控板中的"阵列"下拉列表框中选择【表】来定义阵列成员。按住【Ctrl】键分别拾取图 3-175（a）中的 DTM4 草绘平面的旋转角度值、截面圆的直径尺寸这两个参数"0"与"600"作为"阵列表尺寸"。选择操控板上的【编辑】按键，系统弹出"表编辑器"窗口，在索引行以下按照图 3-176 所示在表中为每个阵列成员添加一个以索引号开始的行，并为此阵列成员指定尺寸值，完成编辑阵列表后，在表编辑器窗口的顶级菜单中单击【文件】|【保存】，再单击【文件】|【退出】。单击中键完成弯管中间段流道截面圆的阵列，如图 3-177（a）所示。

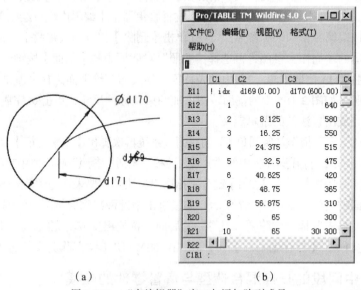

（a）　　　　　　　　　　　（b）

图 3-176　"表编辑器"窗口与添加阵列成员

　　（4）切换过滤器的选择模式为【几何】，选取图 3-177（a）中的下方的直径为"640"的截面圆曲线，单击【复制】，再选择【选择性粘贴】，接受默认的【沿选定参照平移特征】，直接选取 FRONT 基准平面作为方向参照，键入平移值为"200"，单击中键完成所选图元的移动，如图 3-177（b）所示。

继续选取图 3-177（a）中的右上的直径为"300"的截面圆曲线，单击【复制】，再选择【选择性粘贴】，接受默认的【沿选定参照平移特征】；选择【平面】，直接拾取图 3-177（a）中的右上直径为"300"的圆弧曲线，连续单击中键两次完成 DTM5 基准平面的创建并将其作为方向参照，键入平移值为"−93.5"（负号表示反方向），单击中键完成所选图元的移动，如图 3-177（b）所示。

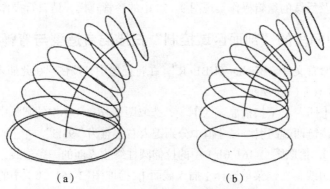

（a）   （b）

图 3-177　弯管中间段截面圆的阵列与两圆曲线的移动

（5）在特征树中，按住"在此插入"将其拖至"旋转 1"特征的后面，如图 3-178 所示。

（6）单击菜单【插入】|【扫描混合...】，选取图 3-177（b）中的圆弧中心线作为扫描混合的原点轨迹，按住【Shift】键的同时拖动轨迹链右上的移动控制滑块至拉伸圆柱的终止表面，同样，将轨迹链左下的滑块拖至旋转特征的大端表面，以上操作也可直接键入延伸长度"93.5"与"200"，或者右键移动控制滑块选择【延伸至...】再选取上述的参照即可。打开操控板中的"剖面"面板，选择【所选截面】单选框，拾取图 3-177（b）中的任一条截面圆弧曲线，再选择【插入】按键，拾取图 3-177（b）中的另一条截面圆曲线，继续选择【插入】按键直到完成其余 9 条截面圆曲线的选取；打开"相切"面板，从"边界"列表中的"开始截面"相对应的"条件"下拉列表框中选择【相切】或右键两边界处的"敏感区域"选择菜单中的【相切】，激活"图元"列表中的"图元 1"对应的"曲面"收集器，选取图形中高亮显示的图元所在的相切参照曲面，再选取图形中另一高亮显示的图元所在的相切参照曲面；同样操作方法完成扫描混合的"终止截面"的相切设置，如图 3-178（a）所示。选择操控板上【创建一个实体（伸出项/切口）】按键，单击中键完成弯管中间段的扫描混合特征造型，如图 3-178（b）所示。

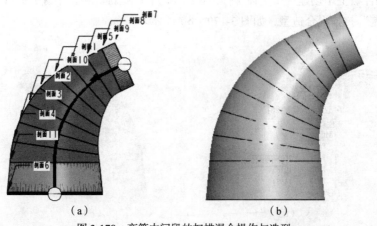

（a）   （b）

图 3-178　弯管中间段的扫描混合操作与造型

（7）将"在此插入"拖至"阵列 3/孔 3"的后面，特征再生成功完成，其结果如图 3-158 所示。

（8）单击菜单【文件】|【保存副本…】，以"BEND_TUBE_SWEEP_BLEND"作为文件名予以保存。

（9）运用"边界混合"工具完成图 3-177（b）中的线框图对应的弯管中间段的曲面造型，并通过曲面的实体化及后续的编辑操作实现图 3-158 中的弯管建模，请自行操作。

11. 弯管中间段的"剖面区域控制"扫描混合造型与弯管零件的建模

（1）再次打开弯管文件"BEND_TUBE_R"。在特征树中，按住"在此插入"将其拖至"旋转 1"的后面，如图 3-161（b）所示。

（2）单击菜单【插入】|【扫描混合…】，选取图 3-161（b）中的圆弧中心线作为扫描混合的原点轨迹，在轨迹链两端的引线尺寸值中分别键入右上点为"93.5"、左下点为"200"。右键菜单选择【所选截面】，拾取图 3-161（b）中的拉伸圆柱终止表面的一条边线，按住【Shift】键再拾取对应的另一条边线，右键菜单选择【插入截面】，拾取图 3-161（b）中的旋转特征大端的一条边线，按住【Shift】键再拾取对应的另一条边线。图形顶览若出现扭曲，可通过拖动两条边线之一的锚点使其与另一边线的锚点对齐。因采用的是中心线扫描混合建模，打开操控板中的"选项"面板，选取【设置剖面区域控制】单选框，激活面板中展开的收集器所显示的"剖面 1"，再选择【点】，拾取圆弧中心线的右上端点作为第一个基准点 PNT0，再分别在圆弧中心线上及其另一端点依次拾取共创建 8 个基准点 PNT1、PNT2…PNT8，对于圆弧中心线上的七个点 PNT1、PNT2…PNT7 的位置，在"基准点"对话框中的"偏移"下拉列表框中分别输入"0.125"、"0.125*2"、"0.125*3"、"0.125*4"、"0.125*5"、"0.125*6"、"0.125*7"，确定后连续单击中键两次完成基准点集的创建并激活扫描混合特征。再次打开"选项"面板，其收集器中的"剖面 1"与"剖面 2"之间增加了上述控制截面面积的 9 个点，所在点的面积为缺省值，可以根据设计要求予以更改，而"剖面 1"与"剖面 2"的位置与面积是不能直接通过收集器进行修改的。分别在剖面位置 PNT0、PNT1…PNT8 对应的面积本文框中依次键入"pi*150*150"、"pi*155*155"、"pi*182.5*182.5"、"pi*210*210"、"pi*237.5*237.5"、"pi*257.5*257.5"、"pi*275*275"、"pi*290*290"、"pi*300*300"，键入关系式过程中按【Enter】键并对提示加以确认，如图 3-179（a）所示。再打开"相切"面板，重复前述的操作完成其"开始截面"与"终止截面"处的相切设置。选择操控板上【创建一个实体（伸出项/切口）】按键，单击中键完成弯管零件中间段的"剖面区域控制"扫描混合造型，如图 3-179（b）所示。

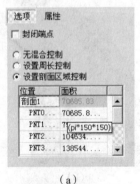

（a）

（b）

图 3-179 弯管中间段的扫描混合"剖面区域控制"设置与造型

调整图 3-179（b）中的视图方位，双击所创建的弯管中间段的扫描混合特征，图形显示出特征及截面位置与面积参数，如图 3-180 所示，由此，可以根据设计要求对其进行编辑与修改（图 3-180 中的面积为关系式输入，故相关参数是不可编辑的）。

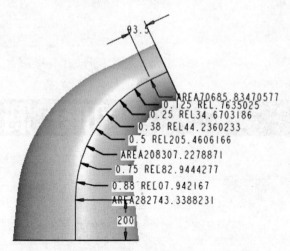

图 3-180　弯管中间段特征及截面位置与面积参数

弯管中间段的"剖面区域控制"扫描混合造型通过设计截面的位置及其面积参数能实现特征的截面控制，并能有效地减少截面图元的创建，其操作简单。

（3）将"在此插入"拖至"阵列 3/孔 3"的后面，特征再生成功完成，其结果如图 3-158 所示。

（4）单击【设置层、层项目和显示状态】 显示系统的层结构树，选取"03___PRT_ALL_ CURVES"，两次右键菜单分别选择【隐藏】及【保存状态】。

（5）单击菜单【文件】|【保存副本…】 ，以"BEND_TUBE_SWEEP_BLEND_SECTCON"作为文件名予以保存。

4.1 波纹盖

如图 4-1 所示的波纹盖模型属于结构比较复杂但变化规律的产品，由波纹盖的盖板与倒"U"形手柄两部分组成。通过创建相应的剖面控制曲线，运用可变剖面扫描工具来完成其盖板的造型，此为一般的操作方法；更简单的方法是直接运用可变剖面扫描并结合一定的关系式以达到控制盖板的剖面尺寸的变化。倒"U"形手柄既可通过创建图形特征并运用关系式来控制手柄的截面变化，又可采用骨架折弯工具实现手柄的建模。本实例运用建模与编辑定义的方法完成波纹盖的三种不同的操作过程。

图 4-1　波纹盖

1. 创建波纹盖剖面的控制曲线

（1）单击【曲线】～，选择【曲线选项】菜单管理器中的【从方程】|【完成】，系统弹出"曲线：从方程"对话框及【得到坐标系】菜单选项，在拾取系统坐标系 PRT_CSYS_DEF 后再选取【设置坐标类型】菜单选项中的【笛卡尔】，在系统弹出编写方程的记事本中，输入如下参数方程：

```
x=(240-30*cos(360*t*10))*sin(360*t)
z=(240-30*cos(360*t*10))*cos(360*t)
```

对所输入的参数方程检查无误后，单击记事本右上角的【关闭】✕按键，确定保存后单击中键所生成的环状平面型曲线如图 4-2（a）所示。

（2）再次执行【曲线】～及相同的操作与设置，在记事本中输入如下参数方程：

```
x=(240+30-15*cos(360*t*10))*sin(360*t)
z=(240+30-15*cos(360*t*10))*cos(360*t)
y=20+10*cos(360*t*10)
```

由此所生成的另一环状空间型曲线如图 4-2（b）所示。

（3）单击【草绘】，选择 TOP 基准平面作为草绘平面，接受缺省参照与方向，单击中键进入草绘界面，右键菜单选择【圆】〇于坐标系原点绘制直径为"600"的截面圆，单击✔完成原点轨迹的圆弧曲线的绘制，如图 4-2（b）所示。

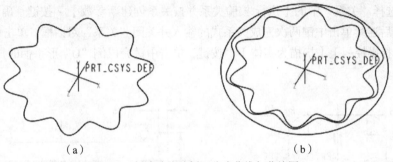

（a） （b）

图 4-2　创建波纹盖剖面公式曲线与草绘圆

2. 波纹盖的盖板造型

单击【可变剖面扫描】，先拾取图 4-2（b）中的圆弧曲线作为原点轨迹，再按住【Ctrl】键分别拾取图中的两条环状曲线作为"链 1"与"链 2"，以系统缺省的【垂直于轨迹】作为剖面控制方式创建扫描几何体，右键菜单选择【草绘】进入草绘界面，分别选择【椭圆】、【矩形】，绘制如图 4-3（a）所示的闭环草绘截面图，其中椭圆弧分别过动态坐标系原点及"链 1"与"链 2"，水平尺寸"120"的定位基准为系统坐标系原点，单击完成闭环截面草图的绘制，选择操控板中的【扫描为实体】按键，单击中键完成波纹盖的盖板可变剖面扫描造型，如图 4-3（b）所示。

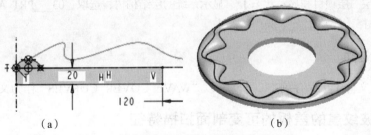

（a） （b）

图 4-3　创建波纹盖盖板的可变剖面扫描造型

3. 波纹盖的手柄造型

（1）单击【草绘】，选择 FRONT 基准平面作为草绘平面，接受缺省参照与方向，单击中键进入草绘界面，绘制如图 4-4 所示的倒"U"形开放截面草图，单击完成原点轨迹的曲线草图的绘制。

（2）选择菜单【插入】|【模型基准】|【图形…】，在输入栏键入"COVER_GRAPH"作为特征的名字，单击中键或按键进入草绘界面，选择【坐标系】在窗口适当位置单击添加草绘坐标系，右键菜单选择【中心线】绘制过草绘坐标系的水平中心线，再绘制如图 4-5 所示的光滑开放截面草图，其中左侧水平直线的左端点与草绘坐标系竖直对齐，单击完成图形特征"COVER_GRAPH"的创建。

（3）先拾取图 4-4 中的草绘曲线作为扫描的原点轨迹，再单击【可变剖面扫描】，以缺省的【垂直于轨迹】作为剖面控制方式创建扫描几何体，右键菜单选择【草绘】进入草绘界面，右键菜单选择【圆】于轨迹链的原点绘制一截面圆，选择菜单【工具】|【关系…】，在"关系"对话框的输入栏中键入关系式"sd3=evalgraph("COVER_GRAPH",trajpar*100)*5 /*sd3 为截面圆的

直径尺寸",选择"关系"中的【执行/校验关系并按关系创建新参数】☑按键,确认"已成功校验了关系式"后连续单击中键两次完成关系式的输入并关闭"关系"对话框,单击✔完成截面草图的绘制,选择操控板上【扫描为实体】□按键,单击中键完成倒"U"形手柄的扫描体的造型,如图 4-4 所示。

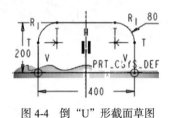

图 4-4 倒"U"形截面草图

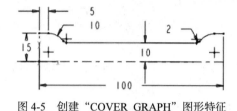

图 4-5 创建"COVER_GRAPH"图形特征

4. 创建过渡圆角

选择【倒圆角】🌂,拾取波纹表面与相邻表面的内侧交线,键入倒圆角的半径为"2",再拾取倒"U"形手柄与相邻表面的两条交线,键入倒圆角半径为"10",单击中键完成过渡圆角的创建,如图 4-4 所示。

5. 隐藏曲线

单击【设置层、层项目和显示状态】🗂显示系统的层结构树,选取"03＿＿PRT_ALL_CURVES",右键菜单分别选择【隐藏】及【保存状态】。

6. 保存文件

单击菜单【文件】|【保存副本…】🖫,以"WAVE_COVER_CURVES"作为文件名进行保存。

7. 编辑波纹盖的盖板的可变剖面扫描特征

(1)在特征树中,右键"Var_Sect_Sweep1"特征,从快捷菜单中选择【编辑定义】,系统进入特征编辑界面,按住【Ctrl】键,在图形中再次分别拾取"链 1"、"链 2"以取消它们作为扫描特征的控制剖面的"链#",只保留截面圆曲线仍作为原点轨迹。右键菜单选择【草绘】进入草绘界面,在系统弹出的"参照"对话框中,选取收集器中的第一个"缺少参照",连续单击对话框中的【删除】按键两次即可将两个"缺少参照"删除,再连续单击中键两次关闭对话框。按照图 4-6 所示编辑剖面草图即标注尺寸并添加与删除一定的约束,图中竖直尺寸"sd6"为"20";水平尺寸"sd22"为"180",选择菜单【工具】|【关系…】,在"关系"对话框的输入栏中分别键入关系式"sd20=20-10*cos(360*trajpar*10)/*sd20 为椭圆弧的短半轴尺寸"、"sd21=240+30*cos(360*trajpar*10)/*sd21 为椭圆弧的右端点与系统坐标系的距离尺寸",选择"关系"中的【执行/校验关系并按关系创建新参数】☑按键,确认"已成功校验了关系式"后连续单击中键两次完成关系式的输入并关闭"关系"对话框,单击✔完成截面草图的编辑,选择操控板上【扫描为实体】□按键,单击中键完成波纹盖的盖板的可变剖面扫描造型的编辑定义,如图 4-3(b)所示。

(2)分别将图 4-2 中的两条公式曲线予以删除或隐藏。

(3)单击菜单【文件】|【保存副本…】🖫,以"WAVE_COVER_VSS"作为文件名予以保存。

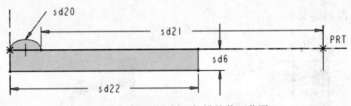

图 4-6　编辑可变剖面扫描的截面草图

8. 运用"骨架折弯"工具创建手柄造型

（1）在特征树中，按住"草绘 2"特征将其拖至"草绘 1"的上面。

（2）在特征树中，按住【Shift】键分别选取"COVER_GRPAH"与"倒圆角"之间三个特征，右键菜单选择【删除】将其从图形中删除。

（3）将"在此插入"拖至"草绘 1"的上面。单击【旋转】◆，两次右键菜单分别选择【曲面】、【定义内部草绘...】，选择 FRONT 基准平面作为草绘平面，单击中键接受缺省参照与方向进入草绘界面，单击菜单【草绘】|【参照...】，拾取图 4-4 中的左侧竖直线作为参照几何，右键菜单选择【中心线】绘制过参照几何的一条竖直中心线，再绘制如图 4-7（a）所示的开放截面草图，如图 4-5 所示的草图，单击✔完成截面草图的绘制，接受旋转角度的缺省值为"360"，单击中键完成直手柄形状的旋转曲面造型，如图 4-7（b）所示。

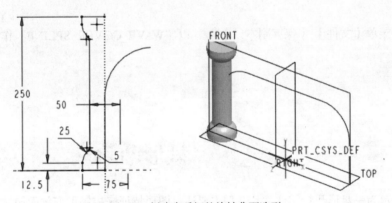

图 4-7　创建直手柄的旋转曲面造型

（4）选择菜单【插入】|【高级】|【骨架折弯...】，系统弹出【选项】菜单管理器，选择【选取骨架线】|【无属性控制】|【完成】或直接单击中键接受缺省操作设置，在选取上述所创建的旋转曲面作为要折弯的对象后，系统弹出【链】选项，选择【链】|【曲线链】，再拾取图 4-7（b）中的任一曲线，在【链选项】菜单中选择【选取全部】后，菜单返回到【链】选项，此时所选曲线链右下端点出现折弯起始点的箭头方向，选择【链】菜单中的【起始点】，再选择【选取】菜单中的【下一个】|【接受】，将曲线链的起始位置设置至倒"U"形曲线链的左下端点处，单击中键完成骨架折弯所需曲线链及其起始点的定义；此时在曲线的起始点处出现一定义折弯量的平面DTM1，系统提示"指定要定义折弯量的平面"，注意所指定的平面要与曲线的起始点处的平面即DTM1 平行，因起始点处的法平面 DTM1 与旋转曲面的两端面平行，故直接拾取旋转曲面的上端面，将其与 DTM1 之间的曲面几何体作为定义折弯的对象，此时"U"手柄的骨架折弯造型创建成功，如图 4-8（a）所示。若需折弯的面组或实体在沿着折弯方向的表面为非平行于 DTM1 的曲面，执行【设置平面】菜单选项中的【产生平面】，再选取适当的方式来创建一基准平面，实现折

弯量的另一平行平面的定义。

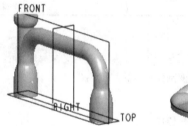

图 4-8　创建倒 "U" 形手柄的骨架折弯造型

（5）在特征树中，将"在此插入"拖至"Var_Sect_Sweep1"的下方，如图 4-8（b）所示，拾取图 4-8（a）中的"U"形骨架折弯的手柄曲面，选择菜单【编辑】|【实体化…】，接受默认的【用实体材料填充由面组界定的体积块】按键，单击中键完成手柄的实体化操作。

（6）选择【倒圆角】，拾取图 4-8（b）中的波纹表面与相邻表面的内侧交线，键入倒圆角的半径为"2"，再拾取图中的倒"U"形手柄与相邻表面的两条交线，键入倒圆角半径为"10"，单击中键完成过渡圆角的创建，如图 4-1 所示。

（7）单击【设置层、层项目和显示状态】显示系统的层结构树，按住【Ctrl】键分别选取"03___PRT_ALL_CURVES"、"06___PRT_ALL_SURFS"，右键菜单分别选择【隐藏】及【保存状态】。

（8）单击菜单【文件】|【保存副本…】，以"WAVE_COVER_SPLINE"作为文件名予以保存。

4.2 盘形凸轮

图 4-9 所示为一盘形凸轮零件，其造型主要通过图形特征来控制可变剖面扫描中截面的变化从而实现凸轮零件的建模。为了精确控制凸轮轮廓的几何形状，对构成图形特征的样条曲线的曲率进行简单的分析和讨论。

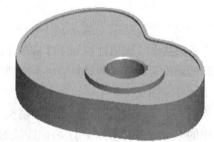

1. 创建凸轮的轮毂造型

单击【拉伸】，右键菜单选择【定义内部草绘…】，选取 TOP 基准平面作为草绘平面，单击中键接受缺省参照与方向进入草绘界面，右键菜单选择【圆】于坐标系原

图 4-9　盘形凸轮造型

点绘制直径为"100"的截面圆，单击完成草图的绘制，右键深度控制滑块选择菜单中的【对称】，键入拉伸的深度尺寸为"60"，单击中键完成轮毂圆柱的拉伸造型，如图 4-9 所示。

2. 创建凸轮轮廓展开曲线的图形特征

选择菜单【插入】|【模型基准】|【图形…】，在输入栏键入"CAM_GRAPH"作为特征

的名字，单击中键或 ✔ 按键进入草绘界面，选择【坐标系】 ✗ 在窗口的适当位置单击以创建草绘坐标系，右键菜单选择【中心线】 ┊ 绘制过草绘坐标系的水平中心线，在其上方再绘制另一条水平中心线，不必考虑其距离尺寸。选取【样条】 ∿ 绘制具有 7 个型值点的样条线，其起始点与终止点均位于上方中心线上，且起始点与草绘坐标系大致竖直对齐。添加【相切】 ⌀ 使样条线的起始点、终止点分别与水平中心线相切，再添加【竖直】 ↕ 使样条线的左端点与草绘坐标系对齐，标注并修改尺寸，如图 4-10 所示，单击 ✔ 完成图形特征"CAM_GRAPH"的创建。

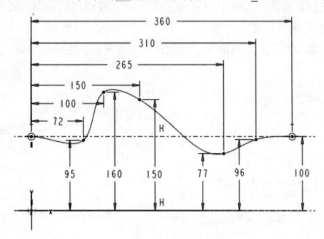

图 4-10　创建样条曲线图形

3. 创建凸轮的轮廓造型

选择菜单【插入】|【可变剖面扫描…】或单击【可变剖面扫描】 ✎，将光标置于轮毂上表面的边线上，高亮后右键一次再左键单击或直接以"目的边"拾取方式以拾取环形边线作为原点轨迹，右键菜单选择【草绘】或单击操控板上的【创建或编辑扫描剖面】 ☑ 按键进入草绘界面，右键菜单选择【参照】或选择菜单【草绘】|【参照…】 ⊡，选取系统坐标系作为参照图元，右键菜单选择【中心线】 ┊ 于参照图元处（坐标系原点）绘制一水平中心线，再次右键菜单选择【矩形】 ▭，以动态坐标系 y 轴中心线的适当位置作为矩形的起始点往左下侧绘制一对称于水平中心线的截面矩形，键入竖直尺寸为"50"。选择菜单【工具】|【关系…】，在"关系"对话框的输入栏中键入关系式"sd4=evalgraph("CAM_GRAPH",360*trajpar)-50"，如图 4-11 所示，其中"sd4"为矩形的水平直线图元的尺寸，选择"关系"中的【执行/校验关系并按关系创建新参数】 ☑ 按键，确认"已成功校验了关系式"后连续单击中键两次完成关系式的输入并关闭"关系"对话框，单击 ✔ 完成截面草图的绘制，选择操控板上【扫描为实体】 ▭ 按键，并单击中键所完成凸轮的轮廓造型，如图 4-12 所示。

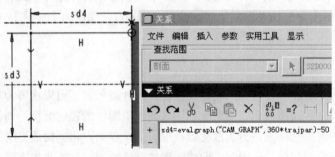

图 4-11　输入关系式

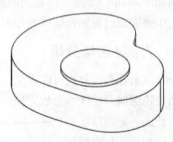

图 4-12　盘形凸轮轮廓造型

4. 创建凸轮的凸缘

单击【拉伸】 🗗，两次右键菜单分别选择【去除材料】、【定义内部草绘...】，选取图 4-12 中的凸轮轮廓的上表面作为草绘平面，单击中键接受缺省参照与方向进入草绘界面，并拾取系统坐标系作为参照图元，选取【偏移】🗗并选择【环】，再拾取凸轮轮廓表面，在弹出的"选取链"菜单项中选取【接受】，输入偏距值"−5"（向里），单击中键确认后再单击【使用】🗗并选择【环】，选取轮毂的表面以复制其边线，如图 4-13 所示，单击✔完成草图的绘制。修改拉伸的盲孔深度为"3"，单击中键完成凸轮的凸缘结构造型。

选取上述的拉伸除料特征，以 TOP 基准平面作为镜像平面，完成凸轮另一侧凸缘的结构造型，如图 4-14 所示。

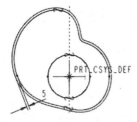

图 4-13　绘制截面草图

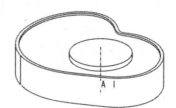

图 4-14　创建凸轮的凸缘

5. 加工凸轮的轴孔

单击【孔】🗝，选取轮毂的上表面作为孔的放置平面，按住【Ctrl】键再拾取基准轴 A_1 作为定位基准，接受操控板上默认的【创建简单孔】🗗，选择【使用标准孔轮廓作为钻孔轮廓】🗗与【添加埋头孔】🗗两按键，输入钻孔直径为"50"，打开"形状"面板，切换钻孔的深度为【穿透】，勾选【退出埋头孔】复选框，"输入埋头孔的直径值"与"退出埋头孔的直径值"均为"54"，"输入埋头孔的角度值"与"退出埋头孔角度的值"均为"90"，单击中键完成轴孔与边倒角的加工，如图 4-15 所示。

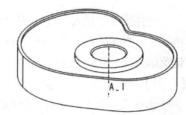

图 4-15　加工凸轮的轴孔

6. 加工轴孔的键槽

单击【拉伸】 🗗，两次右键菜单分别选择【去除材料】及【定义内部草绘...】，选取凸轮轮毂的上表面作为草绘平面，接受缺省参照与方向，单击中键进入草绘界面，右键菜单选择【参照】或选择菜单【草绘】|【参照...】🗗，选取轴孔边线作为参照图元，右键菜单选择【矩形】🗗，绘制如图 4-16（a）所示的截面矩形，单击✔完成草图的绘制，设置拉伸的盲孔深度为【穿透】，单击中键完成凸轮轴孔键槽的加工，如图 4-16（b）所示。

7. 讨论与分析

从上述操作过程可以看出，运用 Pro/E 软件完成凸轮的建模，其设计过程其实可以理解为将凸轮轮廓展开曲线的参数方程所形成公式曲线或难以函数化的图表曲线沿圆柱的径向缠绕一周再生长成一定的厚度而形成。同常规的对展开曲线进行离散化以获取有限个径向点再连接成光滑的曲线相比，具有精确、快捷、方便等方面的优势。因此，曲线图形的准确绘制就显得非常重要。

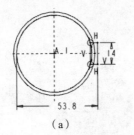
（a）

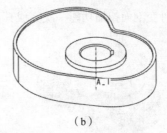
（b）

图 4-16　加工轴孔的键槽

在特征树中，右键图形特征"CAM_GRAPH"，从快捷菜单中选择【编辑定义】，连续单击中

键两次进入草图编辑界面。单击菜单【分析】|【图元】，选取图 4-10 中的样条曲线，系统弹出图 4-17 所示的样条曲线的"信息窗口"，从中可以看出：样条曲线的两端点的倾斜角均为"0"，两端点的曲率是左端点为"0.02"、右端点为"0"，这源于样条曲线左侧部分的曲率变化较大的缘故。

将图 4-10 中的曲线删除，重新绘制一样条曲线，在曲线的两端点各绘制一长为"20"左右的水平直线，并将其转换为几何图元，再约束样条曲线在端点处分别与直线相切，标注、修改尺寸，如图 4-18 所示。再次执行图元分析，分析信息显示结果如图 4-19 所示，单击 ✔ 完成图形特征的修改，系统

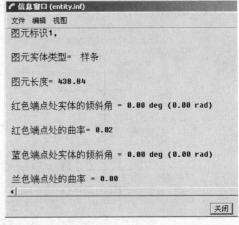

图 4-17　样条曲线图元的分析信息

自动再生后的结果如图 4-20（b）所示。对比图 4-20 中的（a）、（b）两个造型结果，其主要差别在于样条线左侧的第 2、3 两个控制点之间的曲率变化。

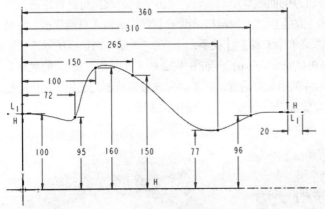
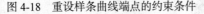

图 4-18　重设样条曲线端点的约束条件

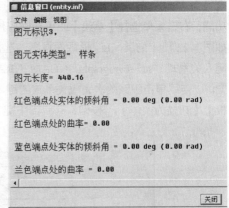

图 4-19　样条曲线图元的分析信息

8.　保存文件

设置文件保存的工作目录，单击菜单【文件】|【保存副本...】，以"CAM"作为文件名予以保存。

9.　推进凸轮的建模

推进凸轮是将图形曲线沿圆柱的轴向方向缠绕到圆柱的表面再加厚而成。由于其结构相对比

较简单，以下采用可变剖面扫描功能一次完成其造型。

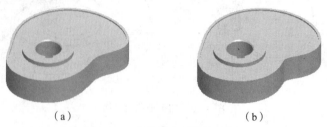

（a）　　　　　　　　　　　　（b）

图 4-20　凸轮轮廓形状的对比

（1）创建图形特征"P_CAM_GRAPH"，其样条曲线如图 4-21 所示。

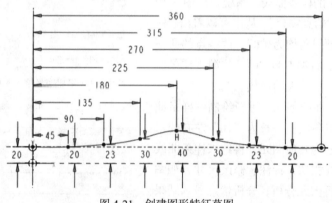

图 4-21　创建图形特征草图

（2）选择菜单【插入】|【可变剖面扫描…】或单击【可变剖面扫描】，再单击【草绘】，选取 TOP 基准平面作为草绘平面，单击中键接受缺省参照进入草绘界面，绘制圆心位于系统原点且直径为"200"的截面圆，单击完成原点轨迹的曲线草图的绘制，单击中键继续执行已暂停的扫描功能，右键菜单选择【草绘】或单击操控板上的【创建或编辑扫描剖面】按键进入草绘界面，绘制如图 4-22 所示的反"L"形截面草图，选择菜单【工具】|【关系…】，在"关系"对话框的输入栏中键入关系式"sd7=evalgraph("P_CAM_GRAPH",360*trajpar)"，如图 4-22 所示。其中"sd7"的尺寸为"20"，连续单击中键两次完成关系式的键入并关闭其对话框，单击完成截面草图的绘制，选择操控板上【扫描为实体】按键，并单击中键完成推进凸轮的造型，如图 4-23 所示。

图 4-22　绘制扫描截面草图

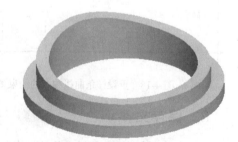

图 4-23　推进凸轮的造型

（3）设置文件保存的工作目录。单击菜单【文件】|【保存副本…】，以"P_CAM"作为文件名予以保存。

第5章

参数化产品设计

5.1 渐开线圆柱啮合变位齿轮

如图 5-1 所示为渐开线圆柱啮合变位齿轮的三维造型，其建模过程主要通过齿轮的相关几何尺寸关系式及渐开线齿廓曲线的建立，运用可变剖面扫描的"垂直于曲面"与"恒定剖面"方式创建轮齿的齿槽结构，通过对齿槽的阵列完成齿轮轮齿的造型，据此实现渐开线圆柱啮合变位齿轮参数化的设计。

图 5-1 渐开线圆柱啮合变位齿轮的造型

1. 设置工作目录及新建零件文件

（1）设置工作目录。单击菜单【文件】|【设置工作目录】，在打开的"选取工作目录"对话框中，选取已建立的文件夹或单击工具条【新建文件夹】按键或右键菜单选择【新建文件夹】并重命名以作为 Pro/E 进行设计的工作目录，单击中键完成工作目录的设置。

（2）新建文件。单击菜单【文件】|【新建】或单击【新建】按键，接受缺省文件类型为【零件】，其子类型为【实体】并键入"CYLINDRICAL_GEARS"作为新建文件的文件名，不勾选【使用缺省模板】复选框，单击对话框中的【确定】按键。在系统弹出的"新文件选项"对话框中双击"mmns_part_solid"模板文件后进入 Pro/E 零件设计工作界面。

2. 绘制圆柱齿轮的齿顶圆、分度圆、基圆及齿根圆并编辑尺寸的符号名称

（1）单击【草绘】，选择 FRONT 基准平面作为草绘平面，接受缺省参照与方向，单击中键进入草绘界面。右键菜单选择【圆】，过系统原点分别绘制 4 个同心圆，其尺寸大小不予考虑，单击✔完成截面草图的绘制，如图 5-2 所示。

（2）在特征树中，右键"草绘 1"特征，从快捷菜单中选择【编辑】；或直接双击图 5-2 中的草绘特征，图形显示其特征的尺寸。拾取最大的几何圆的尺寸，单击菜单【编辑】|【属性】或右键菜单选择【属性...】，如图 5-3 所示，系统弹出"尺寸属性"对话框，选取"尺寸文本"选项卡，

在"设置尺寸文本"输入栏中将"Φ@D"中的"D"修改为"S",将名称输入框中的图元的"ID"如"d1"改为"Da",此时所选的尺寸显示的是编辑后的符号,而不是尺寸值,如图5-4所示,单击对话框的【确定】按键或直接单击中键完成尺寸文本的修改。

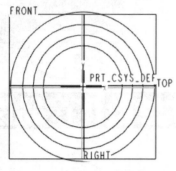

图5-2 绘制同心圆草图

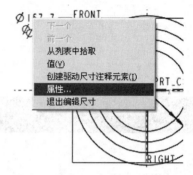

图5-3 拾取特征尺寸并激活属性命令

重复上述操作步骤,依次拾取图5-2中其他的3个几何圆尺寸,分别编辑对应尺寸的符号名称,完成后再双击草图,其特征尺寸显示如图5-5所示。双击某一尺寸的符号名称即可显示其尺寸值。

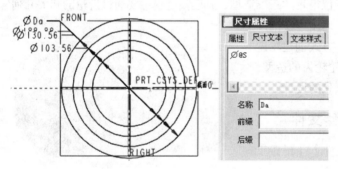

图5-4 编辑尺寸的符号名称

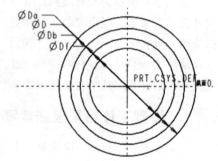

图5-5 显示草图特征的尺寸符号

修改上述草图特征的4个尺寸符号,其目的是便于查看齿轮的几何尺寸。

3. 设置圆柱啮合齿轮的基本参数

(1)单击菜单【工具】|【参数...】,系统打开"参数"对话框。单击对话框右下方的【设置局部参数列】按键,系统弹出"参数列表"对话框,从右侧的"显示"部分中分别选取"类型"、"指定"、"访问"、"源"、"受限制的"、"单位"等属性,依次单击"移除列"按键将所选列名称转换至"不显示"部分中,如图5-6所示,单击对话框中的【确定】按键或直接单击中键完成参数列显示的设置。在"参数"对话框中,按住【Ctrl】键再分别选取"DESCRIPTION"、"MODELED_BY"两个默认的参数,单击对话框左下方的【删除选取的参数】按键即可将上述

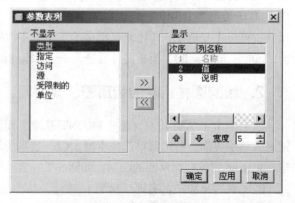

图5-6 设置局部参数列

所选的两个参数删除。

（2）单击"参数"对话框左下方的【添加新参数】➕按键，按照表1中的啮合齿轮的主要参数在"名称"、"值"、"说明"三个参数列中分别键入啮合齿轮的模数"m_n"、齿数"Z"、压力角"α_n"、变位系数"x"、齿顶高系数"h_{an}^*"、顶隙系数"c_n^*"、螺旋角"β"、齿宽"B"、中心距"a'"及旋向"REV"等相关参数，单击对话框中的【确定】按键或直接单击中键完成齿轮基本参数的设置，如图5-7所示。

渐开线圆柱啮合齿轮的几何参数如表5-1所示。

表5-1　　　　　　　　　　　渐开线圆柱啮合齿轮的几何参数

名称	值	说明	名称	值	说明
MN	6	法向模数	HAN_X	1.0	齿顶高系数
Z1	29	主动齿轮的齿数	CN_X	0.25	顶隙系数
Z2	101	啮合齿轮的齿数	BETA	10	螺旋角
ALPHA_N	20	啮合齿轮的法向压力角	B	160.0	齿宽
X1	0.38	主动齿轮的变位系数	AP	400.0	安装中心距
X2	0.3076	啮合齿轮的变位系数	REV	1	旋向（右为1、左为-1、直齿为0）

上述对"参数"对话框中的参数列所进行的设置主要是考虑到由于齿轮的基本参数以及后续通过创建关系所形成的参数较多，其目的是使对话框中的参数列显得更为简洁。若需要，可随时进行相应的操作以使"不显示"部分中的参数列添加到"参数"对话框中，以便于查阅相关参数的细节。

图5-7　设置圆柱啮合齿轮的基本参数

4. 创建圆柱啮合变位齿轮的几何尺寸之间的关系式

单击菜单【工具】|【关系...】，系统打开"关系"对话框，参见如图 5-8 所示，输入渐开线圆柱啮合变位齿轮的端面压力角、渐开线函数、渐开线圆柱齿轮传动的无侧隙啮合方程、渐开线圆柱齿轮的几何尺寸等关系式，即

```
/*齿轮的端面压力角
ALPHA_T=ATAN(TAN(ALPHA_N)/COS(BETA))
/*渐开线函数关系式
INVALPHA_T=TAN(ALPHA_T)-ALPHA_T*PI/180
/*渐开线圆柱齿轮传动的无侧隙啮合方程
    INVALPHAP_T=2*(X1+X2)*TAN(ALPHA_N)/(Z1+Z2)+INVALPHA_T
/*求解啮合角
SOLVE
INVALPHAP_T=TAN(ALPHAP_T)-ALPHAP_T*PI/180
FOR  ALPHAP_T
/*确定安装中心距
A=MN*(Z1+Z2)/(2*COS(BETA))
AP=A*COS(ALPHA_T)/COS(ALPHAP_T)
/*确定中心距变动系数
Y=(AP-A)/MN
/*确定齿顶高降低系数
DELTY=(X1+X2-Y)
/*主动齿轮几何尺寸的关系式
HA=(HAN_X+X1-DELTY)*MN
D=Z1*MN/COS(BETA)
DB=D*COS(ALPHA_T)
HF=(HAN_X+CN_X-X1)*MN
DA=D+2*HA
DF=D-2*HF
R1P=AP*Z1/(Z1+Z2)  /*节圆半径
/*啮合齿轮几何尺寸的关系式
HA_W=(HAN_X+X2-DELTY)*MN
D_W=Z2*MN/COS(BETA)
DB_W=D_W*COS(ALPHA_T)
HF_W=(HAN_X+CN_X-X2)*MN
DA_W=D_W+2*HA_W
DF_W=D_W-2*HF_W
R2P=AP*Z2/(Z1+Z2)  /*节圆半径
```

图 5-8 所示为上述相关计算公式的关系式输入结果，单击"关系"中的【执行校验关系并按关系创建新参数】☑按键，单击中键两次以确认"已成功校验了关系式"及应用并退出窗口。

> 上述计算齿轮的啮合角"ALPHAP_T"时应先对其赋值，其完整的关系式如下。

```
/*求解啮合角
ALPHAP_T=20
SOLVE
INVALPHAP_T=TAN(ALPHAP_T)-ALPHAP_T*PI/180
FOR  ALPHAP_T
```

在成功校验了所输入的关系式及应用并退出关系式窗口后，再次打开"关系"对话框，便可

将赋值关系式"ALPHAP_T=20"删除，当然，也可保留该关系式。

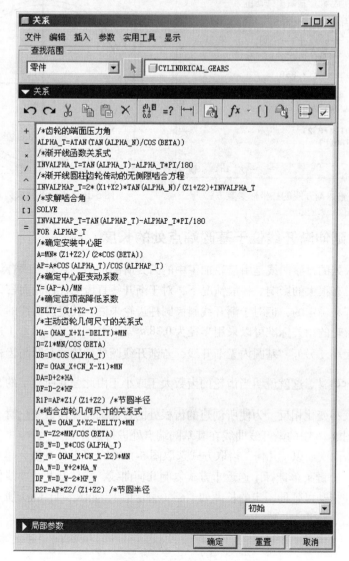

图 5-8　创建啮合齿轮几何尺寸的关系式

5. 创建圆柱齿轮的渐开线曲线

单击【曲线】～，选择【曲线选项】菜单管理器中【从方程】|【完成】，系统弹出"曲线：从方程"对话框与【得到坐标系】菜单管理器，拾取系统坐标系"PRT_CSYS_DEF"后再选取【圆柱】作为创建公式曲线的坐标类型，在打开的记事本中输入渐开线的柱坐标参数方程，即

```
P=t*SQRT((Da/Db)^2-1)
Q=180/pi
r=0.5*Db*SQRT(1+P^2)
theta=P*Q-ATAN(P)
z=0
```

图 5-9 所示为上述关系式的输入结果，单击记事本右上角的【关闭】╳按键，确认保存后单击中键完成圆柱齿轮的渐开线齿廓公式曲线的创建，如图 5-10 所示。

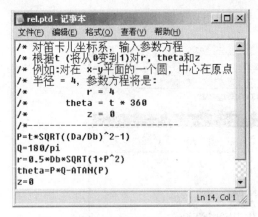

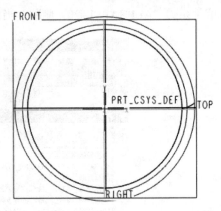

图 5-9　输入渐开线的柱坐标参数方程　　　　图 5-10　创建渐开线公式曲线

6. 复制并延伸渐开线位于基圆端点处的长度

（1）齿轮齿根处的过渡曲线是由齿轮加工中的刀具所决定的。它对于啮合齿轮的干涉、特别是齿根处的应力具有很大的影响。一般情况下，对于渐开线直齿圆柱齿轮而言，其过渡曲线的关系式方程是比较容易确定的，但对于渐开线斜齿圆柱齿轮来说，其过渡曲线的关系式的建立则要复杂得多。根据齿轮的相关标准可以采用半径为 $0.38m_n$ 或 $0.46m_n$（ $h_{an}^* < 1.0$ ）过渡圆角来描述齿根处的过渡曲线大小。另外，基圆内无渐开线，若渐开线圆柱齿轮的基圆与齿根圆相等，则其齿数 $Z = \dfrac{2(1.25 - x_1)}{1 - \cos\alpha_t}\cos\beta$ ，这就说明当齿轮的齿数大于或小于由此公式所确定的 Z 时，圆柱齿轮的基圆与齿根圆的大小变化相反。为使所创建的齿根处的过渡圆角在齿数变化时不至于造成参照几何的缺失，可将图 5-10 中的渐开线曲线在其基圆端点处进行延伸。

（2）左键单击两次或以"几何"拾取方式选取图 5-10 中的渐开线曲线，单击【复制】 ，再选择【粘贴】 ，右键菜单选择【逼近】方式复制几何曲线，按住渐开线曲线位于基圆端点处的拖动控制滑块向左拖动以延伸一定的长度如"6"（暂定值），如图 5-11（a）所示，单击中键完成渐开线曲线的复制。

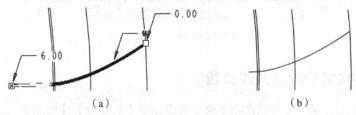

（a）　　　　　　　　　　　　　　　（b）

图 5-11　延伸渐开线齿廓曲线

（3）单击菜单【工具】|【关系…】，系统打开"关系"对话框。单击以拾取图形中所复制的渐开线曲线或直接在特征树中选取"复制 1"特征，图形中立即显示出特征尺寸"d4"。在图 5-8 的"关系"对话框中输入如下关系式。

```
/*渐开线曲线延伸长度关系式
D4=ABS(DB-DF)/2+1
```

单击中键完成渐开线曲线延伸长度关系式的设置并关闭"关系"对话框。单击菜单【编辑】|【再生】或选取【再生】 按键使其模型更新。将图 5-10 中的曲线予以隐藏后的结果如图 5-11（b）

所示。

7. 创建渐开线圆柱齿轮端面齿廓曲线的镜像曲线

（1）单击【点】![icon]，拾取图 5-11（b）中复制的曲线，按住【Ctrl】再拾取图中的分度圆曲线，单击中键完成两曲线的交点 PNT0 的创建，如图 5-12（a）所示。

（2）单击【轴】![icon]，按住【Ctrl】键的同时分别拾取两正交基准平面 TOP 与 RIGHT，或直接拾取任一圆曲线，单击中键完成 A_1 基准轴的创建，如图 5-12（b）所示。

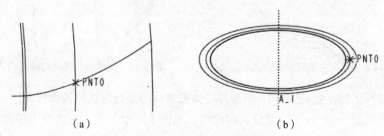

图 5-12　创建基准点与基准轴

（3）单击【平面】![icon]，按住【Ctrl】键的同时分别拾取图 5-12 中所创建的基准点 PNT0 与基准轴 A_1，单击中键完成过基准点和轴所创建的基准平面 DTM1，其法向指向 y 轴一侧，如图 5-13（a）所示。

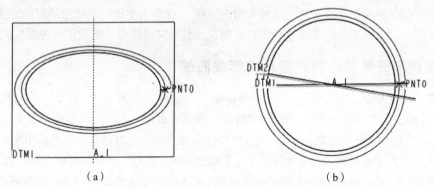

图 5-13　创建基准平面 DTM1 与 DTM2

（4）单击【平面】![icon]，按住【Ctrl】键的同时分别拾取图 5-13（a）中所创建的基准平面 DTM1 与基准轴 A_1，输入偏移角度值为"10"（暂定值），单击中键完成过基准轴 A_1 与基准平面 DTM1 形成一定夹角的法向指向 y 轴一侧的基准平面 DTM2 的创建，如图 5-13（b）所示。

（5）单击菜单【工具】|【关系…】，系统打开"关系"对话框。拾取图 5-13（b）中所创建的 DTM2 基准平面或直接在特征树中选取"DTM2"特征，图形中显示出该特征的尺寸"d8"。在图 5-8 的"关系"对话框中输入如下关系式。

```
/*渐开线齿廓曲线镜像面角度关系式
D8=360/(2*PI*Z1)*(PI/2-2*X1*TAN(ALPHA_N))
```

单击中键完成渐开线齿廓曲线镜像面角度关系式的设置并关闭"关系"对话框，单击【再生】![icon]按键使其模型更新，如图 5-14 所示。

（6）左键单击两次或以"几何"拾取方式选取图 5-11（b）中所复制的曲线，单击【镜像】![icon]，拾取图 5-14 中的 DTM2 基准平面作为镜像平面，单击中键完成渐开线圆柱齿轮端面齿廓渐开线曲线部分的镜像，如图 5-15 所示。

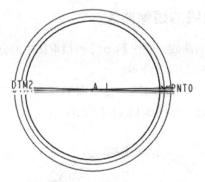

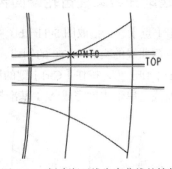

图 5-14　创建齿轮端面齿廓曲线的镜像平面　　图 5-15　创建渐开线齿廓曲线的镜像

采用基准的异步特征完成图 5-15 中渐开线齿廓曲线的复合曲线的镜像操作过程如下。首先，左键单击两次选取图 5-11（b）中所复制的曲线，单击【镜像】，在选取【平面】后，再一次单击【平面】，然后，单击【点】，拾取图 5-11（b）中复制的曲线，按住【Ctrl】键再拾取图中的分度圆曲线，单击中键完成两曲线交点的创建，并将其送入创建平面的收集器中，同时，单击【轴】，拾取任一圆曲线，单击中键完成基准轴的创建，该对象也被送入创建平面的收集器中，此时单击中键完成基准平面的创建，这一基准平面参照对象出现在另一创建平面的收集器中，再按住【Ctrl】键拾取刚创建的基准轴，输入偏移角度值为"−10"或"10"（通过输入负的角度值以使所创建的两个基准平面之间的夹角为锐角），在单击中键完成镜像平面的创建之后，连续单击中键两次完成渐开线曲线的复合曲线的镜像，最后完成镜像平面的角度关系式的设置。

8. 创建渐开线斜齿圆柱齿轮的螺旋曲线

（1）单击【坐标系】，系统弹出"坐标系"对话框，如图 5-16 所示，拾取系统坐标系"PRT_CSYS_DEF"作为参照对象，选取"定向"选项卡页面，在"定向根据"部分，单击其中的【参照选取】选项，分别拾取图 5-14 中的 DTM2 基准平面与 FRONT 基准平面作为坐标轴的参照，从 DTM2 下方的下拉列表框中选取【Y】以确定该轴的法向，必要时可单击其右侧的【反向】按键使其与系统的 y 轴位于 TOP 基准平面的同侧，单击中键完成坐标系"CS0"的创建，如图 5-17 所示。

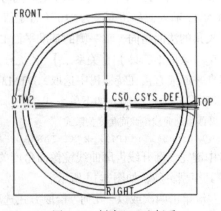

图 5-16　创建坐标系对话框　　　　图 5-17　创建 CS0 坐标系

（2）单击【曲线】～，选择【曲线选项】菜单管理器中【从方程】|【完成】，系统弹出
"曲线：从方程"对话框与【得到坐标系】菜单管理器，拾取系统坐标系"CS0"后再选取【笛
卡尔】作为创建公式曲线的坐标类型，在打开的记事本中输入分度圆柱面上的螺旋线参数方
程，即

```
/*分度圆柱面的螺旋线参数方程
PIT=B*tan(Beta)/(pi*D)
x=0.5*D*cos(t*PIT*360)
y=REV*0.5*D*sin(t*PIT*360)
z=B*t
```

单击记事本右上角的【关闭】✕按键，确认保存后单击中键完成分度圆柱面上的螺旋线曲线
的创建，如图 5-18 所示。

9. 创建渐开线斜齿圆柱齿轮螺旋曲线的投影曲线

（1）单击【拉伸】，右键菜单分别选择【曲面】及【定义内部草绘…】，选取 FRONT 基准
平面作为草绘平面，接受缺省参照与方向，单击中键进入草绘界面，单击菜单【草绘】|【参照…】
或右键菜单选择【参照】，拾取系统坐标系作为参照，并从参照收集器中将 RIGHT 与 TOP 两
参照删除；单击【圆】○，以系统原点为中心分别绘制两同心圆；右键菜单选择【线】于坐标
系左侧绘制一相切于小圆、端点位于大圆上的倾斜的直线，添加【垂直】使斜线与 DTM2 基准
平面正交；单击【分割】，分别将大圆位于斜线端点处进行分割，重新标注大圆的直径尺寸，
分别选取斜线与小圆将其变换为几何参照图元，如图 5-19 所示，单击✓完成草图的绘制。接受缺
省拉伸方式为【盲孔】并键入盲孔的深度值为"160"，单击中键完成拉伸曲面的创建，如图 5-20
（a）所示。

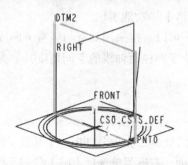

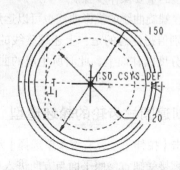

图 5-18　创建分度圆柱面上的螺旋曲线　　　图 5-19　投影圆柱面截面圆草图的绘制

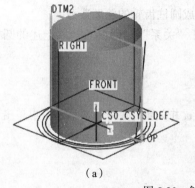

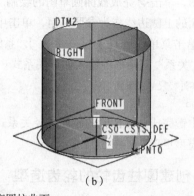

（a）　　　　　　　　　　　　　　　（b）

图 5-20　创建分度圆柱曲面

（2）单击菜单【工具】|【关系...】，系统打开"关系"对话框。拾取图 5-20（a）中的圆柱曲面或直接在特征树中选取"拉伸 1"特征，在图 5-8 的"关系"对话框中输入如下关系式。

```
/*分度圆柱面高度关系式
D23=B
/*分度圆柱面截面圆与定义起始点位置的几何圆关系式
D24=D
D25=D-2
```

单击中键完成分度圆柱面的截面草图及其高度关系式的设置并关闭"关系"对话框，再单击【再生】按键使其模型更新，如图 5-20（b）所示。

（3）单击菜单【编辑】|【投影...】，拾取图 5-20（b）中的螺旋曲线作为要投影的曲线，右键菜单选择【选取曲面】，将光标置于图 5-20 中的圆柱曲面上，右键两次后单击左键拾取圆柱曲面（目的曲面）；再次右键菜单选择【垂直于曲面】，单击中键完成螺旋曲线在圆柱面上的的投影曲线的创建，其结果与图 5-20（b）中的螺旋曲线位置是一致的。

对图 5-19 中的草绘截面圆进行分割的原因是：Pro/E 软件在创建基于截面草图由单一几何图元所形成的包括圆柱曲面在内的特征造型的过程中，其实体表面或曲面具有多面片结构，与截面草图所在的 x 轴（默认情形）或自定义的起始点（如样条线）相一致。在以图 5-20 中的圆柱曲面作为参照对象创建螺旋曲线的投影曲线时，考虑到当圆柱齿轮的齿数与螺旋角的变化范围较大时为了不至于造成投影曲线的圆柱曲面参照缺失而引起错误，因此将截面圆图元的起始点（或闭合点）进行人为定义。

创建螺旋曲线的投影曲线的目的是在运用可变剖面扫描功能的【垂直于曲面】方式形成圆柱齿轮的齿槽过程中，使齿轮的齿槽沿着圆柱表面进行移动，这一处理过程是完成斜齿圆柱齿轮齿槽的结构造型的重要操作步骤。

上述创建螺旋曲线的投影曲线也可以运用【包络】功能实现。

另外特别值得注意的是：上述螺旋线的创建不可以直接采用具有与竖直方向成 β 角的草绘曲线投影到分度圆柱面上，此时所生成的曲线与分度圆柱面轴线的空间角度并非为螺旋角 β 的大小。

10．创建圆柱齿轮的轮坯造型

（1）单击【拉伸】，右键菜单选择【定义内部草绘...】，选取 FRONT 基准平面作为草绘平面，单击中键接受缺省参照平面与方向进入草绘界面，右键菜单选择【圆】过系统原点绘制一截面圆草图，单击完成截面圆草图的绘制。设置拉伸方式为【到选定的】，选取图 5-20（b）中的圆柱曲面的上侧边线作为参照几何，单击中键完成圆柱齿轮的轮坯造型。

（2）单击菜单【工具】|【关系...】，系统打开"关系"对话框。拾取上述的圆柱特征，在图 5-8 的"关系"对话框中输入如下关系式。

```
/*轮坯外径尺寸关系式
D27=Da
```

单击中键完成圆柱齿轮的轮坯外径关系式的设置并关闭"关系"对话框，再单击【再生】按键使其模型更新，如图 5-21 所示。

11．创建圆柱齿轮的轮齿造型

（1）选择菜单【插入】|【可变剖面扫描...】或单击【可变剖面扫描】，拾取图 5-21 中的

投影曲线作为原点轨迹,单击扫描轨迹上的黄色箭头使其起始点位于 FRONT 基准平面处,右键菜单选择【恒定法向】,再选取图 5-21 中齿坯的上、下表面之一或 FRONT 基准平面作为扫描的方向,两次右键菜单分别选择【恒定剖面】、【垂直于曲面】创建沿圆柱面轴向移动的同时径向旋转的"非变化的截面",右键菜单选择【草绘】进入草绘界面,单击【使用】□,分别拾取图 5-15 中的渐开线曲线的复合曲线及其镜像曲线、齿根圆曲线(以"目的链"方式),右键菜单选择【圆角】,将渐开线曲线的复合曲线及镜像曲线与位于齿槽之间齿根圆进行圆角过渡,并约束两圆角相等,修改其尺寸为"2.28",删除"齿槽"曲线外侧的其他几何图元,如图 5-22 所示,单击✔完成开放截面草图的绘制,分别选择操控板上【扫描为实体】□与【移除材料】⊘两按键,图形预览及右键菜单命令如图 5-23 所示,单击中键完成轮齿齿槽的结构造型。

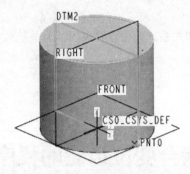

图 5-21　创建齿轮的齿坯造型

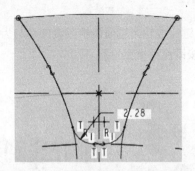

图 5-22　绘制齿槽端面的开放截面草图

(2)右键"Var Sect Sweep 1"特征,从快捷菜单中选择【阵列...】▦,选择操控板中的"阵列"类型下拉列表框中的【轴】来定义阵列成员,选取基准轴 A_1 作为阵列的中心轴,分别键入"输入第 1 方向的阵列成员数"为"29"、"输入阵列成员间的角度"为"360/29",单击中键完成齿槽的阵列操作,如图 5-24 所示。

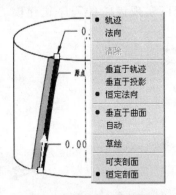

图 5-23　创建齿轮的齿槽造型

图 5-24　齿轮轮齿的造型

(3)单击菜单【工具】|【关系...】,系统打开"关系"对话框。直接拾取图形中的齿槽,系统弹出"选取截面"菜单项,在【指定】下级菜单中选取【截面 1】|【完成】,图形显示出齿槽的可变剖面扫描特征的截面尺寸,拾取齿根的倒圆角尺寸;再从特征树中选取"阵列 1/ Var Sect Sweep 1"特征,图形中显示出该阵列的特征尺寸,分别拾取齿槽阵列的成员间的角度与成员数两特征尺寸,在图 5-8 的"关系"对话框中输入如下关系式。

```
/*齿根过渡圆角关系式
IF HAN_X>=1
```

```
D31=0.38*MN
ENDIF
IF HAN_X<1
D31=0.46*MN
ENDIF
/*齿槽阵列关系式
D32=360/Z1
P35=Z1
/*顶隙系数的关系式
IF MN<1
CN_X=0.35
ELSE
CN_X=0.25
ENDIF
```

单击中键完成轮齿端面齿根过渡圆角与齿槽阵列关系式的设置并关闭"关系"对话框。单击【再生】 按键使其模型更新。

5.2 渐开线圆柱啮合变位齿轮的程序化 PROGRAM 设计

1. 变位齿轮的编程设计

（1）单击菜单【工具】|【程序】，系统弹出【程序】菜单管理器，选择【编程设计】，在打开的记事本中即可对变位齿轮的主要参数进行设置以实现齿轮的程序化建模。在其中的 INPUT…ENDINPUT 语句中键入如下文字内容。

```
MN NUMBER
"请输入齿轮的模数 MN:"
Z1 NUMBER
"请输入主动齿轮的齿数 Z1(图形显示先输入齿数的变位齿轮造型):"
Z2 NUMBER
"请输入从动齿轮的齿数 Z2:"
X1 NUMBER
"请输入主动齿轮的变位系数 X1:"
X2 NUMBER
"请输入从动齿轮的变位系数 X2:"
BETA NUMBER
"请输入齿轮的螺旋角 BETA:"
B NUMBER
"请输入齿轮的宽度 B:"
REV NUMBER
"请输入齿轮的旋向 REV(右旋为 1、左旋为-1、直齿为 0):"
```

（2）如图 5-25 所示为上述语句的输入结果，单击记事本右上角的【关闭】✕按键，确认保存后系统提示"要将所做的修改体现到模型中?"，单击【是】按键或直接单击中键并选择【得到输

入】|【当前值】，最后选择【完成/返回】或直接单击中间即可完成渐开线圆柱啮合变位齿轮造型
的程序化 PROGRAM 设计。

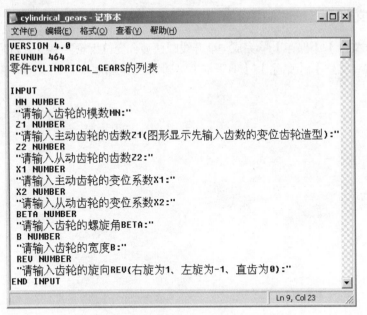

图 5-25 输入程序语句

2. 变位齿轮参数化建模

选择菜单【编辑】|【再生】或单击【再生】🔄，系统弹出【得到输入】菜单管理器，在选择
【输入】后系统弹出【INPUT SEL】菜单管理器，如图 5-26 所示，选择【选取全部】，根据系统的
提示将表 1 中的啮合齿轮的几何参数（只对表中的齿数与变位系数的数值进行互换）分别键入并
单击输入栏右侧的【确认】✔按键或直接单击中键完成啮合齿轮参数的设置，系统经再生后完成
渐开线圆柱啮合变位齿轮的参数化造型设计，如图 5-27 所示。

图 5-26 齿轮程序菜单管理器

图 5-27 齿轮程序化参数建模设计

3. 层设置

单击【设置层、层项目和显示状态】⬟显示系统的层结构树，按住【Ctrl】键分别选取

"02__PRT_ALL_AXES"、"03___PRT_ALL_CURVES"、"04___PRT_ALL_DTM_PNT"、"06___PRT_ALL_SURFS",两次右键菜单分别选择【隐藏】及【保存状态】。

4. 保存文件

单击菜单【文件】|【保存】□完成"渐开线圆柱啮合变位齿轮"模型的创建。若已保存过文件,再单击菜单【文件】|【删除】|【旧版本】,只保存其最新版本。

第 **6** 章

工程零件产品设计

6.1 | 节能灯

图 6-1 所示的节能灯造型由节能灯管与灯罩两部分构成，节能灯中的灯管是其造型中的重点，一般采用扫描等工具完成其建模过程。运用 Pro/E 软件中的"管道"工具实现灯管的造型也是一个不错的选择，操作过程较采用扫描工具要简单些。

1. 绘制节能灯管的中心线草图

（1）单击【草绘】，选择 TOP 基准平面作为草绘平面，接受缺省参照与方向，单击中键进入草绘界面，绘制如图 6-2 所示的草图，其中位于系统原点的图形为圆外切正五边形结构；右下方与直径为"32.62"圆弧相切的斜线均与系统原点对齐，用【分割】将斜直线分为两个图元，并对分割的左段添加相等约束（图中为"L_2"符号），标注其中之一的直线图元长度为"15"，单击✔完成灯管定位图形及部分中心线草图的绘制。图 6-2 中圆弧及与其相切的两直线构成灯管的部分中心线曲线。

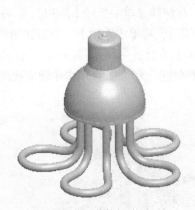

图 6-1 节能灯造型

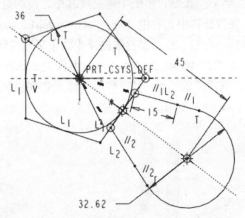

图 6-2 绘制灯管定位图形及部分中心线的草图

（2）单击【草绘】，再单击【平面】，按住【Ctrl】键分别拾取图 6-2 中的长度标注为"15"的直线及 TOP 基准平面，切换"平面"对话框中的 TOP 的约束方式为【法向】，单击中键完成草绘平面 DTM1 的创建，选择 TOP 基准平面作为参照并切换方向为【顶】，选择视图方向的箭头使其反向，单击中键进入草绘界面，拾取上述长度为"15"的直线图元的左、右两端点作为参照，绘制如图 6-3（a）中的直线圆弧相切的曲线草图，并添加竖直线与左参照点为竖直约束，标注、修改尺寸，单击✔完成灯管的部分中心线草图的绘制。

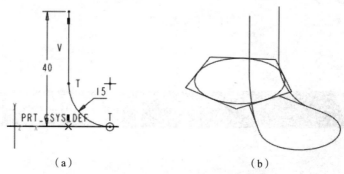

（a） （b）

图 6-3 绘制灯管的部分中心线曲线草图

（3）采用与上述步骤相同的操作方法、约束及草图与尺寸，创建过另一长度为"15"的直线（见图 6-2 中的下方斜线）与 TOP 基准平面成法向的草绘平面 DTM2，完成后的灯管的部分中心线曲线如图 6-3（b）所示。

至此，由图 6-2 中的圆弧及其相切的直线、图 6-3 中的两个直线圆弧相切的曲线构成灯管的中心线曲线。

2. 灯管的造型

（1）单击【可变剖面扫描】📎，先拾取图 6-3（a）中的直线圆弧曲线，按住【Shift】键再分别拾取图 6-2 中与圆弧相连的上方一小段直线、圆弧曲线及其下方相连的一小段直线以及图 6-3（b）中的另一直线圆弧曲线，完成扫描的原点轨迹曲线链的拾取，并以缺省的【垂直于轨迹】作为剖面控制方式创建扫描几何体，右键菜单选择【草绘】进入草绘界面，再次右键菜单选择【圆】◯于轨迹链的原点处绘制一直径为"6"的截面圆，单击✔完成截面草图的绘制，选择操控板上【扫描为实体】▢按键，单击中键完成其中之一的灯管的扫描几何体造型，如图 6-4（a）所示。

（2）在特征树中，右键"Var_Sect_Sweep1"特征，从快捷菜单中选择【阵列…】，在操控板上从"阵列"类型下拉列表栏中选择【轴】来定义阵列成员，再单击【轴】✎，直接拾取图 6-2 中的直径为"36"圆弧，连续单击中键两次完成基准轴 A_1 的创建并激活【阵列】工具，修改"第 1 方向的阵列成员数"为"5"，修改"输入阵列成员间的角度"为"72"，单击中键完成灯管的造型，如图 6-4（b）所示。

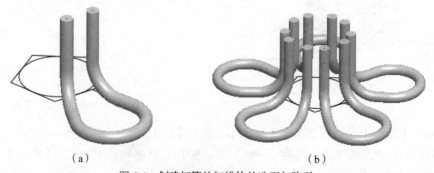

（a） （b）

图 6-4 创建灯管的扫描体的造型与阵列

从上述的操作可以看出，灯管的中心线曲线的绘制与灯管造型属于常用的建模方法。除此之外，完成上述灯管的中心线曲线可以通过创建具有"直线段与折弯半径"的"基准曲线"来实现；而直接完成灯管的造型还可以采用"管道"工具，这两个工具的操作方法基本一样，用于管路设计具有操作方便、简单的特点。

3. 创建灯管中心线的基准曲线

（1）在特征树中，右键"阵列 1/Var Sect Sweep1"特征，从快捷菜单中选择【隐含】并单击中键确定使其不显示在图形中。

（2）选取 TOP 基准平面作为草绘平面，绘制如图 6-5 所示的平行于相对的五边形边线并与圆弧相切的斜线草图，以此确定与直径为"32.62"的圆弧相切直线的两个虚交点。

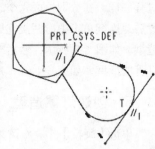

图 6-5　绘制斜线草图

（3）单击【曲线】～，单击中键接受菜单管理器中【曲线选项】|【经过点】方法来创建曲线，系统弹出"曲线：通过点"对话框及【连接类型】菜单选项，选择【多重半径】|【单个点】|【添加点】方法创建基准曲线，分别拾取图 6-3（a）中的竖直线的上端点、图 6-2 中的长度标注为"15"的上方斜线的左端点、图 6-5 中斜线的上端点，系统提示"输入折弯半径"，键入"15"作为由三个点构成的平面内并由三个点顺次形成的两个相交直线段的过渡圆角半径值，单击✔按键或中键后继续拾取图 6-5 中的斜线的另一端点，在【选取值】菜单选项中选择【新值】；输入"16.31"作为最近的三个点所在平面上的并由此构成的两个直线段的过渡圆角半径值，单击✔按键或中键后继续拾取图 6-2 中另一长度为"15"的斜线的左端点，同样在【选取值】菜单选项中选择【新值】，输入"16.3099"作为两个相交直线段的过渡圆角半径值，最后再拾取图 6-3（b）中竖直线的上端点，在【选取值】菜单选项中选取"15"，其结果如图 6-6 所示，连续单击中键三次完成灯管中心线的基准曲线的创建，如图 6-7 所示。

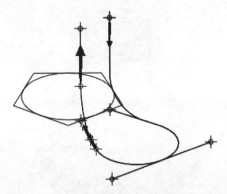

图 6-6　定义具有多重半径的基准曲线的控制点

图 6-7　创建具有多重半径的基准曲线

注意　由上述方法形成的通过基准点、端点或其他几何点所构成的基准曲线实际上是由多个直线段、单一或多重半径圆弧组成的曲线链，而非样条曲线或非"逼近"方式的复合曲线。

运用扫描或可变剖面扫描等工具，以图 6-7 中的曲线作为扫描的轨迹链即可实现灯管的几何体造型。

4. 采用"管道"工具创建灯管造型

（1）将图6-7中的基准曲线予以隐藏。

（2）选择菜单【插入】|【高级】|【管道...】，系统弹出
【选项】菜单管理器，选择【几何】|【实体】|【多重半径】|
【完成】，系统提示"输入外部直径"，输入"6"并单击✔按
键或中键后系统弹出【连结类型】菜单管理器，控制管道的
直段与弯管的参照点的拾取操作步骤与上述基准曲线的创建
过程一样，在分别拾取六个端点及相应过渡圆角半径值的设
置后，连续单击中键两次完成控制点的拾取及管道状灯管的
造型，如图6-8所示，然后对管道特征进行阵列实现节能灯
灯管的造型，如图6-4（b）所示。

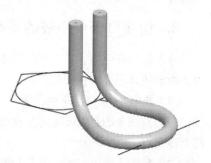

图6-8　创建实体管道

5. 创建灯罩造型

单击【旋转】◈，右键菜单选择【定义内部草绘...】，选择FRONT基准平面作为草绘平面，
单击中键接受缺省参照与方向进入草绘界，右键菜单选择【中心线】┆绘制过系统原点的一条
竖直中心线，再绘制如图6-9（a）所示的旋转剖面草图，图中水平尺寸"10"、"25"、"60"均
为直径尺寸，竖直尺寸"40"的定位基准为系统原点，顶部 R2mm 圆弧与下部大圆弧的圆心均
位于旋转中心线上，且 R2mm 圆弧的圆心与其右端点水平对齐，单击✔完成截面草图的绘制，
接受旋转特征角度缺省值为"360"，单击中键完成节能灯灯罩外形的旋转造型，如图6-9（b）
所示。

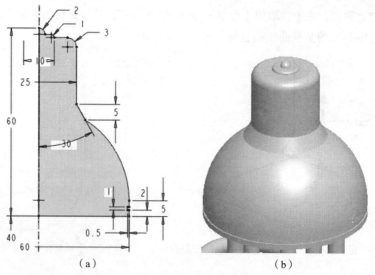

（a）　　　　　　　　　　　　　　（b）

图6-9　创建灯罩的旋转造型

6. 隐藏曲线及曲面

单击【设置层、层项目和显示状态】▤显示系统的层结构树，选取"03＿＿PRT_ALL_CURVES"，
两次右键菜单分别选择【隐藏】及【保存状态】。

7. 保存文件

单击菜单【文件】|【保存副本...】🖫，以"SAVING_ENERGY_LAMP"作为文件名进行保存。

6.2 | 楔形锻模（三）

图 6-10 所示为楔形锻模零件的造型，其建模方法可以运用"拉伸"、"混合"、"扫描混合"、"可变剖面扫描"等功能的单一或其组合完成其毛坯、模腔及飞边槽与溢流槽的结构造型，根据该模型的结构特点，本实例通过"混合"功能分别完成楔形锻模的毛坯与模腔部分的造型，通过"拉伸"除料完成模腔的楔形部分的结构造型，通过"偏移"、"复制"功能分别完成锻模飞边槽与溢流槽的结构造型，其建模过程包括过渡圆角在内只需要 8 个特征，操作简单、清晰。

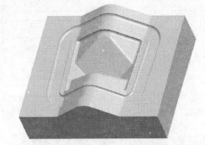

图 6-10　楔形锻模的造型

1. 楔形锻模毛坯的造型

选择菜单【插入】|【混合】|【伸出项...】，系统弹出【混合选项】菜单管理器，单击中键或选择【完成】接受【平行】|【规则截面】|【草绘截面】的缺省设置，系统弹出"伸出项：混合，平行，规则截面"特征对话框及【属性】菜单管理器，再次单击中键或选择【完成】以【直的】方式创建混合特征建模；在系统弹出的【设置草绘平面】菜单项中，单击【产生平面】以设置草绘平面，在【基准平面】菜单选项中选择【偏距】，再选取 FRONT 基准平面，选择【偏距】菜单项中【输入值】，在消息输入窗口键入"65"，连续单击中键两次完成草绘平面的创建，选择【方向】菜单项中【反向】|【正向】以确定特征创建的创建方向；选择【草绘视图】菜单中的【顶】，再选取 TOP 基准平面完成草绘参照与方向的设置并进入草绘界面。绘制如图 6-11（a）所示的定位截面图并将其转换为参照几何图元，再绘制如图 6-11（b）所示的混合特征的"截面 1"（图中的两圆弧同心），选择【坐标系】⌁在圆弧的中点（非圆心）处添加草绘坐标系以作为尺寸标注的定位基准及各截面对齐的参照基准（即与系统坐标系重合）。单击菜单【文件】|【保存副本...】，以"FORGED_MOLD"作为文件名保存图 6-11（b）中的草图；右键菜单选择【切换剖面】，单击【草绘】|【数据来自文件...】|【文件系统...】🖫，选取上述保存的"FORGED_MOLD.SEC"文件并打开，在草绘界面适当位置单击左键，在系统所弹出的"缩放旋转"对话框中，修改比例为"1"并按【Enter】键确认，接受缺省的旋转角度为"0"，按住拖动平移控制滑块⊗使草图的草绘坐标系与系统坐标系大致对齐，单击✔按键或中键完成截面草图的导入，再添加【重合】⊶使上述两坐标系重合，完成如图 6-11（c）所示的混合特征的"截面 2"的绘制。选择菜单【工具】|【关系...】，在"关系"对话框中键入关系式"sd22=40-65*tan(2)/*截面 1 的圆弧半径"、"sd29=40+195*tan(2) /*截面 2 的圆弧半径"，确认后单击✔完成混合截面草图的绘制，输入截面 2 的深度为"260"，连续单击中键两次完成楔形锻模毛坯的混合特征造型，如图 6-12（a）所示。

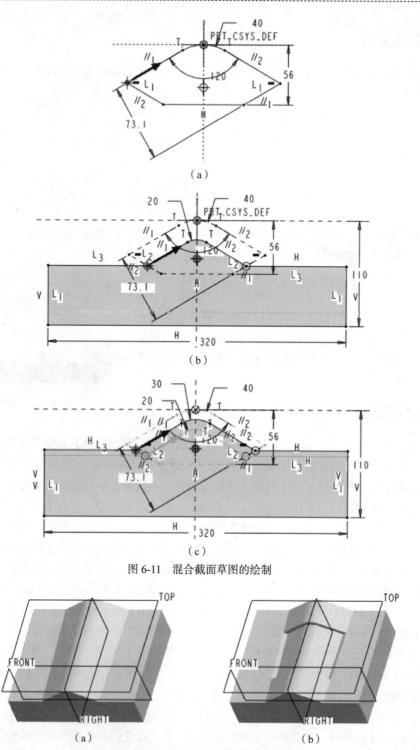

图 6-11　混合截面草图的绘制

图 6-12　楔形锻模毛坯与模腔部分结构造型

2. 楔形锻模模腔的造型

（1）选择菜单【插入】|【混合】|【切口…】，系统弹出【混合选项】菜单管理器，连续单击中键两次接受缺省菜单设置，再选取 FRONT 基准平面作为草绘平面，单击中键接受【正向】以

确定特征创建的方向；选择【草绘视图】菜单中的【顶】，再选取 TOP 基准平面完成草绘参照与方向的设置并进入草绘界面，单击菜单【草绘】|【参照…】，分别拾取图 6-12（a）中的楔形锻模上表面的左、右侧斜面与斜切面的两交线作为参照（右键选择再单击左键拾取），再选择"参照"对话框中的【剖面】按键，分别拾取图 6-12（a）中的锻模毛坯上表面的左、右侧的两斜切面与圆锥面，使其与草绘平面产生的剖面截交线作为参照，如图 6-13（a）所示，再绘制如图 6-13（b）所示的"W"形"截面 1"（图中圆弧与参照几何圆弧同心）；右键菜单选择【切换剖面】，绘制如图 6-13（c）所示的"W"形"截面 2"（采用【圆心和端点】绘制与参照圆弧同心并切于两斜线的圆弧），选择菜单【工具】|【关系…】，在"关系"对话框中键入关系式"sd4=8.7/cos(2)/*截面 1 圆弧半径增量值"、"sd13=132*tan(2) /*截面 2 圆弧半径增量值"，确认后单击✔完成混合用截面草图的绘制，连续单击中键两次接受【正向】确定删除的区域并以【盲孔】作为特征的生长方式，输入"截面 2"的深度为"132"，连续单击中键两次完成锻模模腔部分结构的混合特征造型，如图 6-12（b）所示。

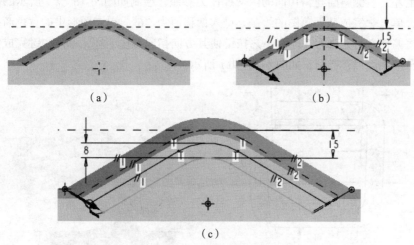

（a）　　　　　　　　　　　（b）

（c）

图 6-13　混合截面草图的绘制

　（2）单击【拉伸】，两次右键菜单分别选择【去除材料】及【定义内部草绘…】，选择 RIGHT 基准平面作为草绘平面，接受缺省的参照平面，切换方向为【顶】，单击中键进入草绘界面，绘制如图 6-14（a）所示的闭环截面草图，单击✔完成截面草图的绘制，设置拉伸的生长方式为【到选定的】，选取图 6-12（b）中部分模腔的左侧斜面作为参照对象，再选择操控板上的"选项"面板，从"第 2 侧"的下拉列表框中选取【到选定的】作为控制方式，选取图 6-12（b）中的部分模腔的另一侧斜面作为参照对象，单击中键完成模腔部分结构的造型，如图 6-14（b）所示。

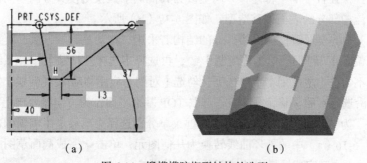

（a）　　　　　　　　　　　（b）

图 6-14　锻模模腔楔形结构的造型

（3）单击【倒圆角】 ✎ ，按住【Ctrl】键分别拾取如图 6-14（b）中的模腔的两条相切的边线，松开【Ctrl】键后键入倒圆角尺寸为"10"并确认；拾取如图 6-14（b）中的模腔的其他任一边线，键入倒圆角尺寸为"5"并确认，然后按住【Ctrl】键再分别拾取如图 6-14（b）中的余下的所有边线，单击中键实现倒圆角集的创建，完成楔形锻模模腔边线的过渡圆角，如图 6-15 所示。

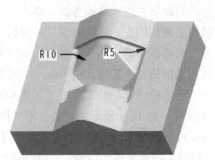

图 6-15　创建模腔各边线的过渡倒圆角

3. 楔形锻模飞边槽与溢流槽结构造型

（1）按住【Ctrl】键分别拾取图 6-15 中的锻模毛坯的所有上表面，选择菜单【编辑】|【偏移...】 ✎ ，两次右键菜单分别选择【具有拔模】 ✎ 与【定义内部草绘...】，再选取 TOP 基准平面作为草绘平面，单击中键接受缺省参照与方向进入草绘界面，单击菜单【草绘】|【参照...】 ✎ ，分别拾取图 6-15 中的上表面的的左、右侧斜面与斜切面的两交线作为参照，绘制如图 6-16（a）所示的圆角梯形嵌套截面草图，单击 ✔ 完成截面草图的绘制，键入偏移值为"6"，单击图形中的黄色箭头或选择操控板中的【将偏移方向更改为其他侧】 ✎ 按键使其方向指向锻模毛坯，单击中键完成锻模飞边槽与溢流槽部分的表面偏移造型，如图 6-16（b）所示。

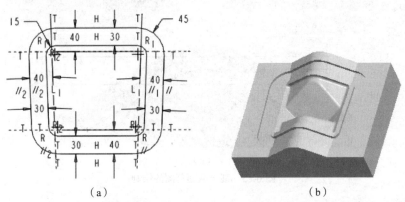

（a）　　　　　　　　　　　　　　　（b）

图 6-16　锻模飞边槽与溢流槽部分的表面偏移造型

（2）按住【Ctrl】键再次拾取图 6-16 中的锻模毛坯的所有上表面，选择菜单【编辑】|【偏移...】 ✎ ，两次右键菜单分别选择【具有拔模】 ✎ 与【定义内部草绘...】，再选取 TOP 基准平面作为草绘平面，单击中键接受缺省参照与方向进入草绘界面，绘制如图 6-17（a）所示的截面草图，即图 6-16（a）中的内环截面草图，单击 ✔ 完成截面草图的绘制，键入偏移值为"1.5"，单击图形中的黄色箭头或选择操控板中的【将偏移方向更改为其他侧】 ✎ 按键使其方向指向锻模毛坯，单击中键完成锻模溢流槽部分的表面偏移造型，如图 6-17（b）所示。

图 6-17（b）中的楔形锻模溢流槽部分的结构若采用"移动复制"方法，其操作过程为：在特征树中选取"偏距 1"特征，单击【复制】 ✎ ，再选择【选择性粘贴】 ✎ ，系统弹出"选择性粘贴"对话框，不勾选【从属副本】单选框，勾选【对副本应用移动/旋转变换】复选框，单击中键接受默认的【沿选定参照平移特征】 ↔ ，选取 TOP 基准平面作为方向参照向上移动，接受默认的"输入平移值"为"0"，单击中键后两次右键菜单分别选择【草绘】、【编辑内部草绘...】进入草绘界面，将图 6-16（a）中的外环曲线转换为几何图元，单击 ✔ 完成截面草图的编辑，键入偏移值为"1.5"，单击中键完成锻模溢流槽部分的移动变换。

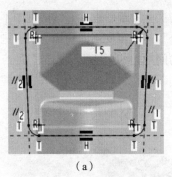 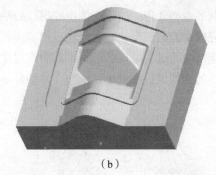

（a） （b）

图 6-17　锻模溢流槽部分的表面偏移造型

（3）单击【倒圆角】 ，按住【Ctrl】键分别拾取如图 6-17（b）所示的锻模毛坯的上、下四条边线及飞边槽底部的上、下四条边线，键入倒圆角尺寸为"10"并确认，激活操控板中倒圆角的【切换至过渡模式】 按键或右键菜单选择【显示过渡】，图形显示整个倒圆角特征的所有过渡的预览几何，如图 6-18 所示。选取对应于图 6-18 中要定义的过渡（飞边槽左下），右键菜单选择【终止于参照】，如图 6-19 所示，拾取位于过渡处的 $R45mm$ 圆角表面作为参照几何；同样，选取飞边槽右下处的过渡，过渡方式为【终止于参照】，参照几何为该过渡处的 $R45mm$ 的圆角表面，单击中键完成倒圆角的创建。

（4）单击【倒圆角】 ，参见图 3-26 中的操作过程，分别完成锻模飞边槽底部内侧边线半径为"4.3"的过渡圆角及其槽底外侧边线，以其侧面位于上表面的环状相切边线为驱动曲线实现【通过曲线】方式的过渡圆角，其结果如图 6-10 所示。

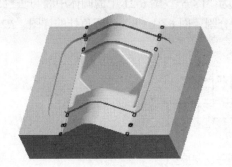 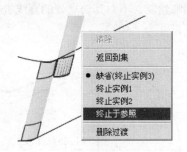

图 6-18　显示圆角过渡　　　　图 6-19　设置圆角过渡

4. 保存文件

单击菜单【文件】|【保存副本…】 ，以"FORGED_MOLD_BLEND_OFFSET"作为文件名进行保存。若已保存过文件，再单击菜单【文件】|【删除】|【旧版本】，只保存模型的最新版本。

6.3 安全阀阀体

图 6-20 所示为安全阀阀体零件的造型，该零件建模的主要难点是阀体中腔与排气出口法兰颈

部的连接过渡的造型处理。由于阀体中腔出口处端面与法兰颈部的连接，其造型中不能采用曲面加厚的方式完成中腔的建模，而是分别运用"边界混合"与"可变剖面扫描"功能进行阀体中腔与法兰颈部连接处的过渡结构的造型，其中值得注意的问题是"可变剖面扫描"原点轨迹的曲线的绘制与边界的相切设置。考虑到模型文件的显示与刷新频率，将阀体铸字放置在建模的最后进行处理。

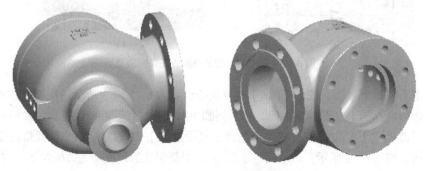

图 6-20　安全阀阀体零件造型

1. 绘制阀体中腔轮廓的截面草图

选择 TOP 基准平面作为草绘平面，绘制如图 6-21（a）所示的草图（图中未显示约束符合），图中圆弧与其相连的斜线约束为相切，右上方与右下方的斜线被分割成两段，其分割点竖直对齐，尺寸"6"和"30"表示法兰颈部轮廓线的斜度为"1∶5"。图 6-21 中的阀体中腔与法兰颈部的内、外圆角以圆弧绘制，不对其切点处的直线进行分割。图 6-21（b）为圆角处的详图，*R*20mm 圆弧的水平定位尺寸为"60"。

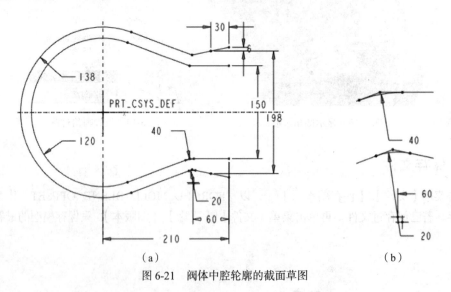

（a）　　　　　　　　　　　　　　　　　（b）

图 6-21　阀体中腔轮廓的截面草图

2. 阀体中腔内部结构的曲面造型

（1）单击【拉伸】，两次右键菜单选择分别【曲面】及【定义内部草绘...】，选择 TOP 基准平面作为草绘平面，接受缺省参照与方向，单击中键进入草绘界面，选择【使用】，分别拾取图 6-21（a）中的内腔轮廓线 R120mm 圆弧及与之相切的两条直线，右键菜单选择【线】↘，在两切线的右端点之间绘制一竖直线，如图 6-22（a）所示，单击✔完成草图的绘制，打开操控板上的"选项"面板，勾选【封闭端】复选框，设置拉伸的生长方式为【对称】，键入盲孔深度值为"150"，单击中键完成阀体中腔内部结构的拉伸曲面的造型，隐藏图 6-21 中的草图曲线后的结果如图 6-22（b）所示。

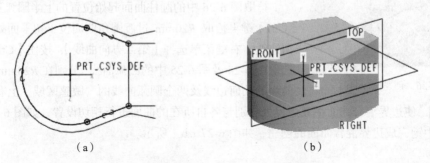

（a） （b）

图 6-22 创建阀体中腔内部结构的曲面造型

（2）选择【倒圆角】↘，按住【Ctrl】键分别拾取拉伸曲面的上、下两相切的边线，键入倒圆角的半径为"20"，确定后单击中键完成过渡圆角曲面的创建，如图 6-23 所示。

（3）单击【草绘】↖，选择拉伸曲面的上表面作为草绘平面，单击中键接受缺省参照与方向进入草绘界面，单击菜单【草绘】|【参照…】□，分别右键 R20mm 的过渡圆角曲面的内侧边线及拉伸曲面右侧边线再单击左键拾取两边线作为参照几何，右键菜单选择【3 点/相切端】⌒，绘制如图 6-24 所示的圆弧曲线，其中圆弧左端点与过渡圆角的边线相切，另一端位于右侧边线的中点上，单击✔完成圆弧曲线草图的绘制。

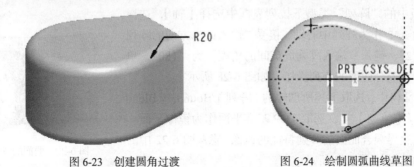

图 6-23 创建圆角过渡 图 6-24 绘制圆弧曲线草图

（4）单击【草绘】↖，选择图 6-22（b）中的拉伸曲面前侧的切平面作为草绘平面，接受缺省参照，切换方向为【底部】，单击中键进入草绘界面，系统弹出"参照"对话框，分别右键 R20mm 的过渡圆角的边线及切平面左、右侧的边线，再单击左键拾取 3 条边线作为参照几何，右键菜单选择【3 点/相切端】⌒，绘制如图 6-25 所示的圆弧曲线草图，其中圆弧左端点与过渡圆角的边线相切并切切平面的左侧边线，另一端位于右侧边线的中点处，单击✔完成圆弧曲线草图的绘制。

（5）单击【拉伸】⬚，两次右键菜单分别选择【曲面】及【定义内部草绘…】，选取图 6-22（b）中的拉伸曲面的右侧面作为草

图 6-25 绘制圆弧曲线草图

绘平面，接受缺省参照，切换方向为【底部】，选择菜单【草绘】|【参照…】▣，选取系统坐标系作为参照，右键菜单选择【圆】〇于坐标系原点绘制直径为"150"的圆，单击✔完成截面圆的绘制，键入拉伸的盲孔深度为"70"，单击中键完成阀体中腔内侧出口的拉伸曲面造型，

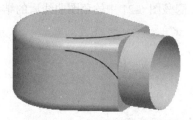

图 6-26　创建拉伸曲面

如图 6-26 所示。

（6）选择菜单【插入】|【边界混合…】或单击【边界混合】🔗，拾取图 6-26 中的圆柱曲面起始位置的上半圆弧边线，按住【Ctrl】键再拾取 *R*20mm 过渡圆角曲面位于切平面处的圆弧几何边线，右键菜单选择【第二方向曲线】，按住【Ctrl】键分别选取图 6-24 及图 6-25 中的圆弧曲线，分别在 *R*20mm 过渡圆角曲面的几何边线及两个圆弧曲线的"敏感区域"上右键菜单选

择【切线】，使边界混合曲面在其边界处分别与各自所在的曲面进行相切设置，如图 6-27（a）所示，单击中键完成边界混合曲面的创建，如图 6-27（b）所示。

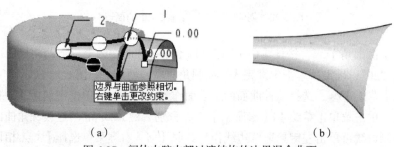

（a）　　　　　　　　　　　　　　　　（b）

图 6-27　阀体中腔内部过渡结构的边界混合曲面

（7）在特征树中，右键上述所创建的"Boundary Blend 1"特征，从快捷菜单中选择【阵列…】▦，在操控板中的"阵列"类型下拉列表框中选择【轴】，选择圆柱曲面的轴 A_2 作为阵列中心轴，接受"输入第一方向的阵列成员数"为"2"，键入"输入阵列成员间的角度"为"180"，单击中键完成边界混合曲面的阵列操作，如图 6-28 所示。

（8）在特征树中，选取上述所创建的"阵列 1/Boundary Blend 1"特征，选择【镜像】⬛，选取 TOP 基准平面作为镜像平面，单击中键完成边界混合曲面的阵列特征的镜像，隐藏图 6-22 中的拉伸曲面后的结果如图 6-28 所示。

图 6-28　曲面的阵列与镜像

（9）按住【Ctrl】键分别拾取图 6-26 中的拉伸曲面及图 6-28 中由阵列与镜像所完成的四个过渡曲面结构的边界混合曲面，单击【合并】⬛，单击中键完成五个曲面的合并。

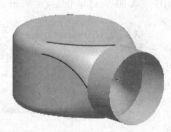

图 6-29　曲面面组的合并

（10）按住【Ctrl】键分别拾取上述所完成的合并曲面及图 6-22 中的阀体中腔内侧的拉伸曲面，单击【合并】⬛，右键菜单选择【连接】，确认图形中的黄色箭头或单击【改变要保留的第二侧面组的侧】⬛按键使其指向阀体拉伸曲面的内侧，单击中键完成两个曲面面组的合并，如图 6-29 所示。

（11）选择【倒圆角】⬛，以"目的边"方式拾取阀体中腔内侧的过渡曲面与出口处拉伸曲面的交线（或右键单击再左键拾取），键入倒圆角的半径为"40"，单击中键完成过渡圆角的创建，

如图 6-30 所示。

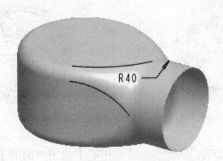

图 6-30 曲面过渡圆角

3. 阀体中腔外形的造型

在特征树中，按住【Ctrl】键分别选取"草绘 2"、"草绘 3"、"拉伸 2"共 3 个特征，右键菜单选择【隐藏】使其不显示在图形中，同时将"草绘 1"取消隐藏。

（1）单击【拉伸】，右键菜单选择【定义内部草绘...】，选择 TOP 基准平面作为草绘平面，接受缺省参照与方向，单击中键进入草绘界面，选择【使用】，分别选取图 6-21 (a) 中的中腔外轮廓线 R138mm 圆弧及与之相切的两条直线，右键菜单选择【线】于两切线的右端点之间绘制一条竖直线并标注"参考"尺寸，如图 6-31 所示，单击✔完成草图曲线的绘制，设置拉伸的生长方式为【对称】，键入盲孔的深度尺寸为"186"，单击中键完成阀体中腔外形的拉伸造型，将"草绘 1"予以隐藏后的结果如图 6-32 所示。

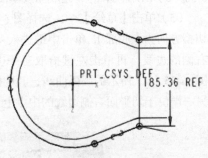

图 6-31 绘制截面草图曲线

阀体中腔右侧为与法兰连接的锥形颈部结构，上述的拉伸深度应为"185.36"，与图样标注的设计尺寸"186"的单边误差为"0.32"，这并不影响在法兰颈部与中腔右侧过渡结构处创建 R20mm 过渡圆角。

（2）选择【倒圆角】，按住【Ctrl】键分别选取图 6-32 中的上、下侧两相切边线，键入倒圆角的半径为"38"，单击中键完成边线过渡圆角的创建，如图 6-33 所示。

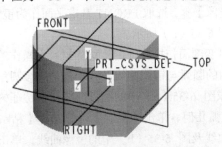

图 6-32 阀体中腔外形的拉伸造型

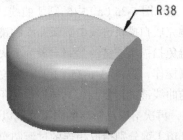

图 6-33 创建边线过渡圆角

（3）单击【草绘】，选择图 6-33 中的拉伸上表面作为草绘平面，单击中键接受缺省参照与方向进入草绘界面，单击菜单【草绘】|【参照...】，选取右侧边线作为参照，选择【使用】，直接拾取过渡圆角曲面位于拉伸上表面的圆角几何边线，右键菜单选择【3 点/相切端】，绘制过圆角边线端点与参照几何的中点并与圆角边线相切的上、下两个圆弧曲线，如图 6-34（a）所示，单击✔完成曲线草图的绘制。

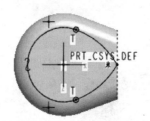 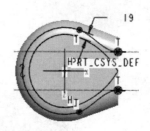

图 6-34　绘制扫描轨迹线草图

（4）单击【草绘】⚫，选择"草绘"对话框中的【使用先前的】按键直接进入草绘界面，单击菜单【草绘】|【参照…】⚌，分别拾取 R38mm 过渡圆角曲面位于右侧边线上的几何点作为参照，右键菜单选择【中心线】⋮过参照几何点分别绘制一条水平中心线，选择【偏移】⚏，拾取 R38mm 的过渡圆角位于圆弧段的内（或外）侧边线向外（或内）侧偏距"19"创建偏移圆弧曲线，再选择【样条】∿，分别在偏距圆弧曲线的端点、参照几何与中心线的交点之间绘制样—样条曲线，运用【约束】⚏中的【使两图元相切】⚲，使样条线的端点分别与圆弧及中心线相切，如图 6-34（b）所示，单击✔完成曲线草图的绘制。

（5）单击【草绘】⚫，选择图 6-33 中的拉伸体前侧的切平面作为草绘平面，接受缺省参照，切换方向为【底部】，单击中键进入草绘界面，分别右键 R38mm 的过渡圆角的边线、切平面左、右侧的边线，再单击左键拾取三条边线作为参照，右键菜单选择【3 点/相切端】⌒，绘制如图 6-35（a）所示的圆弧曲线，其中圆弧左端点与过渡圆角的边线相切并过切平面的左侧边线，另一端位于切平面右侧边线的中点上，单击✔完成曲线草图的绘制。

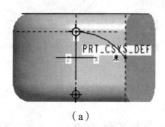
（a）

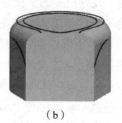
（b）

图 6-35　绘制与镜像圆弧曲线

（6）选取图 6-35（a）中的圆弧曲线，选择【镜像】⚹，选取 FRONT 基准平面作为镜像平面，单击中键完成扫描轨迹线中圆弧曲线的镜像，如图 6-35（b）所示。

为避免扫描轨迹链的参照对象的丢失以实现可变剖面扫描特征的【移除材料】操作的镜像或移动复制操作，需将图 6-35（b）中的拉伸体侧面的圆弧与镜像曲线及其相连的过渡圆角曲面边线构成的曲线链进行复制。具体操作如下：先拾取图 6-35（a）中的圆弧曲线或在特征树中选择"草绘6"，再次拾取已激活的圆弧曲线以选取其圆弧几何，单击【复制】▤，选择【粘贴】▤，按住【Shift】键分别拾取相连的过渡圆角曲面的边线及图 6-35（b）中的镜像曲线，单击中键完成扫描轨迹链曲线的创建，隐藏图 6-35 中的拉伸侧面的草绘与镜像圆弧曲线后的结果如图 6-36 所示。

（7）单击【可变剖面扫描】⚲，选取图 6-34（b）中的草绘曲线作为原点轨迹，按住【Ctrl】键分别拾取选取图 6-34（a）的草绘曲线及图 6-36 中的复合曲线作为"链 1"和"链 2"，右键菜单选择【草绘】进入草绘界面，选择【椭圆】⬭，在"链 1"的下方与"链 2"的右侧位置绘制过"链 1"、"链 2"的截面椭圆，分别运用【约束】⚏中的【使线或两顶点垂直】↕与【使线或

两顶点水平】↔，将椭圆中心分别与"链1"、"链2"约束为"垂直"与"水平"，单击【删除段】
↗删除椭圆右下侧的3/4椭圆弧，如图6-37所示，单击✔完成截面椭圆弧草图的绘制。打开操控
板中的"相切"面板，单击"轨迹"收集器中的"链1"，再选择"参照"下拉列表框中的【选取
的】，此时"链1"或"链2"所对应的"曲面"收集器中的参照均显示为"未定义"，并在图形中
高亮显示"链1"或"链2"需定义参照的几何图元，再拾取几何图元所在的表面以定义约束参照
曲面，系统自动切换到下一个相连的几何图元，同样拾取该几何图元所在的表面，直至完成"链
1"或"链2"中所有与几何图元的相切曲面的设置，如图6-38所示。分别选择操控板中的【扫
描为实体】▢按键与【去除材料】◿按键，调整去除材料侧的方向◿按键或图形中的箭头使其向
外，单击中键完成阀体中腔外形上侧的过渡结构的可变剖面扫描造型，如图6-39（a）所示。

图 6-36　创建扫描轨迹曲线　　　　　图 6-37　绘制扫描截面椭圆弧草图

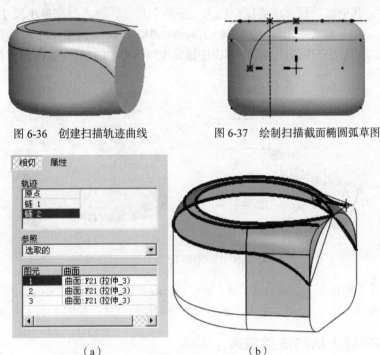

（a）　　　　　　　　　　　　　（b）

图 6-38　扫描曲面的相切设置

　　（8）选择上述过渡表面结构的可变剖面扫描造型，选择【镜像】⟩⟨，选取 TOP 基准平面作为
镜像平面，单击中键完成阀体中腔外形下侧边线过渡表面结构的创建。在特征树中，按住【Shift】
键分别选取"草绘4"与"复制1"之间的5个特征，右键菜单选择【隐藏】使其不显示在图形中，
如图6-39（b）所示。

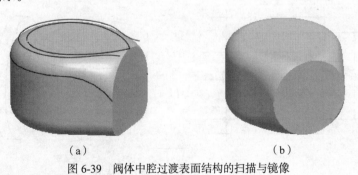

（a）　　　　　　　　　　　　　　（b）

图 6-39　阀体中腔过渡表面结构的扫描与镜像

图 6-39 中的阀体中腔外形的上、下边线处的过渡结构造型也可采用上述的中腔内侧过渡结构的造型方法完成，此处采用"可变剖面扫描"功能的目的：一是扫描的原点轨迹的曲线链的绘制技巧，二是边界曲面的相切设置。

4. 阀体中腔出口的法兰及颈部造型

（1）单击【旋转】，右键菜单选择【定义内部草绘…】，选择 TOP 基准平面作为草绘平面，单击中键接受缺省参照与方向进入草绘界，单击菜单【草绘】|【参照…】，选取图 6-39 中的阀体中腔右侧的上端点作为参照，右键菜单选择【中心线】绘制过系统原点的一条水平中心线，右键菜单选择【线】，绘制如图 6-40（a）所示的法兰与颈部的开放截面轮廓草图，标注并修改尺寸，其中法兰颈部的高度标注为"参照"尺寸，键入颈部最小尺寸即图 6-40（a）中的直径尺寸"198"的关系式为"sd8=185.36+rsd10/5*2 /*rsd10 为参照尺寸"，单击✔完成草图的绘制，接受旋转缺省角度值"360"，单击中键完成阀体中腔的出口法兰造型，如图 6-40（b）所示。

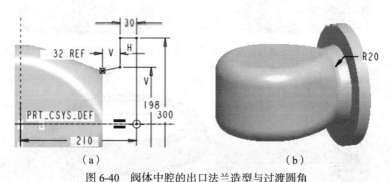

（a）　　　　　　　　　　　　　　（b）

图 6-40　阀体中腔的出口法兰造型与过渡圆角

（2）选择【倒圆角】，按住【Ctrl】键分别选取上述法兰颈部的表面与阀体中腔的过渡表面，键入倒圆角的半径为"20"，单击中键完成过渡圆角的创建，如图 6-40（b）所示。

5. 阀体中腔上端的法兰造型

单击【旋转】，右键菜单选择【定义内部草绘…】，选择 FRONT 基准平面作为草绘平面，单击中键接受缺省参照与方向进入草绘界面，右键菜单选择【中心线】绘制过系统原点的一条竖直中心线，右键菜单选择【线】绘制如图 6-41（a）所示的截面草图，其中的"280"、"276"均为直径尺寸，单击✔完成草图的绘制，接受旋转角度的缺省值为"360"，单击中键完成阀体中腔的上端法兰造型，如图 6-41（b）所示。

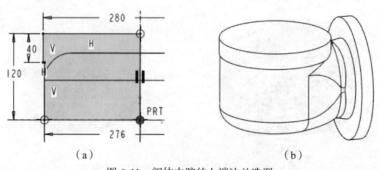

（a）　　　　　　　　　　　　　（b）

图 6-41　阀体中腔的上端法兰造型

6. 进口管外形与焊接坡口的造型

单击【旋转】◈，右键菜单选择【定义内部草绘…】，选取"草绘"对话框中的【使用先前的】按键进入草绘界面，单击菜单【草绘】|【参照…】，选取阀体中腔外形的下表面边线作为参照，右键菜单选择【中心线】⁝绘制过系统原点的一条竖直中心线，绘制如图 6-42（a）所示的截面草图，其中 R6mm 的圆弧的圆心与其右端点水平对齐，竖直尺寸"410"的基准为中腔上法兰的上端面，参见图 6-42（b）草图对应特征的外观结构，单击✔完成草图的绘制，接受旋转特征角度缺省值为"360"，单击中键完成阀体的进口管道外观结构造型，如图 6-42（b）所示。

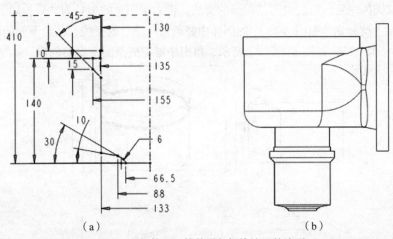

（a）　　　　　　　　　　　（b）

图 6-42　阀体进口管外形与焊接坡口的造型

7. 阀体左侧窥视孔与螺栓孔的凸台造型

单击【拉伸】，右键菜单选择【定义内部草绘…】，选择 RIGHT 基准平面作为草绘平面，以 TOP 基准平面为参照，切换方向为【顶】，单击草绘视图方向黄色箭头使其反向，单击中键进入草绘界面，单击菜单【草绘】|【参照…】，选择阀体中腔外形的下表面作为参照，右键菜单选择【中心线】⁝绘制过系统原点的一条竖直中心线，绘制如图 6-43（a）所示的半腰圆矩形草图，单击✔完成草图的绘制，键入拉伸深度"140"，单击中键完成凸台的造型，如图 6-43（b）所示。

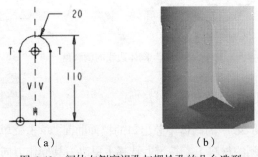

（a）　　　　　　　　　（b）

图 6-43　阀体左侧窥视孔与螺栓孔的凸台造型

8. 阀体相贯线处的过渡圆角

（1）选择【倒圆角】，按住【Ctrl】键分别拾取阀体中腔侧面与过渡结构处的边线（即前

工程零件产品设计

后两条相贯线），键入倒圆角的半径为"12"，如图 6-44（a）所示，再拾取图 6-41 中的上法兰的下表面与阀体中腔侧面的交线，键入倒圆角半径为"2"，如图 6-44（b）所示，单击中键完成倒圆角集的创建。

（2）选择【倒圆角】 🔧，拾取图 6-41 中的阀体中腔上法兰下侧边线，键入倒圆角的半径为"8"，如图 6-44（c）所示，单击中键完成倒圆角的创建。

（3）选择【倒圆角】 🔧，按住【Ctrl】键拾取图 6-41 中的阀体中腔侧面与过渡结构处的边线，键入倒圆角的半径为"8"，如图 6-44（d）所示，单击中键完成倒圆角的创建。

（4）选择【倒圆角】 🔧，拾取图 6-42 中的阀体中腔与进口管外侧的交线，键入倒圆角的半径为"16"，拾取阀体中腔出口法兰与其颈部的交线，键入倒圆角的半径为"5"，如图 6-44（e）所示；按住【Ctrl】键分别拾取图 6-43 中的阀体中腔侧面与凸台的交线、凸台下侧的两条边线，键入倒圆角的半径为"2"，如图 6-44（f）所示，单击中键完成倒圆角集的创建。

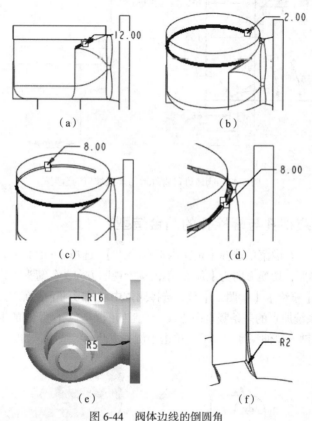

图 6-44 阀体边线的倒圆角

9. 阀体中腔内部结构造型

在特征树中，拾取图 6-26 中的阀体中腔出口的拉伸曲面，单击菜单【编辑】|【实体化...】 🗂，选择【移除面组内侧或外侧的材料】 ⬜ 按键，选择【更改刀具操作方向】 ⬜ 按键使其指向阀体内腔，单击中键完成阀体中腔的内部结构造型，如图 6-45 所示。

10. 阀体中腔上端法兰、孔与螺纹孔的加工

（1）单击【旋转】 🔧，两次右键菜单选择分别【去除材料】、【定义内部草绘...】，选择 FRONT

基准平面作为草绘平面，单击中键接受缺省参照与方向进入草绘界面，单击菜单【草绘】|【参照…】⬚，分别拾取中腔上法兰的边线及中腔内侧的上表面边线作为参照，右键菜单选择【中心线】⫶，绘制过系统原点的一条竖直中心线，右键菜单选择【线】﹨绘制如图 6-46（a）所示的开放截面草图，标注并修改尺寸，单击✔完成截面草图的绘制，接受旋转角度的缺省值为"360"，单击中键完成阀体中腔上端法兰的阀杆盖孔的造型，如图 6-46（b）所示。

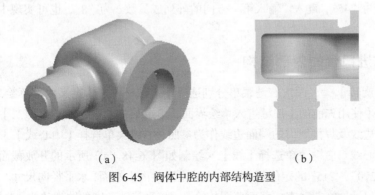

（a） （b）

图 6-45　阀体中腔的内部结构造型

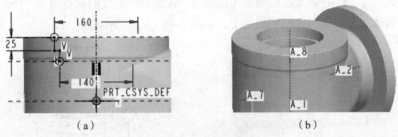

（a） （b）

图 6-46　加工阀杆盖孔造型

（2）单击【边倒角】◣，选择阀体中腔上法兰的外轮廓边线，键入倒角值为"1"，单击中键完成边线的倒角，如图 6-46 所示。

（3）单击【孔】🔧，选取阀体中腔上法兰的表面作为孔的放置面，分别拖动两个偏移参照控制滑块至 FRONT 基准平面与基准轴 A_1 或（A_8）上，右键两个定位控制滑块中的任一个，从快捷菜单中选择【直径】，键入孔的分度圆直径、孔中心角度（一半值）分别为"230"和"22.5"，如图 6-47（a）所示，选择操控板上的【创建标准孔】按键，【添加攻丝】⊕按键被激活，选择"设置标准孔的螺纹类型"为"ISO"，选取螺纹尺寸规格为"M22×2"，输入钻孔深度值为"35"，打开"形状"面板，输入螺纹深度为"30"，打开【注释】面板，不勾选【添加注释】复选框，单击中键完成螺纹孔的加工。

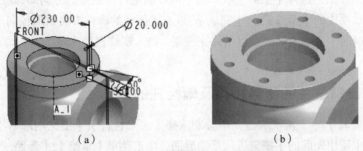

（a） （b）

图 6-47　阀体中腔上法兰螺纹孔的加工

（4）在特征树中，右键"孔1"特征，从快捷菜单中选择【阵列...】，从操控板中的"阵列"类型下拉列表框中选择【轴】，再选取基准轴A_1或（A_8）作为阵列中心轴，分别键入"输入第一方向的阵列成员数"为"8"及"输入阵列成员间的角度"为"45"，单击中键完成螺纹孔的阵列操作，如图6-47（b）所示。

若接受操控板中的缺省的阵列类型为"尺寸"，则拾取孔的中心角度尺寸"22.5"，键入孔的中心角度增量值为"45"，键入"输入第一方向的阵列成员数"为"8"，也可实现中腔上法兰上的螺纹孔的阵列。

11. 阀体进口管的内部结构

（1）单击【旋转】✛，两次右键菜单分别选择【去除材料】、【定义内部草绘...】，选取"草绘"对话框中的【使用先前的】按键进入草绘界面，单击菜单【草绘】|【参照...】▣，分别拾取中腔内侧下表面边线及焊接坡口的端面边线作为参照，右键菜单选择【中心线】┊绘制过系统原点的一条竖直中心线，右键菜单选择【线】╲绘制如图6-48（a）所示的开放截面草图，竖直定位尺寸"290"、"270"、"215"的定位基准均为中腔上法兰的上端面，水平径向尺寸"78"为M85×2的螺纹孔的工艺尺寸，单击✔完成截面草图的绘制，接受旋转角度的缺省值为"360"，方向向里，单击中键完成阀体的进口管内部结构的加工，如图6-48（b）所示。

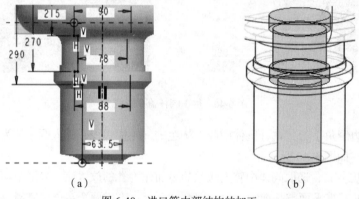

（a）　　　　　　　　　　　　（b）

图6-48　进口管内部结构的加工

（2）单击菜单【插入】|【修饰】|【螺纹...】，系统弹出"修饰：螺纹"对话框，切换视图的渲染效果为【隐藏线】▢，调整图形的显示状态为如图6-48（b）所示，将光标置于径向尺寸"78"的圆柱面上，右键单击一次再单击左键以拾取高亮显示的圆柱前侧面作为加工螺纹的曲面；将光标置于径向尺寸"90"的圆柱下端面上，右键单击两次再单击左键以拾取高亮显示的圆柱端面作为加工螺纹的起始曲面，选择【正向】或单击中键以确定特征创建的方向即螺纹的加工方向，选择【指定到】菜单项中的【至曲面】|【完成】，以上述同样的操作方法拾取径向尺寸"88"（即退刀槽）圆柱的上端面作为加工螺纹长度的终止位置，键入螺纹直径"85"，连续单击中键三次完成螺纹孔的修饰。

12. 排气出口法兰的密封止口及螺栓孔的加工

（1）单击【旋转】✛，两次右键菜单分别选择【去除材料】、【定义内部草绘...】，选取"草绘"对话框中的【使用先前的】按键进入草绘界面，单击菜单【草绘】|【参照...】▣，选取出口法兰的端面及外轮廓表面边线作为参照，右键菜单选择【中心线】┊绘制过系统原点的一条水平

中心线，右键菜单选择【线】╲绘制如图 6-49（a）所示的开环截面草图，单击✔完成截面草图的绘制，接受旋转角度的缺省值为"360"，方向向外，单击中键完成阀体的中腔出口法兰的密封止口，如图 6-49（b）所示。

（2）单击【边倒角】╲，选择排气出口法兰密封面外轮廓边线，键入倒角值为"1"，单击中键完成边线的倒角，如图 6-49（b）所示。

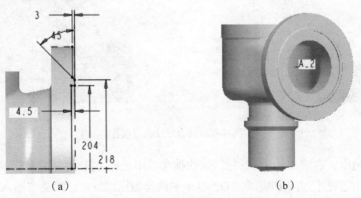

（a）　　　　　　　　　　（b）

图 6-49　出口法兰的密封止口的加工

（3）单击【孔】，选取排气出口法兰的密封表面作为加工面，接受操控板上【创建简单孔】及【使用预定义矩形作为钻孔轮廓】方式，分别拖动两个偏移参照控制滑块至 TOP 基准平面与基准轴 A_2 或（A_19）上，右键两个定位控制滑块中的任一个，从快捷菜单中选择【直径】，键入孔的分度圆直径、孔中心角度（一半值）分别为"250"和"22.5"，输入钻孔直径为"25"，如图 6-50（a）所示，右键孔的深度控制滑块，从快捷菜单中选择【到选定的】，再选择法兰的背面作为参照，单击中键完成螺栓孔的加工。

（4）在特征树中，右键特征"孔 2"，从快捷菜单中选择【阵列...】，接受操控板中缺省的"阵列"类型为【尺寸】，拾取孔的中心角度尺寸"22.5"，键入孔的中心角度增量值为"45"，键入"输入第一方向的阵列成员数"为"8"，单击中键完成法兰螺栓孔的加工，如图 6-50（b）所示。

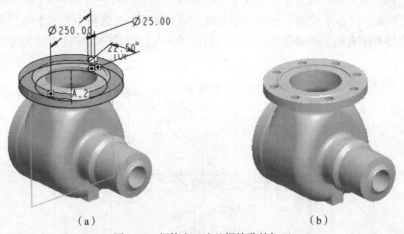

（a）　　　　　　　　　　（b）

图 6-50　阀体出口法兰螺栓孔的加工

13. 侧面凸台两螺纹孔及沉孔的加工

（1）单击【孔】，选取阀体侧面凸台表面作为加工孔的放置面，如图 6-43（b）所示，按住【Ctrl】键拾取基准轴 A_7 作为孔的定位基准，选择操控板上【创建标准孔】![icon]方式，【添加攻丝】![icon]按键被激活，接受"设置标准孔的螺纹类型"为"ISO"，从"输入螺纹尺寸"列表栏中选取"M20×1.5"规格的尺寸，设置钻孔深度值为"28"，在"注释"面板中不勾选【添加注释】复选框，单击中键完成螺纹孔的加工，如图 6-51（a）所示。

（a）　　　　　　　　　　　　　　　　（b）

图 6-51　阀体侧面凸台螺纹孔及沉孔的加工

（2）在特征树中，右键"孔 3"特征，从快捷菜单中选择【阵列...】，从操控板中的"阵列"类型下拉列表框中选择【方向】，选取 TOP 基准平面作为操作方向，接受"输入第一方向的阵列成员数"为"2"，键入"输入第一方向的阵列成员间的间距"为"−32"，单击中键完成螺纹孔的加工，如图 6-51（b）所示。

（3）单击【孔】![icon]，继续选取凸台的侧面作为孔的放置面，分别拖动两个偏移参照控制滑块至 FRONT 基准平面与基准轴 A_29 上，键入相应的定位尺寸分别为"0"、"32"，选择接受操控板上【创建简单孔】![icon]及【使用标准孔轮廓作为钻孔轮廓】![icon]方式，分别选择【添加埋头孔】![icon]和【添加沉孔】![icon]两按键，输入钻孔直径为"10"，键入"输入钻孔深度值"为"35"，打开"形状"面板，输入沉孔的直径与深度分别为"20"、"10"，单击中键完成沉孔的加工，如图 6-51（b）所示。

14. 铸字及箭头的安装

（1）单击【草绘】![icon]，选择 FRONT 基准平面作为草绘平面，接受缺省参照与方向，单击中键进入草绘界面，右键菜单选择【中心线】![icon]绘制过系统原点的一条水平中心线，右键菜单选择【线】![icon]，按照图 6-52 所示绘制一对称于中心线的箭头草图，再选择【文本】![icon]，在箭头上方适当位置单击左键并垂直向上移动距离约"15"再次单击左键以确定文字的大致高度位置，在系统

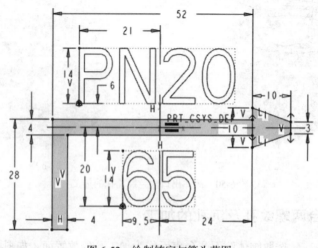

图 6-52　绘制铸字与箭头草图

弹出的"文本"对话框中，在"输入文本行"键入"PN20"，接受默认字体并修改其长宽比为"0.80"，确定后再以同样的设置在箭头下方的适当位置绘制文字"65"，如图 6-52 所示，标注并修改尺寸，单击✔完成铸字与箭头草图的绘制。

（2）选取阀体中腔外形的圆柱表面与前侧的相切表面，选择菜单【编辑】|【偏移...】 🗗，两次右键菜单选择分别【具有拔模】、【定义内部草图...】，选择 FRONT 基准平面作为草绘平面，接受缺省参照与方向，单击图形中的黄色箭头或"草绘"对话框中的"草绘视图方向"右侧的【反向】按键，单击中键进入草绘界面。选择【使用】□并选择【环】，分别拾取图 6-52 中的草绘图元（共选取 10 次），单击✔完成铸字与箭头草图的绘制，输入偏移值为"3"，确认偏移方向指向阀体外侧，单击中键完成阀体铸字及箭头造型，如图 6-53 所示。

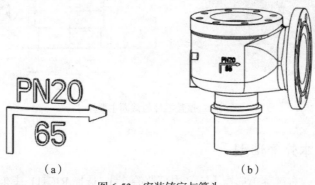

（a）　　　　　　　　　　　（b）

图 6-53　安装铸字与箭头

15．隐藏曲线及曲面

单击【设置层、层项目和显示状态】 ⬚显示系统的层结构树，按住【Ctrl】键分别选取"03___PRT_ALL_CURVES"、"06___PRT_ALL_SURFS"，右键菜单选择【隐藏】及【保存状态】。

16．保存文件

单击菜单【文件】|【保存副本...】 ⬚，以"SAFTY_VALVE"作为文件名进行保存。至此，安全阀阀体零件的建模全部完成。

6.4 | 安全阀顶盖

图 6-54 所示为一安全阀顶盖零件的三维造型及其截面简图，该零件本身的结构并不复杂，但建模的难点是其左侧的筋板与右侧支撑臂的造型。通过采用筋特征、薄壁拉伸体特征、边界混合特征形成筋板的顶面形状，从中获得相切于两个表面的直线，直到运用可变剖面扫描功能实现筋板的基本结构造型，设计理念清晰。另外，对于 Pro/E 中的"将切面混合到曲面"高级曲面功能，本实例也作了一定的介绍，并成功地加以运用。为了使建模过程简单、减少草绘的工作量，适时运用"替换"、"移除"等功能，达到提高零件建模的效率。最后需要补充的是，由于本实例的结构比较简单，在建模中并未刻意追求顶盖零件中的筋板的造型，只是尽可能还原其实际情况

而已，若筋板的宽度超出了一定的尺寸范围，其筋板顶面与相邻曲面的光滑过渡问题还是应该值得注意的。

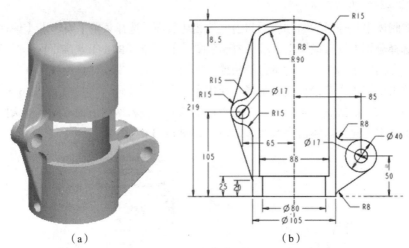

（a）　　　　　　　　　　　　（b）

图 6-54　顶盖零件与截面主要尺寸

1. 顶盖的基本外形造型

单击【旋转】◈，右键菜单选择【定义内部草绘…】，选择 RIGHT 基准平面作为草绘平面，以 TOP 基准平面作为参照平面，切换方向为【顶】，单击中键进入草绘界面，右键菜单选择【中心线】┆于系统原点绘制一竖直中心线，右键菜单选择【线】╲绘制过系统坐标系原点的"凵"形草图，右键菜单选择【3 点/相切端】╲绘制过"凵"形的两上端点的圆弧，倒圆角并删除多余图元、标注、修改尺寸，如图 6-55（a）所示，单击✔完成截面草图的绘制，接受缺省的旋转角度值"360"，单击中键完成安全阀顶盖基体的旋转特征的造型，如图 6-55（b）所示。

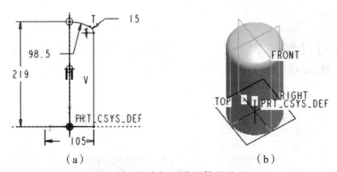

（a）　　　　　　　　　　　　（b）

图 6-55　安全阀顶盖基体的造型

2. 左侧凸耳的造型

单击【拉伸】◢，右键菜单选择【定义内部草绘…】，选择 FRONT 基准平面作为草绘平面，接受缺省参照与方向，单击中键进入草绘界面，右键菜单选择【圆】〇于顶盖基体的左侧绘制直径为"30"的圆，其定位尺寸分别为"65"、"105"，如图 6-56（a）所示，单击✔完成截面圆的绘制。设置拉伸的生长方式【对称】，键入盲孔尺寸"32"，确认后单击中键完成圆柱凸耳的拉伸造型，如图 6-56（b）所示。

（a）　　　　　　　　　　　　　（b）

图 6-56　圆柱凸耳

为方便直接利用顶盖的边线或相贯线作为扫描的轨迹线，使其具有足够的长度与一定方位，圆柱凸耳与顶盖基体造型的特征采用了不同的草绘平面，这是源于 Pro/E 软件在草图的绘制过程中，参照平面对草绘图元进行了"分割"，从而使形体表面至少由两个以上的面片（视草图图元数而定）构成。在处理变半径倒圆角的位置点时，同样也需要注意到面片的位置与数量"问题"。

3. 运用"筋"功能创建顶盖左上侧的筋板

（1）单击【草绘】，选择 FRONT 基准平面作为草绘平面或选择"草绘"对话框中的【使用先前的】按键进入草绘界面，选择菜单【草绘】|【参照…】，分别选取顶盖上部的过渡圆角表面与圆柱凸耳表面的边线作为参照，右键菜单选择【线】，绘制相切于上述两参照几何的一条斜线，如图 6-57 所示，单击完成直线草图特征的创建。

（2）选取图 6-57 中的直线，单击【筋】，确认筋板的融合方向的黄色箭头指向顶盖圆柱一侧，键入筋板的厚度尺寸为"12"，确定后单击中键完成顶盖左上侧的筋板的造型，如图 6-58（a）所示。

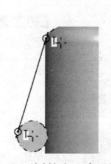

图 6-57　绘制相切于参照的直线

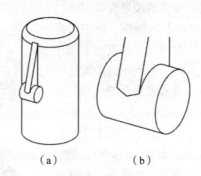

（a）　　　　　　（b）

图 6-58　筋板造型

图 6-58（b）为筋板与圆柱凸耳表面所形成的相贯线，从图中可以看出筋板的顶面与圆柱凸耳表面的交截融合处并非光滑过渡，此相贯线的形成与实际模型不吻合。Pro/E 软件在生成筋这一附着型特征时，与生成筋时所构成的闭合区域的特征有关，若与之融合构成闭合区域的特征能够产生基准轴，则形成旋转筋；反之，则形成直筋或拉伸筋。显然，此处应为旋转筋，这一造型结果与实际情形有一定的差别。

4. 采用"拉伸"功能创建顶盖左上侧的筋板

（1）在特征树中，用鼠标右键单击"筋 1"特征选择菜单中的【隐含】，将"筋 1"特征抑制使其不显示在图形中。若选择导航器窗口中【设置】|【树过滤器…】，在"模型树项目"对话

框中，勾选"显示"中的【隐含的对象】复选框，则带有项目符号的"筋 1"特征就会出现在特征树中相应的位置，右键该特征选择菜单【恢复】能使其再次显示在图形中。

（2）在特征树中，选取"草绘 1"特征，单击【拉伸】，分别选择操控板中的【拉伸为实体】按键及【加厚草图】按键，键入拉伸的盲孔尺寸"12"，键入草图的加厚值为"25"，选择黄色箭头使其指向顶盖一侧，设置拉伸的生长方式为【对称】，单击中键完成顶盖左上侧的拉伸筋造型，如图 6-59（a）所示。

（3）从图 6-59（b）中可以看出筋板上端处与过渡圆角表面也未完全融合成光滑的表面结构，因此，筋板的顶面造型只能采用曲面功能来实现了。

选择菜单【插入】|【边界混合...】或单击【边界混合】，适当调整筋板与过渡圆角表面处的视图，拾取过渡圆角与拉伸筋的相贯线中的一条交线，按住【Shift】键的同时拾取其另一条交线，按住【Ctrl】键再拾取筋板与圆柱凸耳表面交接处的相贯线（边线），右键两边界处的"敏感区域"，从快捷菜单中选择【切线】，如图 6-60 所示，单击中键完成边界混合曲面的创建。

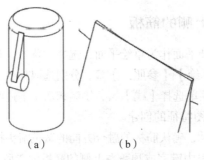 

图 6-59　拉伸筋造型　　　　图 6-60　创建边界混合曲面

（4）选取上述所创建的边界混合曲面，单击菜单【编辑】|【实体化...】，选择操控板中的【用面组替换部分曲面】按键，单击图形中的黄色箭头或【更改刀具操作方向】按键使箭头指向顶盖圆柱一侧，单击中键完成曲面的实体化操作，这样就将曲面外侧的材料移除，如图 6-61（a）所示。

（5）单击菜单【分析】|【几何】|【二面角】，系统弹出"二面角"对话框，拾取筋板顶面与过渡圆角表面的相贯线，对话框中的结果区域中显示"最小二面角：0.0000，最大二面角：0.0000"，图形窗口中显示出角度图线，如图 6-61（b）所示；再拾取筋板顶面与圆柱凸耳表面的相贯线，对话框中的

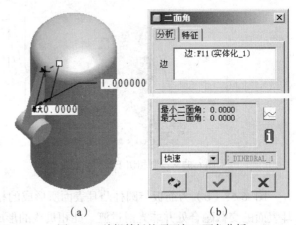

图 6-61　编辑筋板的顶面与二面角分析

结果区域中显示"最小二面角：0.0000，最大二面角：0.0000"，图形窗口中显示出角度图线，单击中键完成关闭"二面角"对话框。由此可以看出上述的筋板顶面已完全符合设计要求。

5. 采用"边界混合"功能创建顶盖左上侧的筋板顶面

在特征树中，右键"拉伸 2"特征选择菜单中的【隐含】使其不显示在图形中，与其相关联的特征也均被隐含。

（1）单击【草绘】~~，选择【平面】▱，选取 FRONT 基准平面，按住拖动控制滑块向其前侧拖至一定距离，键入偏移尺寸为"6"，确认后单击中键完成基准平面 DTM1 的创建，接受缺省参照与方向，单击中键进入草绘界面，选择菜单【草绘】|【参照...】▣，直接拾取圆柱凸耳的侧面作为参照，再选择"参照"对话框中的【剖面】按键，拾取 $R15mm$ 的过渡圆角表面，使其与 DTM1 基准平面产生的剖面截交线作为参照，右键菜单选择【线】\绘制一条相切于上述两个参照几何对象的斜线，如图 6-62 所示，单击✔完成草图的创建。

> 上述创建过渡圆角表面与基准平面 DTM1 的剖面截交线作为参照几何是至关重要的操作步骤。当基准平面 DTM1 在一定范围内移动时，位于 DTM1 平面上的直线与过渡圆角的表面及凸耳的圆柱表面总能自始至终地保持一定的相切几何约束关系。

（2）右键"草绘2"特征，从快捷菜单中选择【阵列...】，接受操控板上的"阵列"类型为【尺寸】，拾取基准平面 DTM1 的偏距尺寸"6"作为阵列方向与增量参照，键入阵列的增量为"-6"，在操控板上键入"输入第一方向的阵列成员数"为"3"，单击中键完成直线的阵列操作，如图 6-63 所示。

图 6-62　绘制相切于参照的直线　　　　图 6-63　阵列直线

若基准平面 DTM1 的偏距尺寸发生变化时，要保证上述阵列的结果对称于 FRONT 基准平面，按下列步骤进行设置即可：打开操控板上的"尺寸"面板，激活"方向 1"收集器的尺寸增量参照"d14:F10（基准平面）"，勾选收集器左下侧的【按关系定义增量】复选框，再单击其下的【编辑】按键，系统打开"关系"对话框，在关系输入栏再键入关系式"memb_i=-d14"（注意关系式中的负号），单击中键关闭"关系"对话框，选择【再生】即可。

（3）单击【曲线】~，系统弹出【曲线选项】菜单管理器，单击中键或【完成】以【经过点】方式创建基准曲线，在系统弹出的"曲线：通过点"对话框及【连结类型】菜单项中，接受缺省的菜单命令设置，分别依次拾取位于过渡圆角表面上的三条直线的端点，连续单击中键两次完成曲线几何点的定义，在"曲线：通过点"对话框中双击"属性"元素（也可以选择"属性"后再单击【定义】按键），选择【曲线类型】菜单项中的【面组/曲面】|【完成】，选取过渡圆角表面，这样使所创建的曲线位于过渡圆角的表面上而成为曲面曲线，为后续通过该曲线形成的边界混合曲面与过渡圆角表面相切提供几何条件，单击中键完成基准曲线的创建。

以同样的操作方法完成位于圆柱凸耳表面的基准曲线的创建，其结果如图 6-64 所示。

（4）单击【边界混合】，按住【Ctrl】键分别拾取三条直线作为"第一方向曲线"的三条曲线链，右键菜单选择【第二方向曲线】，按住【Ctrl】键分别拾取两条基准曲线作为"第二方向曲线"，右键基准曲线处的"敏感区域"，从快捷菜单中选择【切线】，如图 6-65 所示，或者打开操控板上的"约束"面板，分别切换对应于"边界"收集器中的"方向 2—第一条链"与"方向 2—最后一条链"的"条件"为【切线】，单击中键完成边界混合曲面的创建。

从上述边界混合曲面的创建过程来看，图 6-65 中的边界混合曲面分别与过渡圆角表面及圆柱凸耳表面均相切，因此，这就是所需要的筋板的顶面。

（5）拾取上述所创建的边界混合曲面，单击菜单【编辑】|【加厚...】，键入总加厚偏距值"25"，单击黄色箭头使其指向顶盖一侧，单击中键完成曲面的加厚操作，形成顶盖左上侧筋板的基本结构，通过分析相贯线处二面角，上述的建模完全符合设计要求，如图 6-66 所示。

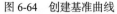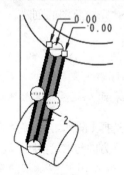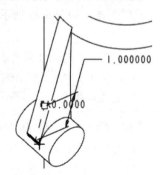

图 6-64　创建基准曲线　　　图 6-65　创建边界混合曲面　　　图 6-66　加厚曲面与分析二面角

6. 采用"将切面混合到曲面"功能创建左上侧的筋板顶面

在特征树中，右键"Boundary Blend 2"特征选择菜单中的【隐含】，使该特征及其"加厚 2"特征不显示在图形中。

（1）单击菜单【插入】|【高级】|【将切面混合到曲面...】，系统弹出"曲面：相切曲面"对话框及【选择方向】菜单选项，如图 6-67 所示，在"结果"选项卡中，被激活的【创建曲线驱动"相切拔模"】作为创建切面的缺省方式，利用这一方式创建过凸耳圆柱表面上的拔模线、相切于过渡圆角表面的曲面。选择"结果"选项卡的控制"方向"中的【单侧】单选框，选

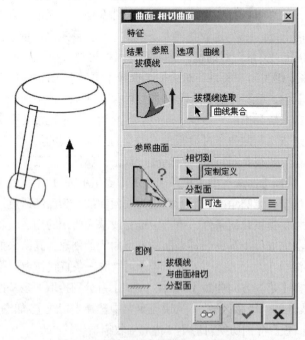

图 6-67　创建"切向拔模曲面"对话框

取 TOP 基准平面作为拔模方向，单击中键接受【正向】或选择【反向】|【正向】使参照方向指向顶盖的上方。选择"参照"选项卡，再选取图 6-64 中圆柱凸耳表面上的基准曲线作为拔模线，选择【完成】后单击"参照曲面"中的"相切到"下面的【选取相切曲面】 按键，再选取 R15mm 的过渡圆角表面作为相切的参照，单击【预览特征几何】 按键，所创建的相切面如图 6-67（a）所示，单击✓按键或中键完成以曲线驱动的相切拔模曲面的创建。因驱动曲线是基于与过渡圆角表面及凸耳圆柱表面相切的直线的端点所创建的，故拔模曲面分别与过渡圆角表面及凸耳圆柱表面相切，这就是所需要的筋板的顶面。

（2）拾取上述所创建的拔模相切曲面，单击菜单【编辑】|【加厚...】 ，键入总加厚偏距值"25"，单击黄色箭头使其指向顶盖一侧，单击中键完成曲面的加厚形成顶盖左上侧筋板的基本结构，如图 6-66 所示。

7. 采用"可变剖面扫描"功能创建顶盖左侧的两筋板的基本结构

通过对边界混合曲面的曲线链的创建，从中获得了切于过渡圆角表面及凸耳圆柱表面的直线，如果从扫描的角度来看，图 6-62 就是其截面草图。

将上述用于创建左上侧的筋板或筋板顶面的特征全部予以隐含，此时的窗口显示为如图 6-56 所示。

（1）选择【平面】 ，选取 TOP 基准平面向上偏移，键入偏距尺寸为"20"，单击中键完成基准平面 DTM2 的创建，以此作为圆柱凸耳下侧的筋板的定位基准。

（2）选择菜单【插入】|【可变剖面扫描...】或单击【可变剖面扫描】 ，拾取过渡圆角位于顶盖左侧面的边线作为原点轨迹，由于这条轨迹链较长，可以通过按住拖动控制滑块将其延伸或修剪，这从滑块的右键菜单能够看出。双击端点引线处的数值分别键入"-74"并确认，这样就将原点轨迹修剪到指定的长度，右键菜单选择【垂直于投影】作为剖面控制方式，选取坐标系的 y 轴（或 A_1 轴、TOP 基准平面）作为投影方向，右键菜单选择【草绘】或单击操控板上的【创建或编辑扫描剖面】 按键进入草绘界面，单击菜单【草绘】|【参照...】 ，分别选取过渡圆角表面的边线、基准平面 DTM2、基准轴 A_1 作为参照；再选择"参照"对话框中的【剖面】按键，以"目的曲面"方式拾取凸耳的圆柱表面作为参照，右键菜单选择【线】 ，绘制图 6-68 中的闭环截面草图，其中左上侧的斜线分别与过渡圆角表面及凸耳圆柱表面的参照几何相切，左下侧斜线的上端点与凸耳圆柱表面的参照几何相切，且其下端点过 DTM2 基准平面与动态坐标系的竖直中心线的交点，位于圆柱凸耳参照几何上的两斜线的端点之间以直线进行连接，右侧的竖直线与基准轴 A_1 重合，单击✓完成截面草图的绘制，选择操控板上【扫描为实体】 按键，单击中键完成顶盖左侧筋板的基本形体结构的造型，如图 6-69 所示。

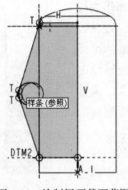

图 6-68　绘制闭环截面草图

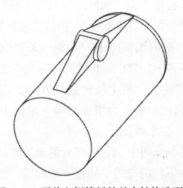

图 6-69　顶盖左侧筋板的基本结构造型

由于扫描截面草图分别与过渡圆角表面及凸耳圆柱表面边线均相切，因此，在可变剖面扫描的创建过程中，扫描截面至始至终保持着与交载的两个表面相切。打开操控板中的"相切"面板，从"参照"收集器中的"侧1"与"侧2"能清楚地看出扫描曲面缺省的支撑条件。此外，扫描曲面在圆柱凸耳表面处的边线是一条曲面曲线，在 $R15mm$ 过渡圆角表面处的边线并不是一条截面圆弧曲线。

8. 顶盖左侧筋板的侧面造型

（1）拾取图 6-69 中的可变剖面扫描特征的端面之一作为被替换的表面，单击菜单【编辑】|【偏移...】 ，右键菜单选择【替换】 ，单击【平面】 ，选取 FRONT 基准平面向一侧进行偏移（与被替换的表面位于同一侧），键入偏距值为"6"，单击中键完成基准平面 DTM3 的创建，并将其作为替换曲面，连续单击中键两次完成筋板侧面的替换操作。重复上述的操作步骤，通过 FRONT 基准平面创建其另一侧的偏距为"6"的基准平面 DTM4，完成扫描体另一侧面的替换操作以形成筋板的造型，如图 6-70 所示。

（2）单击【拔模】 ，按住【Ctrl】键分别选取图 6-70 中的筋板两侧面作为拔模曲面，右键菜单选择【拔模枢轴】，拾取顶盖左上侧筋板顶面中的任一边线，按住【Shift】再拾取该顶面中的另一条边线与两条边线（相贯线），右键菜单选择【拖拉方向】，选取 RIGHT 基准平面作为拔模方向，打开操控板中"选项"面板并激活"排除环"收集器，按住【Ctrl】键分别选取圆柱凸耳下侧筋板的两侧面，使其不作为拔模面，如图 6-71 所示，键入拔模角度值"6"，调整操控板中的【反转拖拉方向】或【反转角度以添加或去除材料】 按键使其为增加材料，单击中键完成左上筋板侧面的拔模处理。

图 6-70 顶盖左侧筋板造型

图 6-71 左上筋板侧面拔模设置

（3）单击【拔模】 ，选取圆柱凸耳下侧筋板的两侧面作为拔模面，右键菜单选择【拔模枢轴】，拾取该筋板顶面中的任一边线，按住【Shift】再拾取该顶面中的其他三条边线，右键按菜单选择【拖拉方向】，选取 RIGHT 基准平面作为拔模方向，修改拔模角度为"6"，调整操控板中的【反转拖拉方向】或【反转角度以添加或去除材料】 按键使其为增加材料，单击中键完成筋板侧面的拔模处理，如图 6-72 所示。

（4）单击【倒圆角】 ，以"目的边"方式拾取凸耳的圆柱与顶盖圆柱的上、下侧的交线中的任一条交线，键入倒圆角的半径尺寸为"15"，单击中键完成圆柱凸耳上、下侧的过渡圆角的创建，如

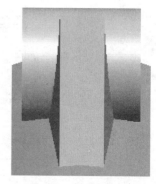

图 6-72 左下筋板侧面的拔模

图 6-73 所示。至此顶盖零件左侧的两个加强筋造型基本完成。

9. 顶盖右前侧支撑臂的造型

（1）单击【拉伸】，右键菜单选择【定义内部草绘...】，再单击【平面】，选取 FRONT 基准平面向前偏距"14"，单击中键完成基准平面 DTM5 的创建，接受缺省参照与方向，单击中键进入草绘界面，绘制如图 6-74 所示的半腰圆形截面草图，单击完成草图的绘制，键入拉伸的盲孔尺寸"60"，单击中键完成右前侧支撑臂基体的拉伸造型，如图 6-75 所示。

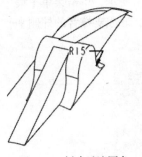

图 6-73　创建过渡圆角

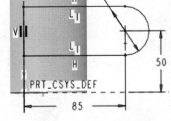

图 6-74　绘制截面草图

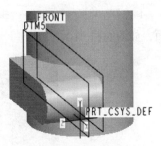

图 6-75　右前侧支撑臂基体造型

（2）单击【可变剖面扫描】，选取顶盖右侧底部的边线作为原点轨迹，双击其两端引线处的数值分别键入"-50"（前）、"-84"（后），确认后单击轨迹链的起始方向的箭头使其反向，如图 6-76 所示（TOP 视图方向）。右键菜单选择剖面控制方式为【垂直于投影】，选取坐标系的 y 轴作为投影方向，右键菜单选择【草绘】进入草绘界面，单击菜单【草绘】|【参照...】，选择"参照"对话框中的【剖面】按键，以"目的曲面"方式拾取图 6-75 中的支撑臂基体的侧面作为参照几何，绘制如图 6-77 所示截面草图，其中直径为"16"的圆的圆心位于轨迹线的水平轴线的左侧上，且圆弧过动态坐标系的原点，斜线分别与上述设置的参照几何及直径"16"的圆（切换为几何图元）相切且延伸到动态坐标系的竖直轴线上。注意：斜线的左端点处与上述设置的参照几何应包括【相切】约束和【重合】约束，单击完成截面草图的绘制，选择操控板上【扫描为实体】按键，单击中键完成右前侧支撑臂下部结构的扫描特征造型，如图 6-78 所示。

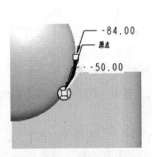

图 6-76　修剪轨迹线长度

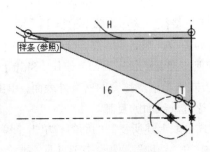

图 6-77　绘制截面草图

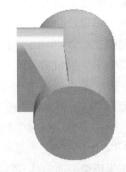

图 6-78　右前侧支撑臂下部结构扫描造型

（3）按住【Ctrl】键分别拾取图 6-78 中的扫描特征的右端面与一个上侧表面，即图 6-79 中的右上的着色的两个表面，选择菜单【编辑】|【移除...】，单击中键完成所选表面的移除操作，形成支撑臂的内侧平面，如图 6-80（a）所示。

（4）拾取图 6-78 中的可变剖面扫描特征的左端面作为被替换的曲面，单击菜单【编辑】|【偏移…】，右键菜单选择【替换】，单击【平面】，选取图 6-79 中的上侧表面（即支撑臂的内侧面）偏距"16"或 FRONT 基准平面向前偏移"30"，单击中键创建基准平面 DTM6 的创建，并将其作为替换曲面，连续单击中键两次完成扫描特征的前端面的替换操作，如图 6-80（a）所示。

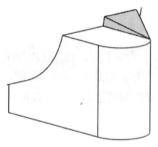

（5）按住【Ctrl】键分别拾取图 6-80（a）中的拉伸特征的前端面与下表面（不包含圆弧面），如图 6-80（b）所示，单击菜单【编辑】|【移除…】，单击中键完成移除操作，形成支撑臂的外侧平面，如图 6-81 所示。

图 6-79　拾取两表面

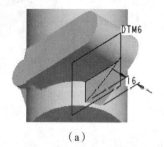

（a）　　　　　　　　　　（b）

图 6-80　替换与移除表面

上述通过两个移除与一个偏距操作形成右前侧支撑臂的宽度结构，也可以通过拉伸除料一次完成，此处主要是熟悉移除功能的使用方法，请自行操作。

（6）单击【拉伸】，右键菜单选择【定义内部草绘…】，选择右前支撑臂的内侧表面作为草绘平面，接受缺省参照与方向，单击中键进入草绘界面，单击【同心】，在图 6-80 中支撑臂外端的圆弧的边线上连续单击两次创建直径为"40"的同心圆，单击完成草图的绘制，键入盲孔深度尺寸为"5"，单击中键完成凸台的拉伸造型，如图 6-81 所示。

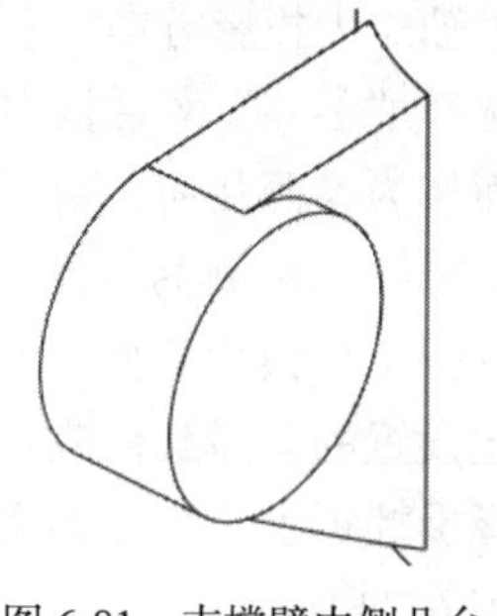

10. 顶盖右后侧的支撑臂的造型

为简单起见，顶盖右后侧的支撑臂造型采用复制右前侧支撑臂的

图 6-81　支撑臂内侧凸台

表面再通过镜像及曲面实体混合造型的方式来完成。若创建由"拉伸 3"与"移除 2"之间的五个构成右前侧支撑臂结构的特征的"组"特征，选择菜单【编辑】|【特征操作】|【镜像…】或直接选择【镜像】完成右后侧支撑臂的造型，则需要解决可变剖面扫描中的参照几何的更新问题。

（1）选取图 6-81 中的顶盖右前侧支撑臂的任一表面，按住【Shift】键的同时再选取顶盖圆柱的侧表面以"种子和边界曲面"的方式来拾取支撑臂的所有外表面，单击【复制】，再选择【粘贴】，单击中键完成右前侧的支撑臂外表面的复制。

（2）以"几何"或"面组"方式拾取上述所复制的面组，单击【镜像】，选择 FRONT 基准平面作为镜像平面，打开操控板中的"选项"面板，勾选【隐藏原始几何】复选框，单击中键完成支撑臂外表面面组的镜像操作，如图 6-82 所示。

（3）选取上述所完成的镜像的面组，单击菜单【编辑】|【实体化…】，选择操控板上【用实体材料填充由面组界定的体积块】按键，确认箭头的方向指向外侧，单击中键完成顶盖右后侧支撑臂的曲面实体化造型。若选择【用面组替换部分曲面】按键，调整【更改刀具操作方向】

✍按键或单击箭头使其指向外侧，则曲面实体化操作之后的曲面仍被保留着。

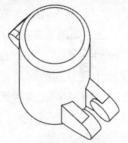

图 6-82　支撑臂的镜像与实体化

　　　　与实体进行曲面实体化的曲面或面组必须是单个曲面或面组（即曲面合并或缝合）且并非一定闭合，但其开口处的边界必须与实体完全交截或嵌入实体内部，才能完成曲面实体的混合建模。

11. 顶盖内腔造型

　　选择【旋转】 ，右键菜单分别选择【去除材料】、【定义内部草绘...】，选择 FRONT 基准平面作为草绘平面，接受缺省参照与方向，单击中键进入草绘界面，绘制如图 6-83（a）所示的截面草图，单击✔完成草图的绘制，接受旋转角度的缺省值为"360"，单击中键完成顶盖内腔的旋转造型，如图 6-83（b）所示。

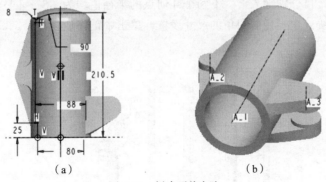

（a）　　　　　　　　　　　（b）
图 6-83　创建顶盖内腔

12. 顶盖棱边的圆角过渡

　　（1）单击【倒圆角】 ，按住【Ctrl】键分别拾取图 6-73 中的左侧凸耳侧面与顶盖圆柱面的交线，键入倒圆角半径为"5"；拾取凸耳下侧筋板顶面与顶盖圆柱表面的交线，键入倒圆角半径为"15"，单击中键完成过渡圆角集的创建，如图 6-84（a）所示。

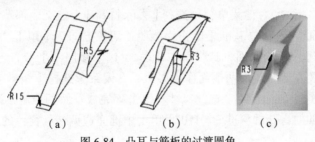

（a）　　　　　　　（b）　　　　　　　（c）
图 6-84　凸耳与筋板的过渡圆角

（2）单击【倒圆角】🔧，按住【Ctrl】键分别拾取左侧两筋板与顶盖圆柱表面的四条的交线，键入倒圆角半径为"3"，必要时，可打开"设置"面板，在"创建方法"下拉列表框中切换"垂直于骨架"，单击中键完成过渡圆角的创建，如图6-84（b）所示。

继续完成左侧两筋板顶面四条边线的半径为"3"的过渡圆角的创建，如图6-84（c）所示。

（3）单击【倒圆角】🔧，按住【Ctrl】键分别拾取顶盖右侧两支撑臂的边线、凸台与支撑臂内侧面的交线，键入倒圆角半径为"3"，单击中键完成过渡圆角集的创建，如图6-85所示。

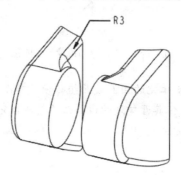

图6-85　支撑臂棱边倒圆角

（4）单击【倒圆角】🔧，拾取右前侧支撑臂与顶盖圆柱面的交线，键入倒圆角的半径尺寸为"3"，右键倒圆角尺寸或半径控制滑块选择菜单中的【添加半径】，连续操作三次共获得四个位置点的过渡圆角。分别按住四个圆角的半径锚点（圆形），将其拖至支撑臂内侧面处上、下边线的圆角的四个几何点上，再分别键入上、下两个几何点的半径值均为"8"；同样完成右后侧支撑臂与顶盖圆柱面的交线处变半径倒圆角的尺寸设置，单击中键完成变半径倒圆角过渡的创建，如图6-86所示。

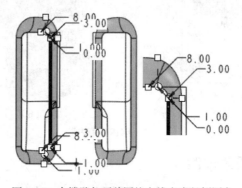

图6-86　支撑臂与顶盖圆柱交线变半径倒圆角

13. 调节杆窗口的造型

单击【拉伸】📐，两次右键菜单分别选择【去除材料】、【定义内部草绘...】，选取RIGHT基准平面作为草绘面，以TOP基准平面作为参照，切换方向为【顶】，单击视图方向箭头使其反向，单击中键进入草绘界面，选择菜单【草绘】|【参照...】📐，分别拾取顶盖圆柱的左、右两侧面棱线及左侧凸耳的两侧面作为参照，右键菜单选择【矩形】□分别绘制相对称的两个矩形，如图6-87（a）所示，修改尺寸，单击✔完成草图的绘制，设置拉伸的生长方式为【对称】，键入拉伸的盲孔的深度为"110"，单击中键完成调节杆窗口的造型，如图6-87（b）所示。

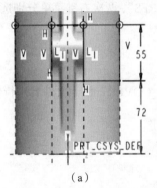

（a）　　　　　　　　　　　（b）

图 6-87　调节杆窗口的造型

14. 支撑臂与凸耳的销孔、防转止动螺纹孔的加工

（1）单击【孔】，选取左侧凸耳的外侧表面作为孔的放置面，按住【Ctrl】键再选取基准轴 A_2 作为定位基准，键入孔的直径为"17"，设置孔的深度方式为【穿透】，如图 6-88（a）所示，单击中键完成凸耳销孔的加工。以同样的尺寸与加工方式完成右前侧支撑臂销孔的加工，如图 6-88（b）所示。

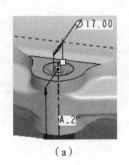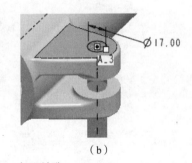

（a）　　　　　　　　　　　（b）

图 6-88　加工销孔

（2）单击【孔】，直接拾取顶盖左侧位于凸耳下侧筋板的圆柱表面作为孔的加工面，单击【轴】，再单击【平面】，选取 TOP 基准平面向上偏移"12"，单击中键完成 DTM7 基准平面的创建，按住【Ctrl】键选取 FRONT 基准平面，连续单击中键两次完成基准轴 A_8 的创建，激活的 A_8 已作为定位基准；选择操控板上【创建标准孔】方式，【添加攻丝】按键被激活，接受"设置标准孔的螺纹类型"为"ISO"，从"输入螺钉尺寸"列表栏中选取"M12×1.5"规格的螺纹，设置钻孔深度值为【到下一个】，若必要，在"注释"面板中不勾选【添加注释】复选框，单击中键完成螺纹孔的加工，如图 6-89 所示。

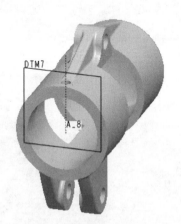

图 6-89　加工防转止动螺纹孔

15. 隐藏曲线及曲面

单击【设置层、层项目和显示状态】显示系统的层结构树，按住【Ctrl】键分别选取

"03＿＿PRT_ALL_CURVES"及"06＿＿PRT_ALL_SURFS"，两次右键菜单分别选择【隐藏】及【保存状态】。

16. 保存文件

单击菜单【文件】|【保存副本...】，以"UP_COVER"作为文件名进行保存。

第7章

曲面建模产品设计

7.1 起重吊钩

图 7-1 所示的吊钩零件的造型主要运用曲面的"边界混合"与"实体化"建模的方法来完成，其难点是线框图的构建与吊钩鼻尖端及中间部分的造型。采用目前主流的三维软件对吊钩进行建模，其操作过程基本上是一致的。

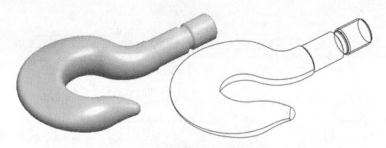

图 7-1 起重吊钩造型

1. 吊钩断面的轮廓曲线草图的绘制

单击【草绘】，选择 TOP 基准平面作为草绘平面，接受缺省参照与方向，单击中键进入草绘界面，右键菜单选择【3 点/相切端】，绘制如图 7-2 所示的轮廓曲线草图，其中圆弧 $R110mm$ 的圆心位于"-45°"中心线上，对齐尺寸"65"为 $R85mm$ 与 $R95mm$ 两圆弧的最小间距、圆弧 $R28mm$ 的定位尺寸为"12"，单击✔完成吊钩轮廓曲线草图的绘制。

2. 吊钩各剖面草图的绘制

（1）单击【草绘】，再单击【平面】，按住【Ctrl】键分别拾取 FRONT 基准平面与图 7-2 中的左（或右）上侧直线的上端点，单击中键完成 DTM1 草绘平面的创建，选择 TOP 基准平面作为参照并切换方向为【顶】，单击中键进入草绘界面，单击菜单【草绘】|【参照...】，再分别拾取图 7-2 中的两直线的上端点作为参照，选取【3 点】绘制过上述两参照几何点且圆心位于 TOP 基准平面上的截面圆，单击✔完成吊钩上端剖面草图的绘制，如图 7-3 所示。

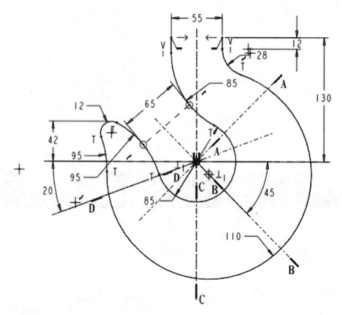

图 7-2　绘制起重吊钩截面轮廓曲线草图

（2）单击【轴】 ，按住【Ctrl】键分别选取 FRON 和 RIGHT 两基准平面或通过右键选择、左键拾取的操作方法拾取图 7-2 中的吊钩内轮廓位于原点的直径为"85"的圆弧，单击中键完成基准轴 A_1 的创建，如图 7-4 所示。

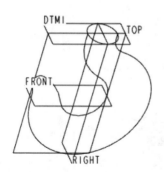

图 7-3　吊钩上端剖面草绘圆曲线

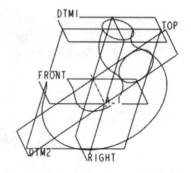

图 7-4　$A-A$ 剖面草绘圆曲线

（3）单击【草绘】 ，再单击【平面】 ，按住【Ctrl】键分别拾取 FRONT 基准平面与上述创建的基准轴 A_1，接受缺省的旋转角度值"45"，单击中键完成 DTM2 草绘平面的创建，再单击【点】 ，按住【Ctrl】键分别拾取 DTM2 基准平面与 $R110$mm 圆弧的右上侧位置，完成基准点 PNT0 的创建；再次按住【Ctrl】键分别拾取 DTM2 基准平面与 $\phi85$mm 圆弧的右上侧位置，单击中键完成基准点集 PNT0 与 PNT1 的创建，并以 TOP 基准平面作为参照并切换方向为【顶】，单击中键进入草绘界面，分别拾取基准点 PNT0 及 PNT1 作为参照几何点，选取【3 点】 绘制过 PNT0 与 PNT1 且圆心位于 TOP 基准平面上的截面圆，单击 完成"$A-A$"剖面草图的绘制，如图 7-4 所示。

（4）同"$A-A$"剖面的草绘平面及其与轮廓曲线的交点的操作步骤、参照平面与方向，创建旋转角度为"-45°"的 DTM3 草绘平面及其与 $R110$mm、$\phi85$mm 两圆弧相交的基准点集 PNT2、PNT3，并将基准点 PNT2、PNT3 作为参照对象。

选取【圆心和端点】✎绘制过基准点 PNT3 且圆心位于 TOP 基准平面上的圆弧，再用【线】
✎绘制一扇形结构草图，如图 7-5（a）所示，右键菜单选择【圆角】✎分别对两条斜线及斜线与
圆弧的尖角处进行过渡圆角，如图 7-5（b）所示，选择【删除段】✎将草图修剪为腰圆形，选取
【创建等长、等半径或相同曲率的约束】═将三个圆角圆弧、两斜线分别进行等半径、等长约束；
选取【创建相同点、图元上的点或共线约束】⊙将右侧圆角圆弧与圆心分别约束至基准点 PNT2
与 TOP 基准平面上，标注并修改尺寸，如图 7-5（c）所示。选取【分割】✎将右侧圆角圆弧在
其中点处进行分割，使其与前后各草绘截面具有相对应的起始点位置，单击✔完成"B−B"剖
面草图的绘制。

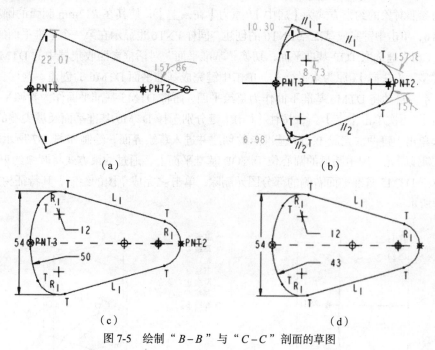

（a）　　　　　　　　　　　　　　　（b）

（c）　　　　　　　　　　　　　　　（d）

图 7-5　绘制"B−B"与"C−C"剖面的草图

（5）"C−C"剖面草图如图 7-5（d）所示，只需将图 7-5（c）中的圆弧半径"50"改为"43"
即可，可通过运用阵列功能来实现。

右键"草绘 4"特征，从快捷菜单中选择【阵列…】，接受操控板中的"阵列"类型为【尺寸】，
拾取 DTM3 草绘基准平面的旋转角度"45"，接受"45"作为阵列的角度增量值；按住【Ctrl】键
再拾取 7-5（c）中的圆弧尺寸"50"，输入阵列增量"−7"并确定，接受"输入第一方向的阵
列成员数"为"2"，单击中键完成草绘曲线的阵列，如图 7-6（a）所示。

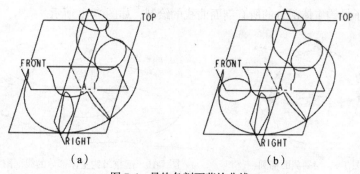

（a）　　　　　　　　　　　　　　　（b）

图 7-6　吊钩各剖面草绘曲线

（6）同"$A-A$"剖面草绘的操作步骤、参照平面与方向，并单击黄色箭头使其反向，创建旋转角度为"-20"的 DTM4 草绘平面及其与 $R110mm$、$\phi85mm$ 两圆弧（两圆弧的拾取位置应为左下侧）相交的基准点集 PNT4、PNT5 并作为参照对象，所完成的"$D-D$"剖面圆曲线如图 7-6（b）所示。

（7）绘制吊钩鼻尖端纵向面的 $R11.2mm$ 圆弧草图。单击【草绘】，连续单击【平面】两次，按住【Ctrl】键分别选取图 7-2 中的鼻尖端处 $R12mm$ 圆弧的两个端点及 TOP 基准平面，单击中键完成创建穿过两端点并与 TOP 基准平面正交的 DTM5 基准平面，此时 DTM5 显示在第一个基准平面的参照中；再单击【点】，选取鼻尖端的 $R12mm$ 圆弧，切换"基准点"对话框参照收集器中的参照对象的约束方式为【居中】（原为【在…上】），使其在 $R12mm$ 圆弧的圆心处产生基准点 PNT6，单击中键完成基准点 PNT6 的创建，同样 PNT6 也显示在第一个基准平面的参照中；再次按住【Ctrl】键选取 TOP 基准平面，切换"基准平面"对话框参照收集器中的 DTM5 参照对象的约束类型为【法向】（原为【平行】），单击中键完成基准平面 DTM6 的创建。这样在"草绘"对话框中，系统自动将 DTM6 基准平面作为草绘平面，而将 DTM5 基准平面作为参照平面，确认方向为【右】。再次单击【点】，按住【Ctrl】键分别选择 DTM6 基准平面及鼻尖端的 $R12mm$ 圆弧，连续单击中键两次完成 PNT7 基准点的创建并进入草绘界面，绘制如图 7-7 所示的半径为 $11.2mm$ 的圆弧图元，图中圆弧的圆心位于 TOP 基准平面上，通过约束方式将圆弧约束到 PNT7 上，并将位于 DTM5 基准平面右侧的部分图元删除，单击✔完成草图的绘制，其特征树及草绘曲线如图 7-8 所示。

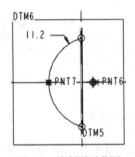

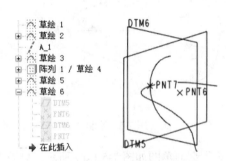

图 7-7　绘制圆弧草图　　　　　图 7-8　异步特征树与草绘曲线

（8）单击【草绘】，同上述创建 DTM5 基准平面的对象选取与步骤，创建基准平面 TDM7 作为草绘平面，接受缺省参照 TOP 基准平面与方向【顶】，选择"草绘视图方向"右侧的【反向】按键，单击中键进入草绘截面，绘制如图 7-9 所示的鼻尖处截面椭圆，并将椭圆曲线分别约束到 $R12mm$ 及 $R11.2mm$ 两圆弧的端点上。

至此，完成了吊钩主体部分的所有剖面曲线的绘制，如图 7-10 所示。

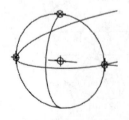

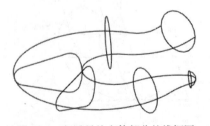

图 7-9　绘制截面椭圆　　　　　图 7-10　起重吊钩主体部分的线框图

3. 将草绘曲线转换为样条线

为方便边界混合曲面的创建，减少吊钩曲面片的数量，将上述"$B-B$"、"$C-C$"剖面的草绘曲线及图 7-2 中除鼻尖端 R12mm 圆弧之外的两侧轮廓曲线分别转换为各自的复合曲线或样条线。

（1）切换过滤器的选择方式为【几何】，选取图 7-5（c）中的"$B-B$"剖面草绘曲线，单击【复制】📋，再选择【粘贴】📋，右键菜单选择【逼近】，拖动曲线上的锚点（起始点）至圆弧分割点的位置，单击中键完成复合曲线的创建，如图 7-11（a）所示。

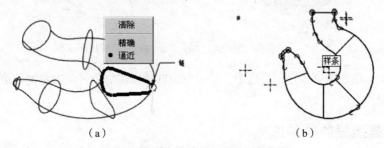

图 7-11　创建复合曲线与草绘样条曲线

基于同样操作方法，完成"$C-C$"剖面曲线的复制与起始点的设置，创建其复合曲线并将"阵列 1/草绘 4"予以隐藏。

（2）单击【草绘】◪，选取 TOP 基准平面作为草绘平面，单击中键接受缺省参照与方向进入草绘界面，单击【使用】◻并选择【链】，分别拾取图 7-2 中的左上竖直线与鼻尖端 R12mm 圆弧右侧的 R95mm 圆弧两图元，完成所选图元的复制；再依次拾取所复制的图元，单击菜单【编辑】|【转换到】|【样条】，如图 7-11（b）所示，将选定的图元转换为样条线。重复上述的操作，完成图 7-2 中的右上竖直线与鼻尖端 R12mm 圆弧左侧的 R95mm 圆弧之间的图元的复制并将其转换为样条线之草图的绘制，单击✔完成草图的绘制。

4. 创建鼻尖端曲面造型

单击【边界混合】◪，运用右键选择方式选取图 7-12 中的鼻尖端处 R12mm 圆弧，用鼠标按住圆弧的左端（或右端）的滑块进行拖动的同时通过按住【Shift】键以捕捉 R11.2mm 的圆弧对象或基准点 PNT7，完成曲线的拾取与修剪，如图 7-12（a）所示；按住【Ctrl】键选取 R11.2mm 圆弧曲线，按住圆弧的左端（或右端）的滑块，拖动时按住【Shift】键以捕捉 R12mm 圆弧对象或基准点 PNT7，完成曲线的拾取与修剪；重复上述操作，再次分别选取 R12mm 与 R11.2mm 两圆

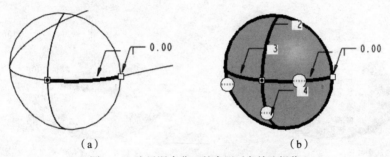

图 7-12　边界混合曲面的参照对象拾取操作

弧对象并修剪其另一侧，完成曲线的拾取，以上四条曲线对象构成边界混合曲面的"第一方向曲线"；右键菜单选择【第二方向曲线】，选取图 7-9 中的椭圆曲线，其图形预览如图 7-12（b）所示，单击中键完成鼻尖端的边界混合曲面造型，如图 7-13（a）所示。

（a）　　　　　　　　　　　　　（b）

图 7-13　吊钩鼻尖端的边界混合曲面与连接段的拉伸造型

在选择对象、添加约束等操作过程中，通过右键选择所需对象再单击左键的拾取方法来选取所需对象，其操作方便、快捷。

5．吊钩连接段的拉伸造型

选取图 7-3 中的吊钩上端剖面草绘圆曲线，单击【拉伸】 ，选择生长方向箭头使其反向拉伸，键入拉伸的深度值为"128"，单击中键完成吊钩连接端的拉伸造型。在特征树中，按住【Ctrl】键分别选取"草绘 1"、"草绘 6"及"草绘 7"三个特征，右键菜单选择【隐藏】，如图 7-13（b）所示。

6．吊钩中间段边界混合曲面造型

选择菜单【插入】|【边界混合…】或单击【边界混合】 ，按住【Ctrl】键分别拾取拉伸特征的起始位置的边线（右键选择左键拾取）、"$A-A$"剖面草绘圆曲线、"$B-B$"剖面的复合曲线（见图 7-11）、"$C-C$"剖面的复合曲线、"$D-D$"剖面草绘圆曲线、图 7-13 中的边界混合曲面的边线（右键选择左键拾取）共 6 条闭环边与曲线作为"第一方向曲线"，右键菜单选择【第二方向曲线】，按住【Ctrl】键分别拾取图 7-13（b）中的吊钩内、外侧轮廓曲线，即图 7-11（b）中分别对应的两条草绘样条曲线。在完成上述边界对象的选取后，分别右键"第一方向曲线"中的"第一条链"、"最后一条链"边界处的"敏感区域"，从快捷菜单中选择【切线】，如图 7-14（a）所示，或打开操控板中的"约束"面板，分别切换对应"边界"收集器中的"方向 1-第一条链"与"方向 1-最后一条链"的"条件"为【切线】，使边界混合曲面在其边界处分别与各自相邻的曲面或实体表面进行相切约束设置，"曲面"收集器中显示其缺省的约束几何对象，如有必要，先激活"边界"中的对象，再分别拾取图形中对应的曲面或表面以重设其相切条件，单击中键完成吊钩中间段边界

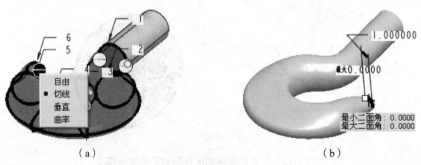

（a）　　　　　　　　　　　　　（b）

图 7-14　创建吊钩中间段边界混合曲面

混合曲面的创建，最后将图 7-13（b）中的所有曲线予以隐藏后的结果如图 7-14（a）所示。

 注意   上述构成边界混合曲面的两个方向的曲线链可以进行互换，其边界混合曲面的造型并不受影响。

7. 曲面的合并及其边界的二面角分析与曲面实体化混合建模

（1）按住【Ctrl】键分别选取图 7-13（a）中的鼻尖端的边界混合曲面以及图 7-14（b）中的吊钩中间段的边界混合曲面，单击【合并】，完成两曲面的合并；再选择菜单【编辑】|【实体化…】，选择操控板上的【用实体材料填充由面组界定的体积块】□按键，调整【更改刀具操作方向】按键使其指向吊钩内侧，单击中键完成吊钩的曲面实体化造型。

（2）选择菜单【分析】|【几何】|【二面角】，分别拾取吊钩中间段与鼻尖端及其连接段合并处的上、下边线，图形与"二面角"对话框底部的结果如图 7-14（b）所示，说明吊钩的造型具有光滑的表面。

8. 吊钩连接段的加工

（1）单击【旋转】，两次右键菜单分别选择【去除材料】与【定义内部草绘…】，选取 FRONT基准平面作为草绘平面，单击中键接受缺省参照与方向进入草绘界面，选择菜单【草绘】|【参照…】，分别拾取连接段拉伸体的起始、终止表面的边线作为参照，右键菜单选择【中心线】过坐标系原点处绘制一竖直中心线，绘制如图 7-15（a）所示的开放截面草图，单击✔完成截面草图的绘制，接受旋转角度缺省值为"360"，单击中键完成吊钩连接段的旋转造型，如图 7-15（b）所示。

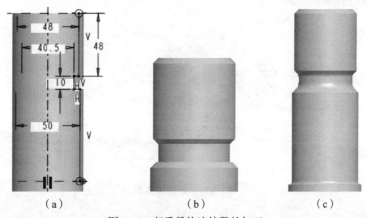

（a）   （b）   （c）

图 7-15 起重吊钩连接段的加工

（2）单击【边倒角】，拾取吊钩连接段的顶部边线及退刀槽的上、下外侧边线，键入倒角距离值为"3"，单击中键完成边线的倒角加工，如图 7-15（b）所示。

（3）单击【倒圆角】，按住【Ctrl】键分别拾取退刀槽的圆柱表面与上侧的倒角锥面，键入倒圆角的半径为"3"；同样，完成退刀槽的圆柱表面与下侧的倒角锥面的拾取并键入倒圆角的半径为"7"；再拾取吊钩连接段的边线并键入倒圆角的半径为"2.5"，单击中键完成所选参照对象的过渡圆角的创建，如图 7-15（c）所示。

（4）单击菜单【插入】|【修饰】|【螺纹…】，系统弹出"修饰：螺纹"对话框，拾取连接端

上部φ48mm 的圆柱面作为加工螺纹的曲面，再拾取该圆柱的上端面作为加工螺纹的起始曲面，选择【正向】或单击中键以确定特征创建的方向即螺纹的加工方向，单击中键接受【指定到】菜单项中的【盲孔】，键入螺纹的加工长度为"50"、键入螺纹直径为"48"，连续单击中键三次完成螺纹孔的修饰。

9. 隐藏曲线及曲面

单击【设置层、层项目和显示状态】显示系统的层结构树，按住【Ctrl】键分别选取"03＿＿PRT_ALL_CURVES"、"06＿＿PRT_ALL_SURFS"，两次右键菜单分别选择【隐藏】及【保存状态】。

10. 保存文件

单击菜单【文件】|【保存副本...】，以"LIFTING_HOOK"作为文件名进行保存。至此，起重吊钩的造型已全部完成，结果如图 7-1 所示。

7.2 | 螺旋桨

图 7-16 所示为一比较简单的三叶片螺旋桨造型，该桨叶直径 D 为 600mm，无后倾角，且叶切面为平面。由于螺旋桨叶属于复杂的曲面结构，建模过程中涉及较多空间曲线的绘制，本实例采用"复制"功能完成桨叶各截面半径处叶背与叶面剖面线的创建，运用"可变剖面扫描"、"边界混合"完成桨叶曲面的造型。

图 7-16　螺旋桨造型

1. 创建螺旋桨叶展开轮廓曲线

（1）单击【曲线】，选择【曲线选项】菜单管理器中的【从方程】|【完成】，系统弹出"曲线：从方程"对话框及【得到坐标系】菜单选项，在拾取系统坐标系 PRT_CSYS_DEF 后再选取【设置坐标类型】菜单选项中的【笛卡尔】，系统弹出编写方程的记事本，输入如下参数方程：

```
y=300*t
x=(y+20)*sqrt((300-y)/516.7)
```

对所输入的参数方程检查无误后，单击记事本右上角的【关闭】按键，确定保存后单击中键所生成的抛物曲线如图 7-17 所示。

（2）选取图 7-17 中的曲线，单击【镜像】 ，选取 RIGHT 基准平面作为镜像平面，单击中键完成抛物曲线的镜像，由此得到图 7-18 中的螺旋桨叶的展开曲线。

（3）选择 FRONT 基准平面作为草绘平面，绘制如图 7-19 所示的由圆和竖直线构成的草图，其中所标注的直径尺寸 "95.49" 为 "600/(2×π)"（双击草图圆的尺寸输入 "300/pi" 并确认），竖直线（也即叶轴线）位于 RIGHT 基准平面上，其上端点与公式曲线的端点对齐，该竖直线将作为创建叶背的可变剖面扫描的原点轨迹之用。

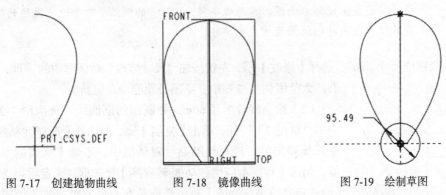

图 7-17　创建抛物曲线　　　图 7-18　镜像曲线　　　图 7-19　绘制草图

2. 绘制桨叶各断面的截面线

（1）绘制桨叶半径 40mm 处断面的剖面线。单击【草绘】 ，选择基准平面 FRONT 基准平面作为草绘平面，单击中键接受缺省参照与方向进入草绘界面，单击菜单【草绘】|【参照…】 ，选择图 7-18 中的桨叶展开曲线、图 7-19 中的 "95.49" 的截面圆的右端点作为参照几何，按照如下要求绘制图 7-20（a）中的草图，单击 完成草图的绘制，其结果如图 7-20（b）所示。

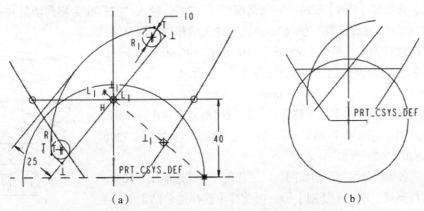

（a）　　　　　　　　　　　　　　（b）

图 7-20　绘制桨叶半径 40mm 处断面的截面图

① 定位尺寸为 "40"（断面半径位置）的水平直线的两端点分别位于桨叶展开曲线的几何参照线上，该直线也兼作后续移动复制的旋转轴之用。

② 右侧倾斜的直线几何图元（桨叶展开的螺旋角的斜度线）两端点分别位于上述水平直线的中点及 "95.49" 的截面圆的右端点上。

③ 定位基准为 "25" 的斜线（叶背）的中点位于螺旋角展开几何斜线的左上端点，该斜线与

螺旋角的几何直线为"垂直"约束，并与上述的水平直线约束为等长。

④ 定位尺寸为"25"的圆弧（叶面）的圆心位于螺旋角的几何直线上。

⑤ 斜线（叶背）或圆弧（叶面）两端的直线分别垂直于斜线（叶背），三者之间的内切圆（运用【3切圆】⚪绘制）的直径均为"10"。

⑥ 将直径为"10"的两内切圆（也可只绘制一个内切圆）以及与其相切的两垂直短直线均切换为几何图元。

桨叶断面应为闭环截面图，其两端半径为"10"的圆弧（即导边与随边的轮廓线处）在后续将采用特征倒圆角方式来实现。

⑦ 选取定位尺寸"40"，选择【修改】✏，左键按住"尺寸修改"对话框中的转盘，在其左、右的大范围调整过程中，草图必须能动态更新。

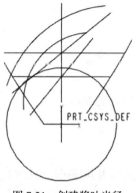

图7-21　创建桨叶半径60mm处断面的截面图

（2）绘制桨叶半径60mm处断面的剖面线。选取图7-20（b）中的"草绘2"特征，单击【复制】📋，再选择【选择性粘贴】📋，在系统弹出的"选择性粘贴"对话框中，不选【从属副本】复选框，勾选【对副本应用移动/旋转变换】复选框，确定后接受默认的【沿选定参照平移特征】↔，选取基准平面TOP基准平面或系统坐标系的 y 作为平移方向参照，键入平移距离为"0"进行原位复制并按【Enter】键确认，单击中键完成截面草图的复制。双击所复制的草图将图中的两尺寸"40"和"25"分别修改为"60"及"24"，经再生后的结果如图7-21所示。

（3）阵列桨叶半径100mm、140mm、180mm、220mm、260mm处各断面的剖面曲线图。右键图7-21中的60mm断面的"Moved Copy 1"特征，从快捷菜单中选择【阵列…】▦，接受默认的"阵列"类型【尺寸】，选取桨叶半径"60"，键入"40"作为阵列增量并确认；再按住【Ctrl】键选取截面高度尺寸"24"，键入"-2"作为阵列增量并确认，修改"输入第一方向的阵列成员数"为"6"，单击中键完成移动复制草绘特征的阵列。由此得到桨叶半径（60mm）、100mm、140mm、180mm、220mm、260mm各断面的剖面曲线图，如图7-22所示。

（4）绘制桨叶半径280mm、290mm处两断面的截面图。重复上述（2）的操作步骤对"草绘2"特征进行原位移动复制两次，分别编辑所复制的草图中的两尺寸"40"与"25"为"280"与"13"、"290"与"11.5"，如图7-23所示。

（5）旋转各半径处的剖面曲线图。以"几何"方式选取图7-20（b）中的斜直线与圆弧，单击【复制】📋，再选择【选择性粘贴】📋，右键菜单选择【旋转】或选择操控板上【相对选定参照旋转特征】⚓按键，再选取图7-20（b）中的水平直线作为旋转轴的方向参照，按住拖动控制滑块使其绕 x 轴的逆时针方向旋转，输入旋转角度值"90"，确认后单击中键完成草绘图元的变换操作，如图7-24所示。

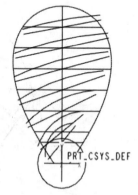

图7-22　阵列五个断面的截面图

重复上述的操作步骤，分别选取图7-23中的60mm、100mm、140mm、180mm、220mm、260mm、280mm、290mm各半径断面的剖面曲线图中的斜直线与圆弧，以各截面中的水平直线作为旋转轴、旋转角度为"90°"进行旋转移动，完成 8 个截面中的斜直线与圆弧的旋转操作，如图 7-25 所示。

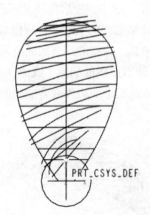

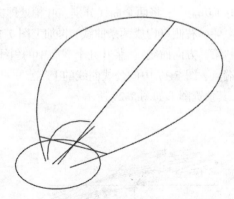

图 7-23　创建 280mm 与 290mm 处两断面的截面　　图 7-24　旋转桨叶半径 40mm 处断面的截面图

图 7-25　旋转桨叶半径 60mm、100mm、140mm、180mm、220mm、260mm、280mm、290mm 各断面的截面图

3. 创建螺旋桨叶背轮廓曲线与叶背面

（1）单击【曲线】～，单击中键接受菜单管理器中【曲线选项】|【经过点】方式创建曲线，系统弹出"曲线：通过点"对话框及【连接类型】菜单项，接受菜单的缺省设置，从图 7-25 中的桨叶半径 40mm 的断面中的斜直线左或右端点开始，依次拾取各截面中的斜直线端点以及图 7-17 中的公式曲线的上端点（为第十个点）共计 19 个点，连续单击中键两次完成点的定义，单击中键完成螺旋桨叶背轮廓曲线的创建，如图 7-26 所示。

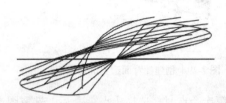

图 7-26　创建螺旋桨叶背轮廓曲线

（2）运用可变剖面扫描功能创建叶背曲面。单击【可变剖面扫描】，拾取图 7-19 中的竖直线作为原点轨迹，按住位于系统原点处的拖动控制滑块将其拖至半径 40mm 的旋转轴线过程中，通过【Shift】键以准确捕捉该直线的中点（或双击原点处的连接尺寸键入"-40"）；再按住【Ctrl】键选取图 7-26 中的轮廓曲线作为轨迹链，同样将其端点修剪至原点轨迹曲线的上端点或 RIGHT 基准平面上，右键菜单选择【草绘】进入草绘界面，绘制图 7-27 中的直线截面草图，其绘制方法是激活【线】＼后，拾取轨迹链的端点作为起始点，沿着原点轨迹向左上方绘制斜线，直到在原

点处显示中点约束符号单击拾取斜线的另一端点即可，单击✔完成草图的绘制，单击中键完成叶背曲面的创建，如图 7-28 所示。

如果采用边界混合曲面功能来完成叶背曲面，则应先将图 7-26 中的轮廓曲线进行原位复制，运用【修剪】功能🗁，将两个曲线分别在叶梢处即图 7-19 中的竖直线的上端点进行修剪，分别保留曲线的左侧或右侧以构成两条曲线，再加上图 7-19 中的竖直线，这样的三条曲线链形成边界混合曲面的"第一方向曲线"；桨叶九个截面中的斜线以及上述修剪曲线的端点（或图 7-19 中的竖直线的上端点、图 7-17 中的公式曲线的上端点）共计 10 条曲线链形成边界混合曲面的"第二方向曲线"，其预览图形如图 7-29 所示。

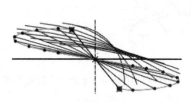

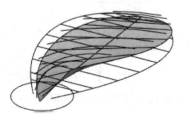

图 7-27　绘制直线截面草图　　　　　　　　图 7-28　创建叶背曲面

4. 创建螺旋桨叶面轮廓曲线、叶厚线、叶面曲面及叶背与叶面的过渡曲面

（1）在特征树中，按住【Shift】键分别选取"曲线 #"（公式曲线）与"Moved Copy 8"之间的七个特征将其隐藏。与上述创建螺旋桨叶背轮廓曲线一样，通过选择【曲线】～完成螺旋桨叶面轮廓曲线的创建。所选取的点是从桨叶半径 40mm 的截面中的圆弧曲线的左或右端点开始，依次选取图 7-25 中的 9 个截面中的圆弧曲线端点以及下述的第十个基准点共 19 个点，连续单击中键三次完成点的定义与螺旋桨叶面轮廓曲线的创建，如图 7-30 所示。

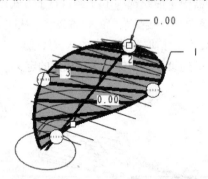

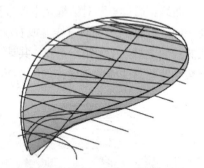

图 7-29　创建叶背面边界混合曲面　　　　图 7-30　创建螺旋桨叶面轮廓曲线

在拾取第十个点时，选择【点】⁝⁝后，选取图 7-19 中的竖直线的上端点或图 7-17 中的公式曲线的上端点，按住【Ctrl】键再选择 FRONT 基准平面以创建偏移点，在·"基准点"对话框中的"偏移"输入栏中键入"9"，确认后单击中键完成基准点 PNT0 的创建，此时 PNT0 基准点已被自动选取；继续选取其余的 9 个同侧端点即可得到图 7-30 所示的叶面轮廓曲线。

（2）与上述创建螺旋桨叶面轮廓曲线一样，通过选取叶面圆弧曲线的中点以及螺旋桨叶面轮廓曲线上的中点共 10 个点，完成基准曲线的创建，具体操作步骤过程为：选择【曲线】～，单击中键后再选择【点】⁝⁝，分别拾取圆弧曲线以及螺旋桨叶面轮廓曲线，将"基准点"对话框中的"偏移"均修改为"0.5"，创建上述曲线中点处的基准点 PNT1～PNT10，完成点集的创建。此时 PNT10 已被选取作为曲线的起始点，再分别拾取 PNT9、PNT8、…、PNT1，连续单击中键三次完成点的定义与螺旋桨的叶厚线的创建，如图 7-31 所示。

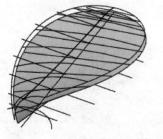

图 7-31　创建螺旋桨的叶厚线

（3）创建桨叶叶面曲面。单击【边界混合】，选取图 7-30 中的叶面轮廓曲线后，用鼠标按住其左端或右端的拖动控制滑块将其向上拖到叶厚线的上端点处的过程中，通过按住【Shift】键进行捕捉，完成所选曲线的修剪；再按住【Ctrl】键分别选取图 7-31 中的叶厚曲线与叶面轮廓曲线并完成该曲线的另一侧的修剪操作。右键菜单选择【第二方向曲线】，按住【Ctrl】键分别拾九个截面中的圆弧曲线以及叶厚曲线的上端点（右键四次左键拾取）共计十条曲线链，其图形预览如图 7-32 所示，单击中键完成叶面曲面的创建，如图 7-33 所示。

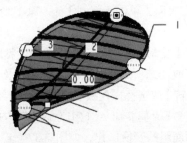

图 7-32　创建叶面边界混合曲面

图 7-33　叶面边界混合曲面

（4）拾取图 7-26 中的叶背轮廓曲线与图 7-30 中的叶面轮廓曲线，运用边界混合曲面功能，完成其叶背与叶面之间的过渡曲面的创建，将上述所有曲线予以隐藏后的结果如图 7-34 所示。

（5）按住【Ctrl】键分别依次选取图 7-34 中的叶背、叶背与叶面之间的过渡曲面及叶面，选择【合并】，单击中键完成桨叶曲面的创建。

5.　创建桨叶的花鼓筒造型

单击【拉伸】，右键菜单选择【定义内部草绘…】，选择 FRONT

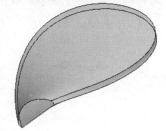

图 7-34　创建叶背与叶面
之间的过渡曲面

基准平面作为草绘平面，接受缺省参照与方向，单击中键进入草绘界面。右键菜单选择【圆】在系统原点绘制一直径为"120"的截面圆，单击完成草图的绘制。设置拉伸方式为【对称】，键入拉伸的盲孔尺寸为"140"，单击中键完成花鼓筒的拉伸造型，如图 7-35 所示。

6.　创建螺旋桨的桨叶造型

（1）单击【倒圆角】，按住【Ctrl】键分别选取图 7-35 中的叶面曲面与叶背曲面，右键菜单选择【完全倒圆角】，再选取两者之间的过渡曲面作为驱动曲面，单击中键完成桨叶导边与随边的圆角过渡，如图 7-36 所示。

（2）选取图 7-36 中的曲面，单击菜单【编辑】|【实体化…】，接受操控板上【用实体材料填充由面组界定的体积块】按键，调整【更改刀具操作方向】按键或单击黄色箭头使曲面

与拉伸实体融合，单击中键完成曲面实体化造型。

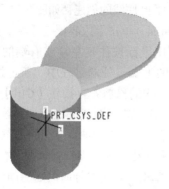

图 7-35　花鼓筒造型

图 7-36　创建完全倒圆角

（3）单击左键两次选取图 7-36 中的桨叶的所有表面，单击【复制】，再选择【粘贴】，单击中键完成面组的复制操作。

（4）因所复制的面组处于激活状态，继续单击【复制】，再选择【选择性粘贴】。在系统弹出的"选择性粘贴"对话框中，勾选【制作有改变选项的完全从属的副本】及【对副本应用移动/旋转变换】复选框，确定后右键菜单选择【旋转】或选择操控板上【相对选定参照旋转特征】按键，再选取坐标系的 z 轴或图 7-35 中的拉伸特征的基准轴 A_1 作为旋转轴方向参照，输入旋转角度值"120"，确定后单击中键完成桨叶曲面面组的变换操作，如图 7-37（a）所示。

（5）切换过滤器的拾取方式为【面组】，拾取上述步骤（3）中所复制的桨叶曲面面组，继续单击【复制】，再选择【选择性粘贴】，右键菜单选择【旋转】，再选取坐标系的 Z 轴作为旋转轴方向参照，输入旋转角度值"240"后，确定后单击中键完成第二个桨叶曲面面组的旋转移动操作，如图 7-37（b）所示。

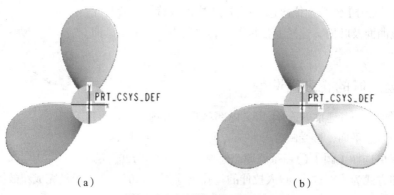

　　　　　（a）　　　　　　　　　　　　　　　　　　（b）

图 7-37　复制桨叶曲面面组

　在上述的操作过程中，步骤（4）是对步骤（3）中的曲面面组进行移动复制操作（旋转），而步骤（5）实际上是对步骤（3）中的曲面面组进行变换操作（旋转）。

（6）选取图 7-37（a）中的曲面面组，单击菜单【编辑】|【实体化…】，选取操控板中的【用实体材料填充由面组界定的体积块】按键，调整【更改刀具操作方向】按键或黄色箭头使该桨叶与已有的实体进行融合，单击中键完成曲面实体化造型。同样，完成图 7-37（b）中的移动曲面的实体化造型。

（7）选择【倒圆角】🗡，按住【Ctrl】键分别选取桨叶与花鼓筒的三条交线，键入倒圆角的半径值为"10"，单击中键完成图 7-38 中的叶根处的过渡圆角的创建。

如果使用 Pro/E Wildfire V5.0 版本的软件，上述两桨叶的建模可以采用【几何阵列】功能中的【轴】类型完成其桨叶的阵列操作，其具体操作为：以"几何"方式拾取图 7-36 中的桨叶叶片的所有表面，单击菜单【编辑】|【几何阵列】，选择"阵列"类型为【轴】，拾取坐标系的 z 轴作为阵列中心轴，分别键入"输入第一方向的阵列成员数"为"3"、"输入阵列成员间的角度"为"120"，激活【用实体材料填充由面组界定的体积块】□按键，单击中键完成桨叶的阵列操作。

7. 加工轴孔与键槽

单击【拉伸】🗗，右键菜单分别选择【去除材料】及【定义内部草绘...】，选择图 7-38 中的花鼓筒圆柱的端面作为草绘平面，接受缺省参照与方向，单击中键进入草绘界面。绘制如图 7-39 所示的截面草图，单击✔完成草图的绘制。设置拉伸方式为【到选定的】，拾取花鼓筒圆柱的另一端面作为参照，单击中键完成轴孔及键槽的拉伸除料造型，其结果如图 7-16 所示。

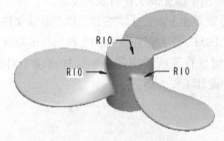

图 7-38　创建叶根处过渡圆角

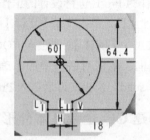

图 7-39　绘制轴孔与键槽截面

8. 隐藏曲线及曲面

单击【设置层、层项目和显示状态】🗇显示系统的层结构树，按住【Ctrl】键分别选取"03___PRT_ALL_CURVES"、"06___PRT_ALL_SURFS"，两次右键菜单分别选择【隐藏】及【保存状态】。

9. 保存文件

单击菜单【文件】|【保存副本...】🖺，以"PROPELLER"作为文件名予以保存。若已保存过文件，再单击菜单【文件】|【删除】|【旧版本】，只保存模型的最新版本。

7.3
QQ 企鹅

图 7-40 所示为 QQ 企鹅曲面造型，其造型过程应用了曲面常用的建模与编辑功能，如拉伸、旋转、扫描、曲面填充、可变剖面扫描、扫描混合、边界混合曲面的建模与边界条件的约束以及曲面合并与修剪、曲面镜像、曲面曲线、样条曲线、二次投影曲线、曲面圆角与变半径圆角的创建等，尤其是可变剖面扫描工具结合图形特征的运用及扫描混合的曲面造型。

图 7-40　QQ 企鹅曲面造型

1. 设置工作目录及新建零件文件

（1）设置工作目录。单击菜单【文件】|【设置工作目录】🗂，在打开的"选取工作目录"对话框中，选取已建立的文件夹或单击工具条【新建文件夹】📁按键或右键菜单选择【新建文件夹】并重命名以作为 Pro/E 进行设计的工作目录，单击中键完成工作目录的设置。

（2）新建文件。单击菜单【文件】|【新建】或单击【新建】📄按键，接受默认文件类型为【零件】，其子类型为【实体】，并键入"QQ_PENGUIM"作为新建文件的文件名，不勾选【使用缺省模板】复选框，单击对话框中的【确定】按键。在系统弹出的"新文件选项"对话框中双击"mmns_part_solid"模板文件后进入 Pro/E 零件设计工作界面。

2. 创建 QQ 企鹅基本外形曲面

单击【旋转】🔄，两次右键菜单分别选择【曲面】与【定义内部草绘…】，再选取 FRONT 基准平面作为草绘平面，接受缺省参照与方向，单击中键进入草绘界面，右键菜单选择【3 点/相切端】〿，绘制如图 7-41 所示的开放截面草图，图中半径为"25"的圆弧圆心位于坐标系原点，单击✔完成截面草图的绘制。选取坐标系的 y 轴作为旋转轴，接受旋转角度的缺省值"360"，单击中键完成旋转曲面造型，如图 7-42 所示。

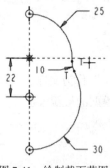

图 7-41　绘制截面草图

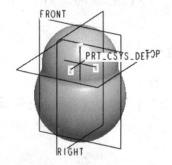

图 7-42　创建旋转曲面

3. 创建 QQ 企鹅嘴部的曲面造型

（1）在特征树中，右键"旋转 1"选择菜单中的【隐藏】，将其暂时不显示在图形中。

（2）创建扫描的轨迹曲线。单击【草绘】🖊，选择 TOP 基准平面作为草绘放置平面，单击中键接受缺省参照与方向进入草绘界面，右键菜单选择【线】＼，于 RIGHT 基准平面上绘制如图 7-43 所示的直线草图，单击✔完成草图的绘制。

（3）创建图形特征。选择菜单【插入】|【模型基准】|【图形...】 △，在输入栏中键入"NOSE_GRAPH_RY"作为图形特征的名字，单击中键或 ✔ 按键进入草绘界面，单击【椭圆】 ○ 于窗口的适当位置绘制一椭圆，右键菜单选择【中心线】 ┆ 于椭圆中心点处绘制两条正交的中心线，使用【删除段】 ⌁ 修剪椭圆，只保留其第 1 象限的椭圆弧，再选择【坐标系】 ⊁ 在椭圆弧的中心点处添加草绘坐标系，如图 7-44（a）所示，单击 ✔ 完成图形特征"NOSE_GRAPH_RY"的创建。

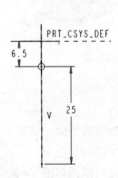

图 7-43　绘制竖直线草图

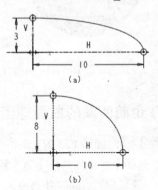

图 7-44　创建图表曲线

运用同样的方法完成图 7-44（b）中椭圆弧的图形特征"NOSE_GRAPH_RX"的创建。

（4）单击【可变剖面扫描】 ⬚，选取图 7-43 中的直线作为原点轨迹，确认其起始点位于直线图元的上端，右键菜单选择【草绘】或单击操控板上的【创建或编辑扫描剖面】 ☑ 按键进入草绘界面，单击【椭圆】 ○ 在轨迹链的原点绘制一椭圆，其长、短半轴尺寸分别通过图 7-44 中的两图形曲线来控制，即："sd3=evalgraph("NOSE_GRAPH_RX",trajpar*10)*2.2/*长半轴"、"sd4=evalgraph("NOSE_GRAPH_RY",trajpar*10)*2 /*短半轴"。选择菜单【工具】|【关系...】，在"关系"对话框中键入上述的关系式，如图 7-45 所示，选择【执行/校验关系并按关系创建新参数】 ☑ 按键，确认"已成功校验了关系式"后单击对话框的【确定】按键完成关系式的输入，单击 ✔ 完成截面草图的绘制，单击中键完成 QQ 企鹅嘴部的曲面造型，如图 7-46 所示。

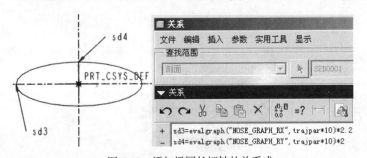

图 7-45　添加椭圆长短轴的关系式

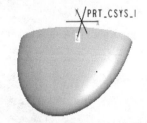

图 7-46　QQ 企鹅嘴部的曲面造型

4. 创建 QQ 企鹅基本外形与嘴部两曲面的合并及其圆角

（1）选取图 7-42 中的 QQ 企鹅基本外形曲面，按住【Ctrl】键的同时再选取图 7-46 中的 QQ 企鹅嘴部的曲面，单击【合并】 ⬚，调整两曲面的箭头方向，如图 7-47（a）所示，单击中键完成两曲面的合并。

（2）单击【倒圆角】 ◣，选取上述合并曲面的交线，键入倒圆角的半径为"2"，单击中键完成曲面交线的过渡圆角，如图 7-47（b）所示。

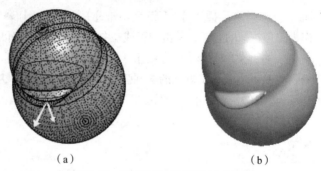

（a） （b）

图 7-47 曲面合并与交线的圆角过渡

5. 创建 QQ 企鹅两翼的曲面造型

（1）单击【草绘】，选择 FRONT 基准平面作为草绘放置平面，单击中键接受缺省参照与方向进入草绘界面，选择【圆心和端点】，绘制图 7-48 中的圆心位于 RIGHT 基准平面上的圆弧曲线，标注并修改尺寸，单击完成圆弧草图的绘制。

（2）单击【可变剖面扫描】，选取图 7-48 中的圆弧曲线作为原点轨迹，确认扫描起始点位于圆弧图元的上端，右键菜单选择【草绘】进入草绘界面，单击【椭圆】在轨迹链的原点绘制一椭圆，如图 7-49（a）所示，椭圆的长、短半轴尺寸分别通过图 7-44 中的图表曲线来控制，即："sd3=evalgraph("NOSE_GRAPH_RX",trajpar*10) /*长半轴"、"sd4=evalgraph("NOSE_GRAPH_RY",trajpar*10)*1.5 /*短半轴"。选择菜单【工具】|【关系...】，在"关系"对话框中键入上述的关系式，如图 7-45 所示，连续单击中键两次完成关系式的键入并关闭其对话框，单击完成截面草图的绘制，单击中键完成 QQ 企鹅翼部的曲面造型，如图 7-49（b）所示。

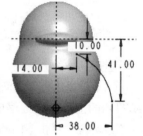

图 7-48 绘制圆弧草图

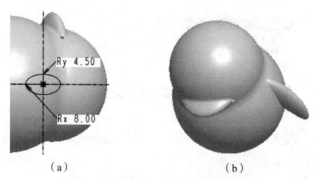

（a） （b）

图 7-49 创建 QQ 企鹅翼的曲面造型

（3）左键图 7-49（b）中的翼形曲面两次或切换过滤器的选取方式为【几何】，选取其曲面几何（非曲面特征），单击【镜像】，再选取 RIGHT 基准平面作为镜像平面，单击中键完成所选曲面的镜像，如图 7-50（a）所示。上述的镜像操作也可以曲面特征的方式来完成。

（4）选取图 7-47 中的 QQ 企鹅的部分曲面面组，按住【Ctrl】键的同时再选取图 7-50（a）中的 QQ 企鹅翼部的镜像曲面，单击【合并】，调整两曲面的箭头方向，如图 7-50（b）所示，单击中键完成曲面面组的合并操作；再次按住【Ctrl】键并选取图 7-49 中的 QQ 企鹅翼部的扫描曲面，单击【合并】 ，调整两曲面面组的箭头方向，如图 7-50（b）所示，单击中键完成曲面面组的合并。

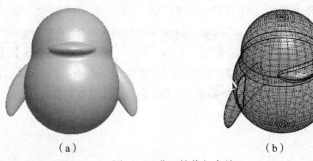

（a）　　　　　　　　　　　　　　　　　（b）

图 7-50　曲面镜像与合并

（5）单击【倒圆角】 ，选取上述合并面组的左翼前边线，右键半径控制滑块或圆角尺寸数值，选择菜单中的【添加圆角】以创建变半径倒圆角，圆角尺寸与位置如图 7-51（a）所示。再选取合并面组的右翼前边线以创建变半径倒圆角，圆角尺寸与位置如图 7-51（b）所示，单击中键完成变半径过渡圆角的创建，如图 7-51（c）所示。

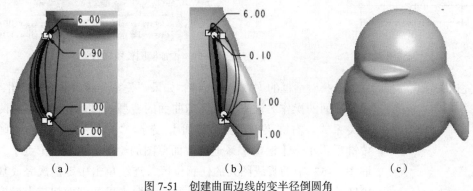

（a）　　　　　　　　　　　（b）　　　　　　　　　　　（c）

图 7-51　创建曲面边线的变半径倒圆角

6. 创建 QQ 企鹅两足的曲面造型

（1）选择【草绘】 ，再单击【平面】 ，选择 TOP 基准平面向下偏距 "48" 创建 DTM1 基准平面，单击中键接受默认参照与方向进入草绘界面，右键菜单选择【中心线】 绘制图 7-52 中的两条正交的中心线，再于 60°的中心线上绘制对称于另一中心线的直线，单击 完成直线草图的绘制。

（2）选择菜单【插入】|【模型基准】|【图形…】 ，在输入栏中键入 "FOOT_GRAPH_RY" 后单击中键进入草绘界面，单击【椭圆】 于窗口适当位置绘制一椭圆，右键菜单选择【中心线】 于椭圆中心点处绘制一水平中心线，再于椭圆长轴方向的两端点处各绘制一条竖直的中心线，修

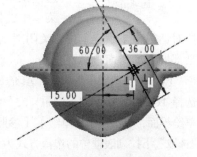

图 7-52　绘制原点轨迹曲线草图

剪、保留第 1、2 象限的椭圆弧，选择【坐标系】 在椭圆弧的左端点处添加草绘坐标系，如图 7-53（a）所示，单击 完成图形特征 "FOOT_GRAPH_RY" 的创建。

运用同样的方法完成图 7-53（b）中的圆弧的图形特征 "FOOT_GRAPH_RX" 的创建。

在特征树中，右键"旋转1"，从快捷菜单中选择【隐藏】，使其不显示在窗口中。

（3）单击【可变剖面扫描】 ，选取图 7-52 中的直线作为原点轨迹，右键菜单选择【草绘】进入草绘界面，选择【椭圆】 在轨迹链的原点绘制一椭圆，其长、短半轴尺寸分别通过图 7-53 中的图表曲线来控制，即："sd3=evalgraph("FOOT_GRAPH_RX",trajpar*10)*2/*长半轴"、"sd4=evalgraph("FOOT_GRAPH_RY",trajpar*10)*4 /*短半轴"，选择菜单【工具】|【关系...】，在"关系"对话框中键入上述的关系式，如图 7-54 所示，连续单击中键两次完成关系式的键入并关闭其对话框，单击 完成截面草图的绘制，单击中键完成 QQ 企鹅足部椭球的曲面造型，如图 7-55 所示。

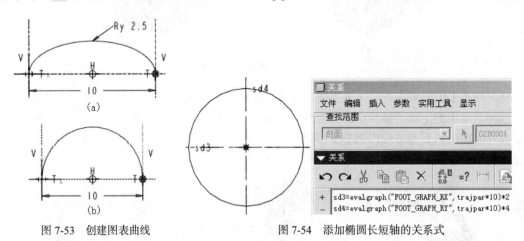

图 7-53　创建图表曲线　　　　　　图 7-54　添加椭圆长短轴的关系式

图 7-55　QQ 企鹅足部椭球造型

在完成关系式的校验后，选择对话框的【确定】按键，如果"关系"对话框不能关闭，可以采取下面的操作方法来完成椭球曲面的造型。选取图 7-54 中的两个参数关系式，右键菜单选择【剪切】，选择"关系"对话框中【确定】按键后再单击【退出】 退出截面草图的绘制。再单击【点】 ，选取图 7-52 中的直线图元的任意位置，连续单击中键两次完成基准点 PNT0 的创建并回到特征操作界面，选取【可变剖面扫描】操控板的【选项】面板，激活"草绘放置点"收集器中的"原点"，选取基准点 PNT0 将其送入"草绘放置点"收集器中，即可将基准点 PNT0 作为扫描的起始点。右键菜单选择【草绘】再次完成椭圆截面图的绘制，选择菜单【工具】|【关系...】，在"关系"对话框的输入栏中，右键菜单中选择【粘贴】完成上述关系式的键入并执行关系式的校验，选择对话框中【确定】按键关闭对话框，单击 完成截面椭圆的绘制，单击中键完成 QQ 企鹅足部椭球的曲面造型。

（4）单击菜单【编辑】|【填充...】 ，右键菜单选择【定义内部草图...】，再单击【平面】 ，选择 TOP 基准平面向下偏距"55"创建 DTM2 基准平面，连续单击中键两次接受缺省参照并进入草绘界面，单击菜单【草绘】|【参照...】 ，系统弹出"参照"对话框，选择【剖面】按键，切换"选取"下拉列表框中的选择方式为【所有参照】，右键选择三次上述所创建的椭球曲面，直到椭球的特征曲面高亮显示后再单击左键完成拾取操作，此时的"参照"对话框收集器中新增一参照对象"目的曲面：F22（VAR_SECT_SWEET_3）"，同时，图形中显示 DTM2 基准平面与椭球曲面的几何交线，如图 7-56 所示。右键菜单选择【矩形】 ，绘制图 7-57 中的矩形草图并添加其图元与参照几何之间的相切约束，单击 完成截面草图的绘制，单击中键完成填充曲面的创建，如图 7-58 所示。

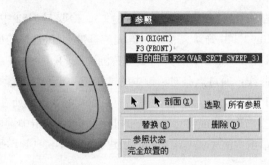

图 7-56　创建参照几何对象

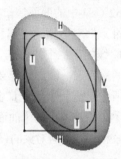

图 7-57　绘制草图

（5）单击【拉伸】，两次右键菜单分别选择【曲面】、【定义内部草绘…】，再单击【平面】，按住【Ctrl】键分别选取 TOP 基准平面与图 7-52 中的直线图元，连续单击中键两次完成过直线并平行于 TOP 的 DTM3 草绘平面的创建并接受缺省参照与方向进入草绘界面，单击菜单【草绘】|【参照…】，系统弹出"参照"对话框，选择图 7-52 中的直线图元作为参照几何，右键菜单选择【中心线】于参照几何上绘制一中心线，单击【点】在中心线与 FRONT 的相交处添加一草绘点，再绘制如图 7-59 所示的对称于中心线的矩形图元，标注并修改尺寸，图中的定位尺寸"2"的基准为草绘点，单击✔完成截面草图的绘制。选择操控板中【去除材料】与【更改刀具操作方向】使其指向拉伸曲面内部，选取椭球作为曲面修剪对象，设置拉伸的"第 1 侧"与"第 2 侧"均为【穿透】，单击中键完成椭球曲面的修剪，如图 7-60 所示。

图 7-58　创建填充曲面

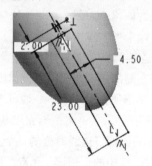

图 7-59　绘制草图

（6）选取图 7-60 中的椭圆修剪曲面，按住【Ctrl】键再选取图 7-58 中的填充曲面，单击【合并】，调整两曲面的箭头方向，单击中键完成曲面的合并，如图 7-61 所示。

图 7-60　曲面修剪

图 7-61　曲面合并

（7）单击【曲线】，系统弹出【曲线选项】菜单管理器，单击中键接受以【经过点】方式创建曲线，系统弹出"曲线：通过点"对话框及【连接类型】菜单项，接受菜单的默认连接类型，

拾取图 7-62（a）中的曲面切口左侧边线的一个几何点，再单击【点】 ，拾取图 7-52 中的直线，键入"基准点"对话框中"偏移"值为"0.97"并确认，单击中键完成基准点 PNT1 的创建并已作为定义曲线的第二个几何点，再拾取图 7-62（a）中的曲面切口右侧边线的一个几何点，连续单击中键两次完成曲线点的定义。双击"曲线：通过点"对话框中的"相切"元素，选择【定义相切】菜单项【起始】|【曲面】，接受【相切】复选框设置，拾取上述定义曲线起始点处所在的曲面；再次选择菜单管理器中的【曲面】，拾取上述定义曲线终止处所在的曲面，连续单击中键两次完成曲线端点"相切"几何对象的设置，再次单击中键完成基准曲线的创建，如图 7-62（b）所示。

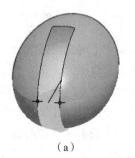
（a）

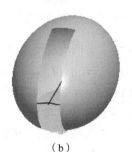
（b）

图 7-62　创建基准曲线

（8）单击菜单【编辑】|【投影…】 ，直接选取图 7-52 中的直线作为"投影链"，右键菜单选择【选取曲面】，选取填充曲面部分作为投影的曲面，再次右键菜单选择【垂直于曲面】，单击中键完成曲面曲线的创建，如图 7-63 所示。

（9）单击【曲线】 ，单击中键接受【曲线选项】管理器的默认设置，系统弹出"曲线：通过点"对话框及【连接类型】菜单项，接受菜单的默认连接类型。拾取图 7-61 中的填充曲面与椭球面切口合并处的左侧的一个几何点，再单击【点】 ，拾取上述所创建的投影曲线，单击对话框中"曲线末端"单选项右侧的【下一端点】按键，以更改计算基点，键入"基准点"对话框中"偏移"值为"0.915"，确认后单击中键完成基准点 PNT2 的创建并作为定义曲线的第二个几何点，再拾取图 7-61 合并曲面切口边线右侧的一个几何点，连续单击中键两次完成曲线点的定义。双击"曲线：通过点"对话框中的"相切"元素，接受缺省设置，分别选取上述定义曲线的起始、终止点处所在的合并曲面的棱线（参见图 7-61 中的椭圆弧线），选择【方向】菜单项中的【反向】|【正向】以更改切矢方向（即曲线切矢方向的定义应与构成曲线的拾取点的顺序一致），双击中键完成曲线端点处"相切"几何对象的设置，再次单击中键完成基准曲线的创建，如图 7-64 所示。

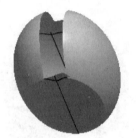

图 7-63　创建投影曲线　　　　　　图 7-64　创建基准曲线

（10）单击【边界混合】 ，按住【Ctrl】键分别选取图 7-64 中的修剪曲面切口的左、右侧的两条边线（按住【Shift】键用于添加边界对象中的图元）作为"第一方向曲线"；右键菜单选择"第二方向曲线"，按住【Ctrl】键分别依次拾取图 7-64 中的修剪曲面切口的上端的边线、中间的基准曲线以及下方的基准曲线作为"第二方向曲线",如图 7-65 所示。打开操控板中"约束"面板,选取对应于"边界"列表中除"第 2 方向—最后一条链"之外的其他三条边界的约束"条件"分别为【切线】,或分别右键图 7-65 中的圆形"敏感区域",从快捷菜单中选择【相切】执行相应的操作,单击中键完成边界混合曲面的创建,如图 7-66 所示。

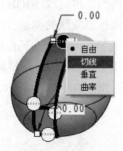

图 7-65　创建边界混合曲面　　　　图 7-66　边界混合曲面

（11）选取图 7-61 中的椭球的修剪与合并曲面,按住【Ctrl】键再选取图 7-66 中的边界混合曲面,单击【合并】，调整两曲面的箭头方向使其指向外侧,单击中键完成两曲面的合并。将基准曲线及投影曲线予以隐藏后的其结果如图 7-67 所示。

（12）在特征树中,右键"旋转 1",从快捷菜单中选择【取消隐藏】,使其显示在图形中。

（13）单击两次选取图 7-67 中的曲面面组,单击【镜像】，选取 RIGHT 基准平面作为镜像平面,单击中键完成曲面面组的镜像,如图 7-68 所示。

图 7-67　合并曲面

（14）选取图 7-67 中的曲面,按住【Ctrl】键再选取图 7-68 中的旋转曲面,单击【合并】，调整两曲面的箭头方向使其均指向外侧,单击中键完成曲面的合并操作;再次按住【Ctrl】键的同时选取图 7-68 中的镜像曲面面组,调整两曲面的箭头方向使其均指向外侧,单击中键完成曲面的合并操作。

（15）单击【倒圆角】，按住【Ctrl】键的同时分别选取上述合并曲面所在的两交线,如图 7-69 所示,键入倒圆角的半径为"1.6",单击中键完成过渡圆角的创建。

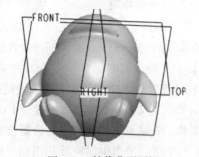

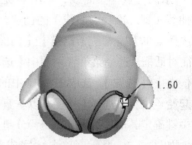

图 7-68　镜像曲面面组　　　　　图 7-69　创建倒圆角过渡

7. 创建 QQ 企鹅的前胸面

（1）单击菜单【编辑】|【投影...】，打开操控板中的"参照"面板,切换【投影草绘】方

式通过创建草绘曲线来进行投影，单击右下方的【定义...】按键或右键菜单选择【定义内部草绘...】，

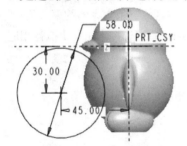

图 7-70　绘制投影草图

选取 RIGHT 基准平面作为草绘平面，接受缺省参照为 TOP 基准平面，切换方向为【顶】，单击中键进入草绘界面，绘制图 7-70中的圆曲线，单击✔完成草图的绘制。选取位于草绘图元右侧的旋转曲面部分作为投影曲面，再选取 RIGHT 基准平面作为投影方向，单击中键完成曲面投影曲线的创建，如图 7-71 所示。

（2）选取图 7-71 中的投影曲线所在的曲面，单击【修剪】，再拾取图 7-71 中的所创建的投影曲线，调整修剪方向┢按键使其指向投影曲线的内、外两侧，如图 7-72 所示，单击中键完成曲面的分割后再将投影曲线予以隐藏。

图 7-71　创建曲面投影曲线

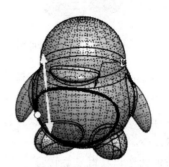

图 7-72　创建分割曲面

8. 创建扫描曲面造型

（1）选择【草绘】，选取 RIGHT 基准平面作为草绘平面，接受缺省参照，切换方向为【顶】，单击中键进入草绘界面，单击菜单【草绘】|【参照...】，拾取图 7-62（a）所示曲面切口边线右侧的一个几何点作为参照，绘制如图 7-73 所示的三点样条曲线，标注并修改尺寸，单击✔完成草图绘制。

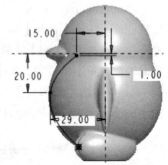

图 7-73　创建样条曲线草图

（2）选取上述创建的样条曲线，单击菜单【编辑】|【相交...】，右键菜单选择【定义内部草绘...】，选取 FRONT 基准平面作为草绘平面，单击中键接受缺省参照与方向进入草绘界面，绘制如图 7-74 所示的四点样条曲线，单击✔完成草图绘制，单击中键完成相交曲线（即二次投影曲线）的创建，如图 7-75 所示。

（3）选择菜单【插入】|【扫描】|【曲面...】，系统弹出"曲面：扫描"特征对话框。选择菜单管理器中【选取轨迹】，在【链】菜单中接受【依次】|【选取】，选取图 7-75 中的相交曲线，连续单击中键两次完成轨迹链的选取并接受缺省的起始点位置，选择【接受】以垂直曲面作为截面定义方向，单击中键接受【正向】方向，再次单击中键确定其曲面为【开放终点】进入草绘界面，在轨迹链的原点向右绘制长度为"5"的直线图元，如图 7-76 所示。单击✔完成截面草图的绘制，单击中键完成扫描曲面的创建，如图 7-77 所示。所创建的扫描曲面的左、右边线将分别用于定义可变剖面扫描的原点轨迹及 x 方向。

（4）选择菜单【插入】|【模型基准】|【图形...】，在输入栏键入"LOGO_RX"后单击中键进入草绘界面，右键菜单选择【中心线】绘制一水平中心线及两条竖直中心线，如图 7-78 所示，选择【样条】绘制五点样条曲线，约束样条线的右端点与竖直中心线相切，再选择【坐

标系】，在左侧两正交中心线处添加草绘坐标系，标注并修改尺寸，单击✔完成图形特征"LOGO_RX"的创建。

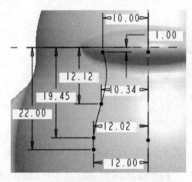

图 7-74　绘制样条曲线草图

图 7-75　创建相交曲线

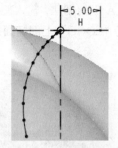

图 7-76　绘制草绘截面

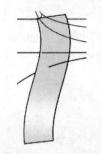

图 7-77　创建扫描曲面

运用同样的方法完成图 7-79 中的四点样条曲线的图形特征"LOGO_RY"的创建（添加样条曲线的右端点与竖直中心线的相切约束）。

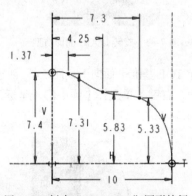

图 7-78　创建"LOGO_RX"图形特征

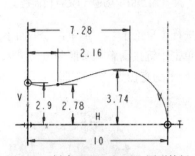

图 7-79　创建"LOGO_RY"图形特征

（5）单击【可变剖面扫描】，选取图 7-75 中的相交线或图 7-77 中的曲面右侧边线作为原点轨迹，切换起始点位于所在轨迹链的上端点，按住【Ctrl】键再选取图 7-77 中的曲面左侧边线作为"链 1"，右键"链 1"选择菜单中的【X 轨迹】。右键菜单选择【草绘】进入草绘界面，选择【椭圆】在轨迹链的原点绘制一椭圆，其长、短半轴尺寸分别由图 7-78、图 7-79 中的图表曲线来控制，即："sd4=evalgraph("LOGO_RX",trajpar*10)*1.8 /*长半轴"、"sd5=evalgraph("LOGO_RY",trajpar*10) /*短半轴"，选择菜单【工具】|【关系…】，在"关系"对话框中键入上述的关系式，如图 7-80 所示，连续单击中键两次完成关系式的键入并关闭其对话框，单

击✔完成截面椭圆的绘制，单击中键所完成的 QQ 企鹅 LOGO 的曲面造型。在特征树中，右键图 7-77 中的扫描曲面特征"曲面 标识#"，从快捷菜单中选择【隐藏】，其结果如图 7-81 所示。

图 7-80　添加截面椭圆长短轴的关系式

（6）旋转 LOGO 曲面造型。以"目的曲面"方式拾取图 7-81 中的 LOGO 曲面，单击【复制】🖺，再选择【选择性粘贴】🖺，右键菜单选择【旋转】或选择操控板上【相对选定参照旋转特征】↻按键，再单击【轴】✎，切换图形显示为【无隐藏线】⬜，按住【Ctrl】键分别选取图 7-75 中的相交曲线的上、下两个端点，单击中键完成基准轴 A_1 的创建，输入旋转的角度值为"20"（根据拾取两端点的顺序不同或为"−20"）并确定，以使"LOGO"上部椭圆开口呈"左低右高"，单击中键完成所选对象的旋转变换，如图 7-82 所示。

图 7-81　创建 LOGO 曲面造型　　　　　图 7-82　旋转 LOGO 曲面造型

（7）选择【草绘】⌧，再单击【平面】▱，选择 TOP 基准平面向下偏距"4"创建 DTM4 基准平面，单击中键接受默认参照与方向进入草绘界面，右键菜单选择【圆】◯于坐标系原点绘制如图 7-83 所示的直径为"50"的草绘圆，单击✔完成草图的绘制。

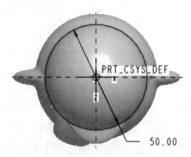
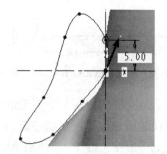

图 7-83　绘制轨迹链圆曲线草图　　　　图 7-84　扫描混合第一个截面草图

（8）运用扫描混合功能创建 QQ 企鹅头部的"LOGO"造型。单击菜单【插入】|【扫描混合...】🗟，选取图 7-83 中的圆曲线作为扫描混合的原点轨迹。

① 绘制第一个草绘截面。右键菜单选择【截面位置】，拾取轨迹链右侧的闭合点作为草绘截

面位置，再次右键菜单选择【草绘】，绘制如图 7-84 所示的八点闭合样条曲线截面草图（截面曲线位于 15mm×22mm 的矩形范围内），其中起始点位于原点，第二个点位于竖直中心线上，样条线其余各个型值点的位置参照图 7-84 予以适当调整，单击✔完成截面草图的绘制。

② 绘制第二个草绘截面。右键菜单选择【插入截面】，再单击【点】✕✕，分别选取轨迹链的圆曲线的后侧、前侧位置，"基准点"对话框中"偏移"值均为"0.5"，连续单击中键两次完成基准点集 PNT3、PNT4 的创建，且 PNT3 作为草绘截面位置，右键菜单选择【草绘】，绘制如图 7-85 所示的 8 点闭合样条曲线（截面曲线位于 7mm×14mm 的矩形范围内），其中起始点位于原点，第二个点位于竖直中心线上，样条线其余各个型值点的位置参照图 7-85 予以适当调整，单击✔完成截面草图的绘制，其特征显示如图 7-86 所示。

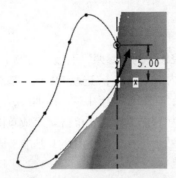
图 7-85　扫描混合第二个截面草图

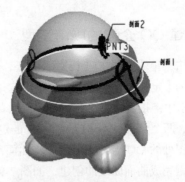
图 7-86　扫描混合的曲面造型

③ 绘制第三个截面草图。右键菜单选择【插入截面】，拾取轨迹链圆曲线左侧的几何点作为草绘截面位置，右键菜单选择【草绘】，绘制如图 7-87 所示的八点闭合样条曲线（截面曲线位于 13mm×19mm 的矩形范围内），其中起始点位于原点，第二个点位于竖直中心线上，样条线其余各个型值点的位置参照图 7-87 予以适当调整，单击✔完成截面草图的绘制，其特征显示如图 7-88 所示。

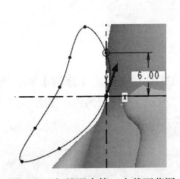
图 7-87　扫描混合第三个截面草图

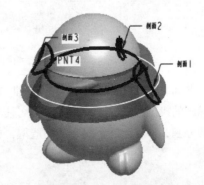
图 7-88　扫描混合的曲面造型

④ 绘制第四个截面草图。右键菜单选择【插入截面】，拾取轨迹链圆曲线前侧的 PNT4 作为草绘截面位置，单击鼠标右键在快捷菜单中选择【草绘】，绘制如图 7-89 所示的 8 点闭合样条曲线（截面曲线位于 8mm×11mm 的矩形范围内），其中起始点位于原点，样条线其余各个型值点的位置参照图 7-89 予以适当调整，单击✔完成截面草图的绘制，其特征显示如图 7-90 所示。

在分别完成了上述 4 个截面草图的绘制后，单击中键完成"LOGO"的扫描混合曲面造型，其结果如图 7-40 所示。

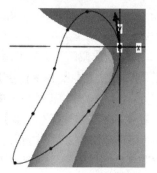

图 7-89　扫描混合第四个截面草图

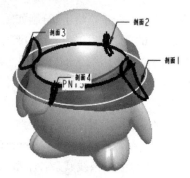

图 7-90　扫描混合的曲面造型

9. 创建 QQ 企鹅的眼睛造型

（1）单击菜单【编辑】|【投影…】，选择操控板中的"参照"面板，切换【投影草绘】，单击右下方的【定义…】按键或右键菜单选择【定义内部草绘…】，选取 FRONT 基准平面作为草绘平面，单击中键接受缺省参照与方向进入草绘界面，绘制图 7-91 中的草图曲线，图中两个大椭圆相互对称，两个竖直尺寸"14"、"13"的定位基准为 TOP 基准面，单击 ✓ 完成草图的绘制。再选取位于草图处的 QQ 企鹅面部的旋转曲面部分作为投影曲面，以 FRONT 基准平面作为投影方向，单击中键完成曲面曲线的创建，如图 7-92 所示。

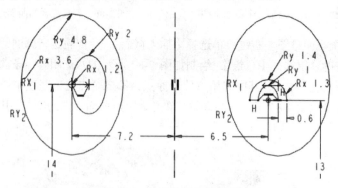

图 7-91　绘制投影曲线草图

（2）分割曲面。选取 QQ 企鹅面部投影曲线所在的曲面，单击【修剪】，再选取图 7-92 中的左侧大椭圆的投影曲线，调整修剪方向 使其指向投影曲线的两侧，如图 7-93 所示，单击中键完成曲面的分割，形成 QQ 企鹅眼眶的造型，如图 7-40 所示。

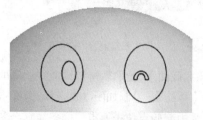

图 7-92　创建曲面投影曲线

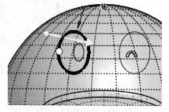

图 7-93　分割曲面

（3）分割曲面。选取上述所分割的椭圆状曲面后，单击【修剪】，再选取图 7-92 中的左侧小椭圆的投影曲线，调整修剪方向 使其指向投影曲线的两侧，如图 7-94（a）所示，单击中键完成所选曲面的分割，形成 QQ 企鹅眼球的造型，如图 7-40 所示。

（4）重复上述步骤（2）和步骤（3），如图 7-94（b）、（c）所示，继续完成图 7-92 中的右侧投影曲线对所处曲面的分割以形成 QQ 企鹅眼睛的造型，其结果如图 7-40 所示。

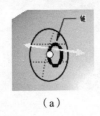　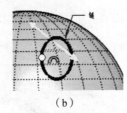　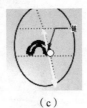

（a）　　　　　　　　　（b）　　　　　　　　　（c）

图 7-94　分割曲面

10. 渲染与着色

（1）单击菜单【视图】|【颜色与外观】，系统弹出【外观编辑器】对话框，选取"外观调色板"颜色列表中的【ptc-painted-yellow】（黄色）来创建和指定曲面或面组的纹理。选择"分配工具盒"列表框中的【曲面】，选取图 7-47（b）中的合并后扫描曲面与倒圆角曲面（右键选择左键拾取方法），单击中键完成对象选取操作，再连续单击中键接受菜单【方向】|【正向】直到完成所选曲面对象在其正向表面指定纹理颜色为止，单击"分配"工具盒中的【应用】按键，适当调整"属性"工具盒中的相关元素直到满意为止，完成 QQ 企鹅嘴部纹理的创建。

（2）参照图 7-40（b）继续完成 QQ 企鹅造型其余表面外观纹理的处理。

11. 隐藏曲线及曲面

单击【设置层、层项目和显示状态】显示系统的层结构树，选取"03___PRT_ALL_CURVES"，两次右键菜单分别选择【隐藏】及【保存状态】。

12. 保存文件

单击菜单【文件】|【保存】完成"QQ_PENGUIM"造型的创建。若已保存过文件，再单击菜单【文件】|【删除】|【旧版本】，只保存模型的最新版本。

7.4 油壶

图 7-95 所示为一典型且比较规则的油壶造型，其造型过程中涉及线框图的构建与曲面建模中常用的造型与编辑功能，如点、线、面等基准特征的创建与使用、曲面曲线的构建与编辑、曲面合并与偏移、边界混合曲面创建以及曲面倒圆角与拔模的运用等，特别是在形成油壶造型的两处光滑过渡曲面的过程中，运用边界混合曲面的边线约束、控制点，使其满足油壶外观与结构的设计要求。另外，对油壶瓶口处的螺纹造型也做了详细的操作说明。

本实例中，首先采用曲面设计的一般方法完成油壶瓶身的闭合曲面的造型，然后运用编辑的方法对油壶造型中的曲面进行重构，既能提升三维建模的能力，强化重构造型中对约束与参照的运用，又能达到简化建模的操作过程。

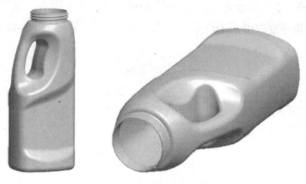

图 7-95　油壶造型

1. 油壶的基本线框图造型

（1）单击【草绘】 ，选择 FRONT 基准平面作为草绘平面，接受缺省参照与方向，单击中键进入草绘界面，右键菜单选择【3 点/相切端】 ，绘制如图 7-96（a）所示的开放截面草图，其中左、右侧两圆弧的圆心及端点均位于 TOP 基准平面上，其定形尺寸分别为"2"和"18"，大圆弧的圆心位于 RIGHT 基准平面上，标注并修改尺寸，单击 完成草绘特征的创建。

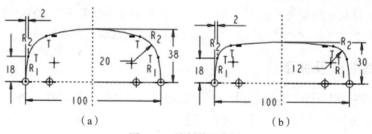

图 7-96　绘制截面草图

（2）单击【草绘】 ，选择 FRONT 基准平面作为草绘平面，接受缺省参照与方向，单击中键进入草绘界面，绘制图 7-96（b）中的开放截面草图，单击 完成草绘特征的创建。

（3）单击【草绘】 ，再单击【平面】 ，选择 FRONT 基准平面向其反向偏距"225"，确定后单击中键完成 DTM1 草绘平面的创建，以 RIGHT 基准平面作为参照，切换方向为【右】，单击中键进入草绘界面，右键菜单选择【3 点/相切端】 ，绘制如图 7-97（a）所示的半径为"32.5"的半圆弧草图，图中定位尺寸"12"的基准为 RIGHT 基准平面或坐标系原点，单击 完成草绘特征的创建。

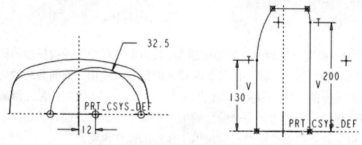

图 7-97　绘制截面草图

（4）单击【草绘】 ，选择 TOP 基准平面作为草绘平面，单击中键接受缺省参照与方向进入

草绘界面,单击菜单【草绘】|【参照...】□,分别拾取图 7-96 中的左、右侧圆弧的端点与图 7-97 (a)中的圆弧的端点作为参照,绘制如图 7-97(b)所示的圆弧直线草图,标注并修改尺寸,单击✔完成草绘特征的创建。

(5)单击【草绘】❀,再单击【平面】▱,选择 RIGHT 基准平面向其正向偏距"12"创建 DTM2 基准平面作为草绘平面,单击【点】❌,按住【Ctrl】键分别选取 DTM2 基准平面与图 7-97 (a)中的 R32.5mm 圆弧创建基准点 PNT0 并松开【Ctrl】键,继续选取 DTM2 基准平面,再次按住【Ctrl】键并选取图 7-96(a)中的大圆弧创建基准点 PNT1,单击中键完成基准点集的创建后

选择 TOP 作为参照平面且切换方向为【顶】,单击中键进入草绘界面,单击菜单【草绘】|【参照...】□,分别选取基准点 PNT0 与 PNT1 作为参照对象,绘制如图 7-98 所示的草图,单击✔完成草绘特征的创建。

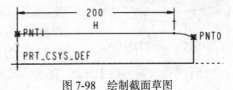

图 7-98 绘制截面草图

(6)单击【草绘】❀,选择 TOP 基准平面作为草绘平面,单击中键接受缺省参照与方向进入草绘界面,绘制如图 7-99 所示的草图,其中上面两条为四点样条曲线且其中间的两个型值点竖直对齐,下面两条为圆弧曲线,四条曲线的左、右端点分别位于图 7-97(b)中的左、右两条直线上,单击✔完成草绘特征的创建。

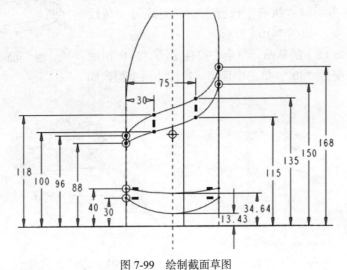

图 7-99 绘制截面草图

至此,完成了油壶基本线框图的设计,如图 7-100(a)所示,镜像后的图形如图 7-100(b)所示。本实例将以图 7-100(b)对已建模型进行编辑定义,具体操作详见相关内容。

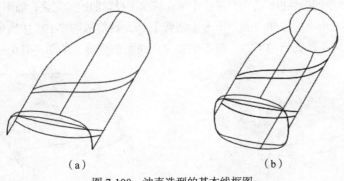

(a)   (b)

图 7-100 油壶造型的基本线框图

2. 油壶瓶身的曲面造型

（1）在特征树中，选取"草绘 2"特征或直接拾取图 7-96（b）的草图，单击【拉伸】，反向拖动控制滑块到拉伸深度为"160"，单击中键完成拉伸曲面造型，如图 7-101 所示。

图 7-101　创建拉伸曲面

（2）单击菜单【编辑】|【投影...】，按住【Ctrl】键分别拾取图 7-99 中的位于中间的样条与圆弧两曲线作为投影链，右键菜单选择【选取曲面】，将光标置于图 7-101 中的拉伸曲面上，右键单击拉伸曲面后再单击左键以选取拉伸的面组曲面，或者切换过滤器的拾取方式为【面组】或【目的曲面】再直接选取拉伸曲面，右键菜单选择【选取方向参照】，选取 TOP 基准平面作为投影方向，单击中键完成曲面投影曲线的创建，如图 7-102 所示。

（3）选取图 7-102 中的拉伸曲面，单击【修剪】，拾取图中任一投影曲线作为修剪对象，选择修剪方向按键或图形中的黄色箭头使其指向两投影曲线之间的曲面部分，单击中键完成曲面的修剪；继续执行【修剪】，完成另一条投影曲线对曲面的修剪，如图 7-103 所示。

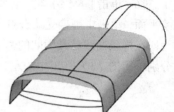

图 7-102　创建投影曲线

（4）拾取图 7-96（a）的草图，单击【拉伸】，反向拖动控制滑块到拉伸深度为"40"，单击中键完成拉伸曲面造型，如图 7-104 所示。

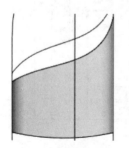

图 7-103　曲面修剪

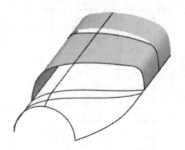

图 7-104　创建拉伸曲面

（5）单击菜单【编辑】|【投影...】，拾取图 7-99 中的最下方的圆弧曲线作为投影链，右键菜单选择【选取曲面】，以"目的曲面"方式拾取图 7-104 中的拉伸曲面，右键菜单选择【选取方向参照】，选取 TOP 基准平面作为投影方向，单击中键完成曲面投影曲线的创建，如图 7-105 所示。

（6）选取图 7-104 中的拉伸曲面，单击【修剪】，再拾取图 7-105 中所创建的投影曲线，选择图形中的黄色箭头使其指向下方，单击中键完成曲面的修剪，如图 7-106 所示。

图 7-105　创建投影曲线

图 7-106　曲面修剪

（7）单击【拉伸】⬚，两次右键菜单分别选择【曲面】、【定义内部草绘...】，再选择 TOP 基准平面作为草绘平面，单击中键接受缺省参照与方向进入草绘界面，选择【使用】⬚，拾取图 7-99中的最上面的样条曲线，单击✔完成草图的绘制，键入拉伸的盲孔尺寸为"40"，单击中键完成拉伸曲面造型，如图 7-107（a）所示。

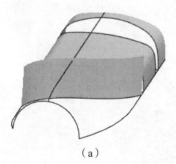
（a）

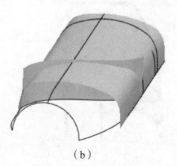
（b）

图 7-107　创建拉伸曲面

（8）再次拾取图 7-96（a）的草图，单击【拉伸】⬚，反向拖动控制滑块到拉伸深度为"180"，单击中键完成拉伸曲面造型，如图 7-107（b）所示。

（9）选取图 7-107（b）中的拉伸曲面，单击【修剪】✎，再拾取图 7-107（a）中所创建的拉伸曲面作为修剪对象，确认图形中的黄色箭头指向下侧，选择操控板中的"选项"面板，不勾选【保留修剪曲面】复选框，单击中键完成曲面的修剪，如图 7-108 所示。

（10）单击【拉伸】⬚，两次右键菜单分别选择【曲面】、【定义内部草绘...】，选择 TOP 基准平面作为草绘平面，接受缺省参照与方向，单击中键进入草绘界面，单击【使用】⬚，选取图 7-97（b）中的左侧竖直线与相切的圆弧，单击✔完成草图的绘制，键入拉伸的盲孔尺寸为"10"，拉伸的方向向下（或者向上），单击中键完成拉伸曲面造型。同样，完成右侧竖直线与相切的圆弧的拉伸曲面，并将图 7-97（b）的草图予以隐藏，如图 7-109 所示。

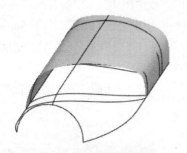

图 7-108　曲面修剪

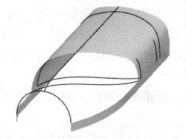

图 7-109　创建相切约束的拉伸曲面

（11）选择菜单【插入】|【边界混合...】或单击【边界混合】⬚，将光标置于图 7-108 中的曲面修剪的边线上，右键单击再左键单击以拾取其边线（目的边），按住【Ctrl】键再直接拾取图7-97（左）中的圆弧曲线作为"第一方向曲线"；右键菜单选择【第二方向曲线】，按住【Ctrl】键分别依次拾取图 7-109 中的任一侧的拉伸曲面的边线（右键选择左键拾取）、图 7-98 中的草绘曲线及另一侧的拉伸曲面的边线作为"第二方向曲线"，分别右键曲面边线处的三个"敏感区域"，从快捷菜单中选择【切线】，使混合曲面与其相应边线的参照曲面进行相切设置，如图 7-110（a）所示，或者打开操控板中"约束"面板，切换"条件"下拉列表框中对应于"边界"收集器中除圆弧曲线之外其他三条边界的约束条件为【切线】，单击中键完成边界混合曲面的创建，然后将"拉

伸 4"（即图 7-108 中的修剪的曲面）、"草绘 5"（即图 7-98 中的草绘曲线）、"草绘 6"、"投影 1"、"投影 2"分别予以隐藏，其结果如图 7-110（b）所示。

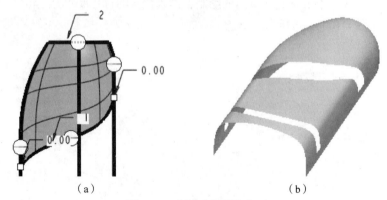

（a）　　　　　　　　　　　　　（b）

图 7-110　创建边界混合曲面

（12）油壶瓶身的中上、中下两位置的过渡曲面造型。

① 创建油壶瓶身中上位置的光滑过渡曲面。单击【边界混合】，以"目的边"方式拾取图 7-110（b）中的边界混合曲面的下侧边线，按住【Ctrl】键，再拾取图 7-103 中曲面修剪的上侧边线（拾取曲面边线中的任一图元，按住【Shift】键置于或右键单击曲面边线的其他图元直到曲面的边线全部高亮再左键选取）作为"第一方向曲线"；右键菜单选择【第二方向曲线】，按住【Ctrl】键，以"目的边"方式分别拾取图 7-109 中的左、右侧的两条曲面边线。分别右键曲面边线上的四个"敏感区域"，从快捷菜单中选择【切线】以使所创建的曲面与相应边线的参照曲面相切，如图 7-111 所示。

② 为了使所创建的曲面与上、下两参照曲面在其曲面边线上的几何点相对应以减少曲面片的数量，需要进行几何控制点的设置，右键菜单选择【控制点】，曲面边线上的几何点出现红色"×"标记，且首先高亮显示的是"第一方向曲线"的"链 1"。按照图 7-112 中的几何点的对齐方式，先选取"链 1"中高亮显示的某一个点（如"3"），系统自动切换到"链 2"并高亮显示其所有的几何点，再选取"链 2"上相对应的点（如"3′"），此时相对齐的两个几何点之间的小曲面被清除了；系统再次切换到"链 1"，重复上述的操作过程直到完成"链 1"与"链 2"两条边线上的余下的五对几何点的对齐设置，曲面边线上两端的顶点与"第二方向曲线"中的控制点不用设置，单击中键完成边界混合曲面的创建，如图 7-113 所示。

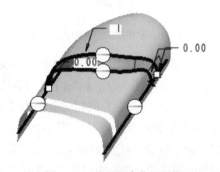

图 7-111　边界混合曲面预览

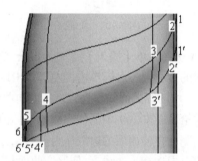

图 7-112　边线上的几何点对齐方式

创建油壶瓶身中下位置的光滑过渡曲面。单击【边界混合】，按住【Ctrl】键以"目的边"

方式分别拾取图 7-111 中的中下位置的两修剪曲面的边线作为"第一方向曲线";右键菜单选择【第二方向曲线】,按住【Ctrl】键,以"目的边"方式分别拾取图 7-111 中的左、右侧的两条曲面边线。分别右键曲面边线上的四个"敏感区域",从快捷菜单中选择【切线】以使所创建的曲面与相应边线的参照曲面相切。由于"第一方向曲线"中的两边线具有相同的图元数且光滑连接,为避免上述繁琐的控制点的设置操作,打开操控板中的"控制点"面板,切换"拟合"下拉列表框中的【段至段】即可实现边界混合曲面的控制点的设置,单击中键完成边界混合曲面的创建,如图 7-113 所示。

(13)切换过滤器的选择方式为【面组】,按住【Ctrl】键,分别选取图 7-113 中的三个边界混合曲面及两个修剪曲面,单击【镜像】🛠,选取 TOP 基准平面作为镜像平面,单击中键完成曲面的镜像操作,将图 7-109 中的两个拉伸曲面即"拉伸 5"与"拉伸 6"分别予以隐藏,所创建的油壶瓶身曲面造型如图 7-114 所示。

图 7-113　油壶瓶身 1/2 曲面　　　　　图 7-114　镜像曲面面组

(14)创建油壶瓶颈及瓶底的填充曲面。单击菜单【编辑】|【填充…】▨,右键菜单选择【定义内部草图…】,再单击【平面】▱,直接拾取图 7-110 中的混合曲面的上边线或图 7-97(a)中的圆弧(即"草绘 3"),单击中键完成 DTM3 草绘平面的创建,接受缺省参照与方向进入草绘界面,添加 TOP 基准平面或系统坐标系作为参照,选择【使用】▢,分别拾取瓶颈处的上、下曲面边线或圆弧曲线创建闭环截面草图,单击✔完成截面圆草图的绘制,单击中键完成瓶颈填充曲面的创建,隐藏"草绘 3"的圆弧后的结果如图 7-115(a)所示。同样,以 FRONT 基准平面作为草绘平面绘制瓶底闭环截面草图,完成油壶瓶底填充曲面的创建,如图 7-115(b)所示。

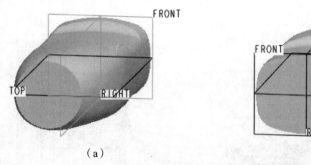

(a)　　　　　　　　　　　　　(b)

图 7-115　创建瓶颈与瓶底的填充曲面

(15)切换过滤器的选择方式为【面组】,按住【Ctrl】键,按照一定顺序依次拾取图 7-115 中的 12 个曲面,选择【合并】🗗,单击中键完成曲面的合并以形成完全闭合的曲面面组。

若激活【动态预览】□复选框时，操控板右侧的确定✔按键呈现灰色不可用，则表明所选的多张相互具有共同边界的曲面面组中因所选曲面的顺序不同而导致至少有一个曲面与其前后的曲面之间没有共同的边线，打开操控板中的"参照"面板，收集器中带有红色圆点标记的曲面即是。

3. 油壶手柄处的曲面造型

　　（1）创建曲线上指定点的法平面及切向平面。先将图 7-97（b）的草图即"草绘 4"予以取消隐藏，单击【点】❌右边的箭头▶选择【草绘的】✖，选取 TOP 基准平面作为草绘平面，接受缺省参照与方向，单击中键进入草绘界面，选择菜单【草绘】|【参照…】▫，右键选择图 7-97（b）中的左上圆弧曲线再左键拾取该曲线图元作为参照，单击【点】❌在参照图元上创建草绘点，标注并修改尺寸，如图 7-116 所示，单击✔完成基准点 PNT2 的创建。

　　（2）单击【平面】▱，按住【Ctrl】键分别选择基准点 PNT2 及其所在的圆弧曲线，单击中键完成圆弧上过指定点的法向基准平面 DTM4 的创建，如图 7-117 所示。

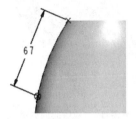

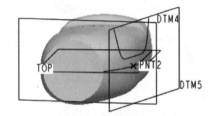

图 7-116　创建基准点　　　　　图 7-117　过曲线的点的法平面与切平面

　　（3）单击【平面】▱，按住【Ctrl】键分别选择基准点 PNT2 及基准平面 DTM4 及 TOP 基准平面，在"基准平面"对话框的收集器中，切换 DTM4 基准平面的"设置所选参照的约束类型"为【法向】，单击中键完成过指定点相切于曲线的基准平面 DTM5 的创建，如图 7-117 所示。

　　（4）单击【草绘】〰，选择基准平面 DTM5 作为草绘平面，接受缺省参照为 DTM4 基准平面，切换方向为【右】，单击中键进入草绘界面，再选取 PNT2 基准点作为参照，绘制如图 7-118（a）所示的草图（绘制三条折线再对拐角进行倒圆角），标注并修改尺寸，单击✔完成草图曲线的创建。

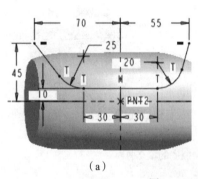

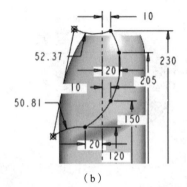

（a）　　　　　　　　　　　　　　（b）

图 7-118　绘制草图曲线

　　（5）单击【草绘】〰，再单击【平面】▱，按住【Ctrl】键，分别拾取 TOP 基准平面与图 7-118

（a）两斜线之一的上端点，创建与 TOP 平行的基准平面 DTM6，单击中键接受缺省参照与方向进入草绘界面，单击菜单【草绘】|【参照…】🖾，分别选取图 7-118（a）中的两条斜线的两个端点作为参照，绘制图 7-118（b）中的由上、下两个圆弧及右侧的四点样条构成的草图曲线，其中两个圆弧的左端点分别位于参照对象上，水平与竖直尺寸的定位基准均为系统坐标系原点，单击✔完成草图曲线的绘制。

（6）单击【草绘】🔼，再单击【平面】▱选择 DTM4 基准平面向上（即瓶颈方向）偏距"10"，单击中键创建草绘平面 DTM7；选择【点】✖✖，按住【Ctrl】键分别选取基准平面 DTM7 与图 7-118（a）中的水平直线创建基准点 PNT3；同样，按住【Ctrl】键分别选取基准平面 DTM7 与图 7-118（b）中的样条曲线创建基准点 PNT4，单击中键接受缺省参照并切换方向为【顶】进入草绘界面，分别拾取所创建的基准点 PNT3 与 PNT4 作为参照，绘制一圆弧草图并将圆弧的圆心与其左端点竖直对齐，如图 7-119 所示，单击✔完成草图曲线的绘制。

（7）单击【曲线】〜，单击中键接受菜单管理器中【曲线选项】|【经过点】方式创建曲线，系统弹出"曲线：通过点"对话框及【连接类型】菜单项，单击中键接受菜单的缺省设置，选择【点】✖✖，分别拾取图 7-118（b）中的上侧的圆弧、图 7-119 中的圆弧及图 7-118（b）中的下侧的圆弧，在"基准点"对话框中的"偏移"输入栏中分别键入"0.5"，确认后单击中键完成基准点集 PNT5、PNT6、PNT7 的创建，再分别选取基准点 PNT6 及 PNT5（其中基准点 PNT7 已被激活），连续单击中键三次完成基准曲线的创建，如图 7-120 所示。

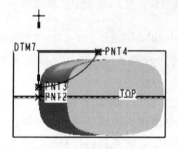

图 7-119　绘制圆弧曲线

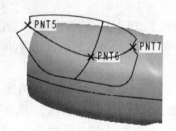

图 7-120　绘制样条曲线

（8）单击【边界混合】⬦，按住【Ctrl】键分别拾取图 7-118（a）中的草绘曲线、图 7-120 中的样条曲线及图 7-118（b）中的样条曲线（右键样条曲线再左键拾取）共三条曲线链作为"第一方向曲线"，右键菜单选择【第二方向曲线】，分别选取图 7-118（b）中的上侧的圆弧曲线（右键圆弧曲线再左键拾取）、图 7-119 中的圆弧曲线及图 7-118（b）下侧的圆弧曲线共三条曲线链，单击中键完成边界混合曲面的创建，如图 7-121 所示。

（9）选取图 7-121 中的边界混合曲面，单击【镜像】◖◗，再选取 TOP 基准平面作为镜像平面，单击中键完成曲面的镜像操作，如图 7-121 所示。

（10）按住【Ctrl】键，分别拾取油壶瓶身的合并曲面与图 7-121 中的边界混合曲面，单击【合并】⬙，选择图形中的黄色箭头以调整两个面组的合并方向，单击中键完成两曲面面组的合并；再次按

图 7-121　创建与镜像边界
混合曲面

住【Ctrl】键，拾取图 7-121 中的边界混合曲面的镜像曲面，调整两个曲面的合并方向，单击中键完成曲面的合并，将图形中的所有曲线予以隐藏，其结果如图 7-122 所示。

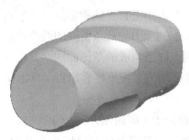

图 7-122 曲面的合并

（11）单击【草绘】，选择 TOP 基准平面作为草绘平面，接受缺省参照与方向，单击中键进入草绘截面，右键菜单选择【3 点/相切端】，绘制如图 7-123 所示的闭环截面草图，其中下方 *R*10mm 圆弧的圆心相对于系统原点的定位尺寸分别为"21.34"、"152.93"，"36.77"为上、下两圆弧的中心距尺寸，单击✔完成截面草图曲线的绘制。

（12）选取图 7-123 中的草绘曲线，单击【拉伸】，右键菜单选择【曲面】，右键深度控制滑块选择菜单中的【对称】，键入拉伸的深度尺寸为"80"，单击中键完成拉伸曲面的创建，如图 7-124 所示。

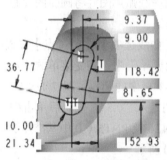

图 7-123 绘制截面草图

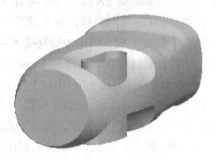

图 7-124 创建拉伸曲面

（13）按住【Ctrl】键，分别拾取图 7-122 中的合并曲面与图 7-124 中的拉伸曲面，单击【合并】，选择图形中的黄色箭头以调整两个面组的合并方向，单击中键完成两面组的合并，如图 7-125 所示。

（14）创建手柄腰圆孔侧面的拔模斜度。单击【拔模】，选取图 7-125 中的腰圆孔侧表面任一曲面，右键菜单选择【拔模枢轴】，选取 TOP 基准平面作为拔模基准平面，再次右键菜单选择【根据拔模枢纽分割】，分别按住两拖动控制滑块调整拔模方向或调整操控板中的【反转角度以添加或去除材料】按键使其为去除材料一侧，键入拔模角度值为"8"，确定后单击中键完成拔模斜度的创建，如图 7-126 所示，至此完成了油壶瓶身的曲面造型。

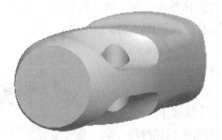

图 7-125 油壶瓶身的曲面造型

图 7-126 创建拔模斜度

4. 油壶瓶口的曲面造型

（1）单击【拉伸】，两次右键菜单分别选择【曲面】及【定义内部草绘…】，选择图 7-115 中的瓶颈的上表面作为草绘平面，接受缺省参照与方向，选择草绘视图方向的黄色箭头使其反向，单击中键进入草绘界面，右键菜单选择【圆】，绘制与图 7-97（a）中的圆弧同心、直径为"55"的同心截面圆，单击✔完成草图的绘制，打开操控板中的"选项"面板，勾选【封闭端】复选框，键入拉伸盲孔尺寸为"15"，确定后单击中键完成瓶口的曲面造型，如图 7-127 所示。

（2）按住【Ctrl】键，分别拾取图 7-126 中的瓶身的合并曲面与图 7-127 中的瓶口拉伸曲面，单击【合并】🗗，选择图形中的黄色箭头使其均指向外侧，如图 7-128 所示，单击中键完成两曲面面组的合并。

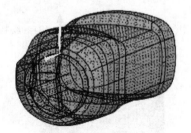

图 7-127　瓶口拉伸曲面　　　　　　　　　　图 7-128　曲面合并

5. 油壶瓶底的曲面造型

（1）采用曲面偏移功能创建瓶底造型结构。选取瓶底曲面（操作方法为在特征树中选取"填充 2"，将光标置于图形中的"填充 2"曲面处，右键菜单选择"从列表中拾取"，双击收集器中的"目的曲面"即可），单击菜单【编辑】|【偏移…】🗗，接受操控板中的【具有拔模】🗗，两次右键菜单分别选择【草绘】、【定义内部草绘…】，选择 FRONT 基准平面或瓶底表面作为草绘平面，接受缺省参照与方向，单击中键进入草绘界面，单击【偏移】🗗并选择【环】，拾取瓶底曲面，输入偏距为"–12"（向内偏距），如图 7-129 所示，单击✔完成草图的绘制，按住拖动控制滑块向油壶内侧拖动，键入偏移距离为"7"，输入拔模角度值为"20"，单击中键完成曲面偏移以创建油壶的瓶底结构，如图 7-130 所示。

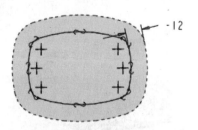

图 7-129　绘制截面草图　　　　　　　　　　图 7-130　创建曲面偏移

（2）采用可变剖面扫描功能创建瓶底部分曲面造型。单击【可变剖面扫描】🗗，再选择【草绘】🗗，选择 TOP 基准平面作为草绘平面，接受缺省参照与方向，单击中键进入草绘界面，绘制如图 7-131（a）所示的圆弧曲线，单击✔完成轨迹链的圆弧曲线草图的绘制，再次单击中键激活可变剖面扫描功能，右键菜单选择【草绘】进入草绘界面，绘制如图 7-131（b）所示的圆弧截面草图，单击✔完成圆弧草图的绘制，其扫描预览如图 7-132 所示，单击中键完成可变剖面扫描曲面的造型，再将图 7-131（a）中的圆弧予以隐藏。

（3）按住【Ctrl】键，分别拾取图 7-130 中的瓶身的合并曲面面组与图 7-132 中的可变剖面扫描曲面，单击【合并】🗗，调整图形中的黄色箭头方向，单击中键完成两曲面面组的合并，如图 7-133 所示。

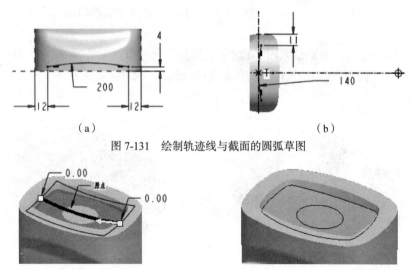

（a）   （b）

图 7-131   绘制轨迹线与截面的圆弧草图

图 7-132   创建可变剖面扫描曲面   图 7-133   底部的曲面结构

6. 油壶曲面棱边的过渡圆角

（1）单击【倒圆角】🔧，选取图 7-133 中的油壶瓶底环形平面的内、外两条曲面边线，分别键入倒圆角的半径值为 "4"、"6"，单击中键完成曲面边线过渡圆角的创建，如图 7-134（a）所示。继续执行【倒圆角】🔧，完成图 7-133 中的油壶瓶底凹形曲面结构中两曲面交线的半径分别为 "3"、"30"（椭圆形交线）的过渡圆角曲面的创建，如图 7-134（a）所示。

（2）单击【倒圆角】🔧，分别拾取瓶口侧面与瓶颈上表面的交线、瓶颈上表面的边线、油壶手柄处两侧对称的四条边线以及手柄腰圆孔侧面拔模后的交线，分别键入倒圆角半径为 "1.5"、"5"、"8"、"5"、"30"，如图 7-134（b）所示，确定后单击中键完成曲面过渡圆角集的创建。

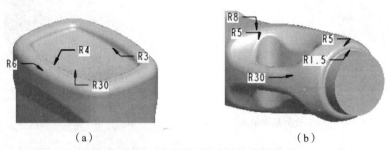

（a）   （b）

图 7-134   油壶曲面棱边的过渡圆角

7. 油壶曲面面组的实体化与薄壁结构造型

（1）选取图 7-134 中的油壶任一曲面，单击菜单【编辑】|【实体化...】🗁，单击中键完成油壶曲面面组的实体化造型。

（2）单击【壳】🗔，选择瓶口上部表面作为移除曲面，键入抽壳厚度为 "0.75"，确认后单击中键完成油壶的薄壁结构造型，如图 7-135 所示。

8. 创建油壶瓶口处的螺纹造型

（1）创建螺纹造型。单击菜单【插入】|【螺旋扫描】|【伸出项…】█，系统弹出"伸出项：螺旋扫描"特征对话框及【属性】菜单项，单击中键或选择【完成】接受缺省的【常数】|【穿过轴】|【右上定则】属性设置，选取 TOP 基准平面作为草绘平面，单击中键或选择【正向】确定草绘平面的方向，再次单击中键接受缺省的参照平面及方向进入草绘界面，单击菜单【草绘】|【参照…】▣，拾取瓶口顶面、左侧边线以及瓶口拉伸曲面的基准轴线 A_22 作为参照，右键菜单选择【中心线】┆绘制与基准轴线 A_22 重合的竖直中心线作为旋转轴线，绘制图 7-136 中的与左侧边线重合的竖直线草图，单击✔完成扫描轨迹链的绘制，输入节距值为"4"并单击中键再次进入草绘界面，在扫描轨迹链的原点绘制如图 7-137 所示的闭环截面草图，图中 $R0.5mm$ 圆弧圆心位于轨迹链的水平中心线上，单击✔完成螺纹截面轮廓图的绘制，最后单击中键完成瓶口处螺纹的造型，如图 7-138 所示。

图 7-135　创建油壶的壳形结构

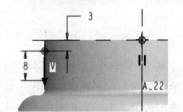

图 7-136　绘制扫描轨迹线

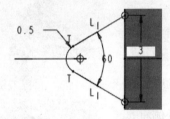

图 7-137　绘制螺纹的截面草图

图 7-138　瓶口螺纹造型

（2）创建螺纹上端的尾部造型。单击菜单【插入】|【混合】|【伸出项…】▱，在【混合选项】菜单项中选择【旋转的】|【规则界面】|【草绘截面】的方式创建螺纹尾部的造型。单击中键或选择【完成】后系统弹出"伸出项：混合，旋转的，草绘界面"特征对话框及【属性】菜单项，选择【光滑】|【开放】，单击中键或选择【完成】后选取图 7-138 中的螺纹上部的端面作为草绘平面，并选择【反向】|【正向】来切换混合方向为逆时针方向；选择【草绘视图】菜单项中的【左】指定参照方向，再选取 RIGHT 基准平面作为参照平面进入草绘界面，拾取瓶口拉伸曲面的基准轴 A_22 与瓶口的上表面边线作为参照对象，单击【使用】▣并选择【环】，选取螺纹上部端面以创建"截面 1"草图，右键菜单选择【中心线】┆，在竖直草绘图元的中点处绘制一条水平中心线，选择【坐标系】⅃，在水平中心线与基准轴 A_22 的交点处绘制一草绘坐标系，如图 7-139（a）所示，单击✔完成混合特征"截面 1"的绘制后，根据系统的提示键入"截面 2"的旋转角度值为"35"后单击中键再次进入草绘界面，先选择【坐标系】⅃，在窗口适当位置绘制一草绘坐标系，然后右键菜单选择【中心线】┆，在草绘坐标系的原点绘制一条水平中心线，最后单击【点】✖在坐标系的右侧添加一草绘点并与中心线重合，修改定位尺寸为"27.5"，如图 7-139（b）所示，单击✔完成混合特征"截面 2"的绘制后选择【端点类型】菜单项中的【光滑】方式，系

统返回至"混合"特征对话框。再双击对话框中的"相切",系统提示"是否混合与任何曲面在第一端相切?",选择输入栏右侧的【是】按键以确定进行混合"截面 1"的边线相切条件的设置,此时,系统高亮"截面 1"中的起始点处的图元,选取与加亮图元所对应的瓶口侧表面,完成该图元的与所选表面的相切条件的设置;系统随即切换到下一个截面图元,同样选取该图元所对应的表面,直到完成截面中的所有图元与其对应的表面的相切条件设置;系统再次提示"是否混合与曲面在其他端相切?",单击中键或选择输入栏右侧的【否】按键来确定不对"截面 2"的点图元的相切进行设置,最后单击中键完成螺纹上端尾部的混合伸出项特征的创建,如图 7-139(c)所示。

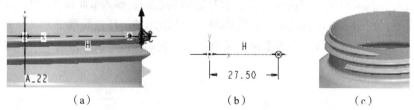

(a)   (b)   (c)

图 7-139 螺纹上端尾部的混合截面及造型

(3)继续执行【混合】,重复上述螺纹上端尾部造型的操作步骤来创建其下端尾部的造型,只是在设置草绘平面与参照平面的方向时,应分别选择【正向】(即逆时针方向)与【右】即可。其截面草图与造型效果如图 7-140 所示。

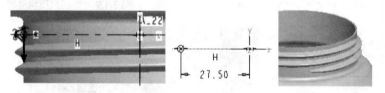

图 7-140 螺纹下端尾部的混合截面及造型

(4)以"目的链"的拾取方式完成螺纹与瓶口外侧面的交线,完成其半径为"0.75"的过渡圆角的创建,如图 7-141 所示。

至此,油壶造型已全部完成,其结果如图 7-95 所示。

图 7-141 螺纹根部的倒圆角

9. 隐藏曲线及曲面

单击【设置层、层项目和显示状态】显示层结构树,按住【Ctrl】键分别选取"03___PRT_ALL_CURVES"、"04___PRT_ALL_DTM_PNT"及"06___PRT_ALL_SURFS",两次右键菜单分别选择【隐藏】及【保存状态】。

10. 保存文件

单击菜单【文件】|【保存副本…】,以"OIL_BOTTLE"作为文件名进行保存。

11. 备份油壶模型

单击【文件】|【保存副本…】,在"保存副本"对话框的"新建名称"栏中键入"OIL_BOTTLE_MODIFY",单击中键确定后关闭源文件,再打开所保存的副本文件"OIL_BOTTLE_MODIFY",

以此对已完成的油壶造型的相应特征进行编辑定义。由于建模过程中采用的约束与参照可能不尽一致，具体的编辑内容或许存在着细微的差异。

12. 重新定义尺寸标注的几何参照

（1）在特征树中，右键"PNT2"特征选择菜单中的【编辑定义】进入草绘界面，单击【尺寸】↦，将光标置于图7-116中"67"尺寸上端的定位基准"×"上，右键菜单选择【从列表中拾取】，在系统弹出的"从列表中拾取"对话框中，双击"终点：曲线：F9"（即图7-97（b）中的左侧的直线圆弧）后，再选取草绘点，重新标注尺寸，在弹出的"解决草绘"对话框中，选取先前的尺寸，选择对话框中的【删除】按键，单击✔完成草图的编辑，如图7-116所示。

（2）同上述的操作方法，将图7-131中的轨迹链曲线与截面的圆弧端点的尺寸标注的基准分别重新定义到图7-97（b）的左、右侧直线及图7-98中的直线上（通过切换视图为【无隐藏线】🔲便于拾取草绘曲线）。

13. 重新定义边界混合曲面的曲线链

（1）在特征树中，将"在此插入"拖到"Boundary Blend1"的特征之后。右键特征"Boundary Blend1"选择菜单中的【编辑定义】，在操控板中的"第二方向链收集器"里，右键"3链"选择【移除全部】，将曲面边界与曲线链全部删除，同时再按住【Ctrl】键分别拾取图7-97（b）中的右侧的直线圆弧曲线链、图7-98的直线圆弧曲线链及图7-97（b）中的左侧的直线圆弧曲线链作为"第二方向"的边界曲线，这样就将构成边界混合曲面的边界重新定义使其不再与图7-109中的拉伸曲面的边线相关联，单击中键完成对"Boundary Blend 1"特征的编辑。

（2）隐藏"拉伸4"特征。将"在此插入"拖到"Boundary Blend 2"特征之后，右键特征"Boundary Blend 2"选择菜单中的【编辑定义】，在操控板中，将"第二方向链收集器"中的"2链"予以删除，再按住【Ctrl】键分别拾取图7-97（b）中的左、右直线圆弧作为"第二方向曲线"，单击中键完成"Boundary Blend 2"特征的编辑。

（3）同样，对"Boundary Blend 3"特征的"第二方向链收集器"中的"2链"进行删除，再按住【Ctrl】键分别拾取图7-97（b）中的左、右侧直线圆弧曲线链作为边界曲线，完成曲面的编辑。

（4）将图7-109中所对应的"拉伸5"、"拉伸6"两个特征曲面予以删除，图形显示如图7-142所示。

14. 重定义草图

（1）将"在此插入"拖到"草绘5"的特征之后。右键"草绘1"特征选择菜单中的【编辑定义】进入草绘界面，右键菜单选择【中心线】┆于坐标系原点绘制以水平中心线，框选图7-96（a）中的所有图元，选择【镜像】🪞，再拾取水平中心线作为镜像线，标注尺寸，如图7-143所示，单击✔完成草图的编辑。

（2）同样，重复上述的操作方法分别完成对"草绘2"及"草绘3"的草图的编辑定义，如图7-144所示。

（3）由于草图图元之间的几何约束关系，"草绘4"的显示结果如图7-145（a）所示。在不能删除现有草图图元的情况下，其具体操作过程如下：

图 7-142 编辑边界混合曲面的边线

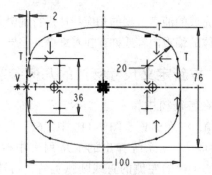

图 7-143 编辑后的"草绘 1"的草图

首先，删除左上圆弧与直线的相切约束符号"T"，分别标注两条竖直线对系统原点的水平尺寸时，将"解决草绘"对话框中的第二个"重合"约束予以删除，再按住长度为"200"的竖直线的上端点向右侧拖动到适当位置，并拖动与其相连的圆弧使之与直线大致相切，使用【使两图元相切】🖈重新约束被拖动的竖直线与相连的圆弧为"相切"，选择【创建相同点、图元上的点或共线约束】◉，分别选取图 7-144（b）中的圆的左端点、与长度为"130"相连的圆弧的上端点（右键单击一次再左键拾取），删除"解决草绘"对话框中的第一个"重合"约束，使该圆弧的上端点重新定位到图 7-144（b）中的圆的左端点处；然后，选择【使线或两顶点水平】↔分别约束两竖直线的下端点与系统坐标系水平对齐；最后，修改草图的尺寸，如图 7-145（b）所示，完成草图的编辑。

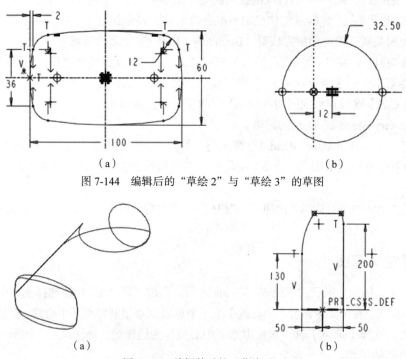

（a）   （b）

图 7-144 编辑后的"草绘 2"与"草绘 3"的草图

（a）   （b）

图 7-145 编辑前后的"草绘 4"

（4）在对"草绘 5"的草图编辑过程中，先单击菜单【草绘】|【参照...】🔲，拾取系统坐标系作为参照几何，再右键菜单选择【中心线】┆于坐标系原点绘制以水平中心线，然后框选草图图元，选择【镜像】🔧，再拾取水平中心线作为镜像线，完成对"草绘 5"中的直线圆弧的镜像

编辑，如图 7-146 所示。

15. 重定义修剪曲面的拉伸深度

将"在此插入"拖到"拉伸 3"的特征后面（见图 7-107（a）中的拉伸曲面），右键"拉伸 3"特征选择菜单中的【编辑定义】，右键深度控制滑块选择菜单中的【对称】，键入拉伸的深度尺寸为"80"，确定后单击中键完成拉伸曲面的编辑。将"草绘 6"、"投影 1"及"投影 2"三个特征分别进行隐藏后的结果如图 7-147 所示。

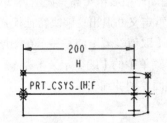

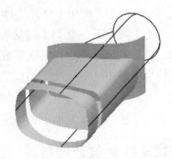

图 7-146　编辑后的"草绘 5"的草图　　　　图 7-147　编辑"拉伸 3"生长方式与尺寸

16. 重新定义边界混合曲面的起始点位置与控制点设置

（1）将"在此插入"拖到"Boundary Blend 2"的特征之后，系统弹出【求解特征】菜单项，选择【快速修复】下级菜单中的【重定义】后进行特征的几何对象的重新定义。选择操控板中的"控制点"面板，将"设置"收集器中的内容予以清空，如图 7-148 所示。右键菜单选择【第一方向曲线】，按住边界混合曲面中的边线的锚点向左拖动直至与修剪曲面中的边线的锚点对齐，并右键边线上的"敏感区域"，从快捷菜单中选择【切线】，再次右键菜单选择【控制点】，按照图 7-149 中的控制点的设置方式重新进行定义，具体操作参见前面的相关内容。连续单击中键两次后完成特征的编辑并接受【YES/NO】菜单项中的【Yes】，退出"解决特征模式"菜单操作。

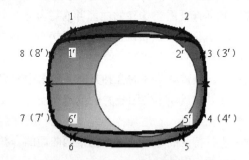

图 7-148　移除、清空控制点设置　　　　图 7-149　控制点的匹配

（2）将"在此插入"拖到"Boundary Blend 3"的特征之后，系统弹出【求解特征】菜单项，选择【快速修复】下级菜单中的【重定义】后进行特征的几何对象的重新定义。由于对"草绘 2"中的草图进行镜像，导致边界混合曲面中的几何参照对象（即修剪曲面的边线）丢失，因此，操控板中的"第一方向链收集器"中的"2 链"带有红色圆点标记，打开"曲线"面板，将"第一方向"收集器中的附有红色标记的"链"予以删除，再按住【Ctrl】键拾取修剪曲面的下边线，调整两条边线的锚点位置使其对齐，并设置曲面边线的相切约束，右键菜单选择【控制点】，按照

图 7-149 中的控制点的设置方式使边线的几何点对齐，连续单击中键两次后完成特征的编辑，退出"解决特征模式"菜单操作。

17. 重定义填充曲面的截面草图

（1）将"在此插入"拖到"填充 1"的特征之后，系统弹出【求解特征】菜单项，选择【快速修复】下级菜单中的【重定义】后进行特征的重新定义。右键菜单选择【编辑内部草图…】进入草绘界面，框选所有的草绘图元将其全部删除，右键"草绘 1"特征选择菜单中的【取消隐藏】使其显示在图形中，单击【使用】□并选择【链】，任选"草绘 1"中的相邻两圆弧，切换【选取】菜单项中的【接受】或【下一个】|【接受】，以选取草图闭环曲线链（高亮显示），单击✔完成截面草图的编辑，最后连续单击中键两次完成填充曲面的重定义并退出"解决特征模式"。

（2）用鼠标右键单击"草绘 2"特征选择菜单中的【取消隐藏】使其显示在图形中，将"在此插入"拖到"填充2"特征之后，右键"填充2"选择菜单中的【编辑定义】进入草绘界面，采用上述的操作方法，重新定义截面草图，单击✔完成截面草图的编辑。

18. 重定义曲面合并的对象

（1）先对"镜像 1"予以隐藏，将"在此插入"拖到"合并 1"的特征之后，系统弹出【求解特征】菜单项，选择【快速修复】下级菜单中的【重定义】后进行特征的重新定义。打开"参照"面板，右键收集器中带有红色圆点标记的面组选择菜单中的【移除】将其删除，重复移除命令操作直到将带有红色标记的面组全部删除。此时，操控板右侧的确定✔按键呈现激活状态。连续单击中键两次完成曲面合并的重定义并退出"解决特征模式"。

完成上述编辑后，尝试删除"镜像 1"，若"合并 1"仍与之关联，则对合并的曲面再次进行重新选取。

（2）将"在此插入"拖到"合并 3"的特征之后，可以看出由于合并曲面的变更，手柄处的镜像曲面的合并已与重定义的合并曲面没有关系，为此，需对"合并 3"特征进行编辑定义。右键"合并 3"选择菜单中的【编辑定义】进入特征界面，打开"参照"面板，在收集器中的"曲面"上移动光标查看需要移除的曲面并右键菜单选择【移除】将其删除，再按住【Ctrl】键拾取"合并 1"的曲面面组，调整两曲面的合并方向，单击中键完成曲面合并的编辑。

（3）将"在此插入"拖到"合并 4"的特征之后，右键"合并 4"选择菜单中的【编辑定义】进入特征界面，调整两曲面的合并方向，单击中键完成曲面合并的编辑。

若手柄孔处的拔模方向因合并的重定义而发生反向，则重定义"拔模 1"特征。

（4）将"在此插入"拖到"合并 5"的特征之后，系统弹出【求解特征】菜单项，完成相应菜单设置后进行特征的重新定义，调整两曲面的合并方向，如图 7-128 所示，连续单击中键两次完成曲面合并的编辑。

19. 重定义曲面偏移的方向与草绘图元

将"在此插入"拖到"偏距 1"的特征之后，右键"偏距 1"选择菜单中的【编辑定义】进入特征编辑界面，单击深度控制滑块的黄色箭头使其指向油壶一侧，或调整【将偏移方向变更为其他侧】 按键；两次右键菜单分别选择【草绘】及【编辑内部草图…】进入草绘界面，框选所有的草图图元，将其删除。单击【偏移】□并选择【环】，直接拾取"草绘 1"曲线或瓶底的填充曲面，输入偏距为"–12"使其向内偏，单击✔完成草图的编辑，单击中键完成偏距特征的编辑。

20. 重定义曲面合并的方向

将"在此插入"拖到"合并 6"的特征之后,右键"合并 6"选择菜单中的【编辑定义】进入特征界面,调整两曲面的合并方向,单击中键完成曲面合并的编辑。

21. 重定义倒圆角的参照几何

(1)将"在此插入"拖到"倒圆角 1"的特征之后,系统弹出【求解特征】菜单项,完成相应菜单设置后进行特征的重新定义。打开"设置"面板,右键收集器中一个带有红色圆点标记的"设置",选择菜单中的【删除】将其移除,同时将"参照"收集器中的带有红色圆点标记的"边"也予以删除,参照图 7-134(a)重新拾取瓶底的两边线创建 R4mm、R6mm 的过渡圆角,连续单击中键两次完成倒圆角集的重定义并退出"解决特征模式"。

(2)将"在此插入"拖到"倒圆角 2"的特征之后,系统弹出【求解特征】菜单项,完成相应菜单设置后进行特征的重新定义。打开"设置"面板,右键收集器中带有红色圆点标记的"设置 1"选择菜单中的【删除】将其移除,参照图 7-134(a)所示重新拾取油壶瓶底凹形曲面结构中的边线,创建 R3mm 的过渡圆角,连续单击中键两次完成倒圆角的重定义并退出"解决特征模式"。

(3)将"在此插入"拖到"倒圆角 3"的特征之后,系统弹出【求解特征】菜单项,完成相应菜单设置后进行特征的重新定义。打开"设置"面板,分别右键收集器中带有红色圆点标记的"设置"选择菜单中的【删除】将其全部移除,再参照图 7-134(b)重新拾取油壶手柄处的相应的边线创建 R5mm(瓶口上表面的边线)、R5mm(手柄孔外侧 2 边线)、R8mm(手柄外侧面 2 边线)的过渡圆角,连续单击中键两次完成倒圆角集的重定义并退出"解决特征模式"。

22. 重定义曲面实体化的参照对象

将"在此插入"拖到"实体化 1"的特征之后,系统弹出【求解特征】菜单项,完成相应菜单设置后进行特征的重新定义。打开"参照"面板,单击"面组"收集器后直接拾取上述的合并曲面,连续单击中键两次完成油壶曲面实体化的操作的重定义并退出"解决特征模式"。

23. 完成油壶的曲面实体化造型重构

将"在此插入"拖到特征树的"倒圆角 4"的特征之后,完成油壶的曲面实体化造型的重构,最后再将"镜像 1"特征予以删除。

24. 隐藏曲线及曲面

单击【设置层、层项目和显示状态】显示层结构树,按住【Ctrl】键分别选取"03___PRT_ALL_CURVES"、"04___PRT_ALL_DTM_PNT"及"06___PRT_ALL_SURFS",两次右键菜单分别选择【隐藏】及【保存状态】。

25. 保存文件

选择菜单【文件】|【保存副本…】,以"OIL_BOTTLE_MODIFY"作为文件名保存"油壶"模型的编辑修改。

第8章

塑模产品设计

8.1 塑料电器外壳

图 8-1 所示为一塑料电器外壳，其产品结构并不复杂，其三维造型需要处理好塑件结构中的穿孔、卡钩等的细节问题，使其建模过程简单、方便。通过采用"阵列"与"镜像"实现外壳底部的穿孔及其凸缘结构；通过创建卡钩的"UDF 库"文件，运用"用户定义特征"完成其相同或相似结构的造型。针对塑料电器外壳零件的具体产品结构，在模具元件的设计过程中，通过运用曲面的"偏移"与"拔模"功能来创建分型面，以此加快了分型面的设计进程，使其模具设计操作快捷、新颖，具有一定的借鉴意义。

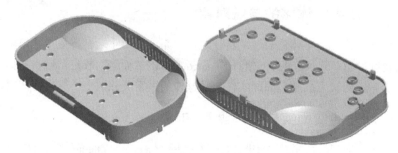

图 8-1 塑料电器外壳造型

1. 创建塑料电器外壳的外形结构

（1）单击【拉伸】 ，右键菜单选择【定义内部草绘...】，选取 TOP 基准平面作为草绘平面，单击中键接受缺省参照与方向进入草绘界面，绘制如图 8-2（a）所示的截面草图，图中圆弧的圆心位于 RIGHT 基准平面上，单击 ✔ 完成草图的绘制，键入拉伸的盲孔深度为"35"，单击中键完成塑料电器外壳的基体的造型，如图 8-2（b）所示。

（2）单击【倒圆角】 ，拾取图 8-2 中 95°两侧面的交线，按住【Ctrl】键拾取相对应的另一条交线，键入倒圆角的半径值为"30"；选取圆柱面一侧所在的边线，按住【Ctrl】键再拾取相对应的另一条边线，键入倒圆角的半径值为"80"，单击中键完成过渡圆角的创建，如图 8-3 所示。

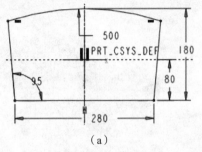

（a）

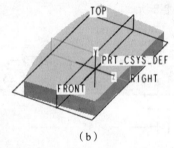

（b）

图 8-2　创建基体的造型

（3）单击【拔模】 ，选取基体任一侧面作为拔模曲面，右键菜单选择【拔模枢轴】，选取基体的顶面作为拔模基准平面，接受缺省的拔模角度值"1"，调整操控板中的【反转角度以添加或去除材料】 按键或图形中的黄色箭头使其为去除材料一侧，如图 8-4 所示，单击中键完成基体侧面的拔模处理。

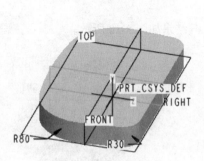

图 8-3　创建过渡圆角

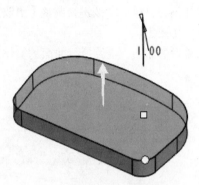

图 8-4　创建外侧面的拔模斜度

（4）单击【拉伸】 ，右键菜单选择【定义内部草绘…】，选取图 8-4 中的上表面作为草绘平面，单击中键接受缺省参照与方向进入草绘界面，选取【偏移】 并选择【环】再拾取上表面，输入偏距值"2"（向外），如图 8-5 所示，确认后单击 完成草图的绘制，键入拉伸的盲孔深度为"2"，单击中键完成基体上部的凸缘造型，如图 8-6 所示。

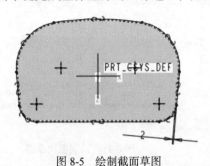

图 8-5　绘制截面草图

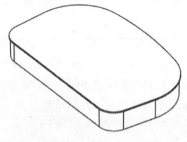

图 8-6　创建基体上表面的凸缘

（5）单击【旋转】 ，两次右键菜单分别选择【曲面】、【定义内部草绘…】，再单击【平面】 ，选择 RIGHT 基准平面向右偏距"120"，确认后单击中键完成 DTM1 基准平面的创建，接受默认的 TOP 基准平面作为参照平面，切换方向为【顶】，单击中键进入草绘界面，绘制如图 8-7 所示的圆弧草图，并在圆弧的右端点处添加一竖直中心线作为旋转轴，圆弧的圆心位于旋转轴线上，单击 完成截面草图的绘制。接受默认的旋转角度缺省值为"360"，单击中键完成旋转曲面造型，如图 8-8 所示。

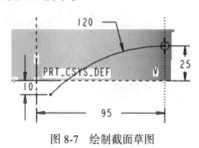

图 8-7　绘制截面草图

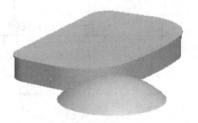

图 8-8　创建旋转曲面

（6）左键拾取图 8-8 中的旋转曲面两次，或切换过滤器的选取方式为【几何】直接选取旋转曲面，单击【镜像】，再选取 RIGHT 基准平面作为镜像平面，单击中键完成曲面的镜像，如图 8-9 所示。

（7）选取图 8-8 中的旋转曲面，单击菜单【编辑】|【实体化…】，选择操控板上【移除面组内侧或外侧的材料】按键，调整【更改刀具操作方向】按键使其指向下部，单击中键完成曲面的实体化操作。

选取镜像的曲面，继续执行曲面的实体化操作，其结果如图 8-10 所示。

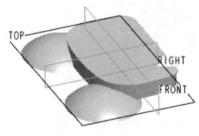

图 8-9　镜像曲面

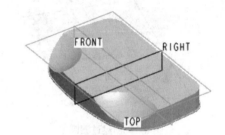

图 8-10　曲面实体化操作

（8）确认过滤器的选择方式为【几何】，直接选取底部外表面，单击菜单【编辑】|【偏移…】，右键菜单选择【具有拔模】，再次右键菜单选择【定义内部草绘…】，选取底部表面或 TOP 基准平面作为草绘平面，接受缺省参照并切换方向为【左】，单击中键进入草绘界面，选取【偏移】并选择【环】再拾取底部表面，输入偏距值"2"（向里），确认后再运用【拐角】连接 R80mm 与 R500mm 处的部分图元，并删除图 8-10 中实体化的底面边线的偏置图元，如图 8-11 所示，单击完成截面草图的绘制。键入偏距值为"5"、拔模角度为"1"，确认【将偏移方向更改为其他侧】按键使其向里。单击中键完成曲面的偏移以形成外壳底部的造型，如图 8-12 所示。

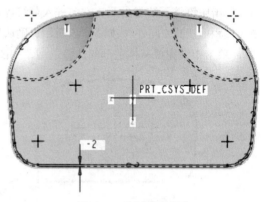

图 8-11　绘制截面草图

2. 创建塑料电器外壳的内腔结构

单击【壳】，选择外壳的顶面作为移除曲面，键入抽壳的厚度为"2"，单击中键完成外壳的内腔结构形成均匀的薄壁造型，如图 8-13 所示。

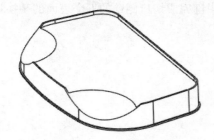

图 8-12　创建外壳底部结构

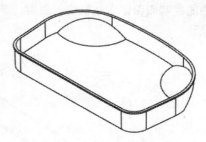

图 8-13　创建外壳的内腔造型

3. 创建塑料外壳底部的切口结构

（1）单击【拉伸】，两次右键菜单分别选择【去除材料】及【定义内部草绘...】，选取底部外表面作为草绘平面，接受缺省参照并切换方向为【左】，单击中键进入草绘界面，选择菜单【草绘】|【参照...】，分别选取右侧 $R30mm$ 与 $R80mm$ 圆弧之间、$R500mm$ 圆弧、$R30mm$ 与 $R30mm$ 圆弧之间的顶部凸缘的外侧边线作为参照图元，如图 8-14 所示，右键菜单选择【中心线】于系统原点绘制一条竖直中心线，再于右侧的参照图元处绘制与之垂直的中心线，并在其相交处添加一草绘点（执行【创建点】），标注、修改草绘点与系统原点的竖直尺寸为"5"。按照图 8-14 分别绘制各自对称于斜中心线与竖直中心线的矩形；在右下侧的适当位置再绘制一矩形，上述 3 个矩形的相应边或顶点均位于所在的参照图元上，镜像右侧的两个矩形，标注并修改尺寸（矩形的宽度均约束为相等），单击完成草图的绘制。设置盲孔的生长方式为【到选定的】，选取外壳内腔的底表面作为参照；键入"第 2 侧"的盲孔深度为"5"，单击中键完成外壳底部切口的创建，如图 8-15 所示。

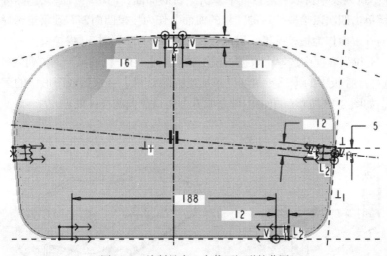

图 8-14　绘制具有 5 个截面矩形的草图

（2）单击左键两次以选取外壳底部的外表面或切换过滤器的选择方式为【几何】直接选取底部外表面，单击【复制】，再选择【粘贴】，如图 8-16 所示，单击中键完成外壳底部外表面的复制。

（3）左键两次选取图 8-15 中切口侧壁的表面，或切换过滤器的选择方式为【几何】直接选取

该上表面作为替换的曲面，单击菜单【编辑】|【偏移…】，右键菜单选择【替换】，拾取图 8-16 中的复制曲面作为被替换的曲面，单击中键完成切口侧壁的五个表面的替换操作，如图 8-17 所示。

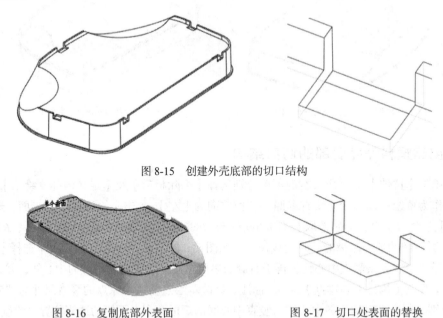

图 8-15　创建外壳底部的切口结构

图 8-16　复制底部外表面　　　　　　图 8-17　切口处表面的替换

采用上述操作方法的目的是避免在以拉伸除料直接形成底部切口过程中造成的侧壁过切或切不足现象。

（4）单击【拔模】，将光标置于图 8-17 中切口的侧面处，高亮显示后右键菜单选择【从列表中拾取】，在"从列表中拾取"对话框中双击"目的曲面：F16（拉伸_3）"即可选取切口的所有侧面，或右键单击四次以拾取切口的"目的曲面"作为拔模曲面，右键菜单选择【拔模枢轴】，选取外壳底部的外表面作为拔模基准，键入拔模角度值为"5"，打开操控板上的"分割"面板，在"分割选项"下拉列表框中选取【根据拔模枢轴分割】，在"侧选项"下拉列表框中选取【只拔模第一侧】。选择操控板中的【反转角度以添加或去除材料】按键或图形中的黄色箭头使其为去除材料一侧，如图 8-18 所示，单击中键完成五个切口侧面的拔模处理。

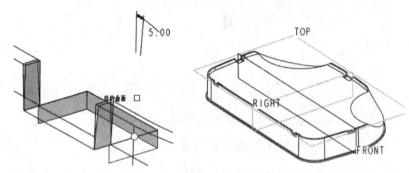

图 8-18　创建切口侧面的拔模斜度

4. 创建外壳底部切口处的卡钩

（1）单击【拉伸】，右键菜单选择【定义内部草绘…】，再分别选择【平面】与【点】，拾取图 8-18 中位于 *R*30mm 与 *R*30mm 右侧切口的替换表面的外侧面边线，键入"基准点"对话框中"偏移"值为"0.5"并按【Enter】键确认，单击中键完成基准点 PNT0 的创建，再按住【Ctrl】键选取基准点 PNT0 所在的边线，单击中键完成该边线的法向平面 TDM2 的创建并作为草绘平面，选取外壳底部的外表面作为参照平面，切换方向为【顶】，选择图形中的黄色箭头以更改草绘视图方向，单击中键进入草绘界面，选取外壳侧壁的外表面及其内腔的内侧面边线作为参照几何，绘制如图 8-19 所示卡钩截面草图，单击 ✓ 完成草图的绘制。设置拉伸的生长方式为【对称】，键入深度值为"8"，单击中键完成外壳底部切口处其中之一的卡钩造型设计，如图 8-20 所示。

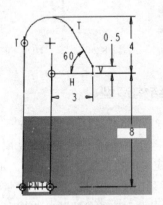

图 8-19　绘制卡钩的截面草图

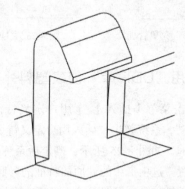

图 8-20　卡钩的造型

（2）单击【拔模】 ，分别拾取图 8-20 中卡钩的两个侧面作为拔模面，右键菜单选择【拔模枢轴】，选取外壳底部的外表面作为拔模基准，键入拔模角度值为"3"，方向向里，单击中键完成拔模斜度的创建，如图 8-21 所示。

（3）在特征树中，按住【Ctrl】键分别选取图 8-20 中的"拉伸 4"和图 8-21 中"拔模 3"两个特征，右键菜单选择【组】完成"组 LOCAL_GROUP"特征的创建。

5. 创建"组 LOCAL_GROUP"特征的"UDF 库"

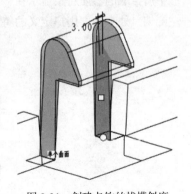

图 8-21　创建卡钩的拔模斜度

单击菜单【工具】|【UDF 库】，系统弹出【UDF】菜单管理器并选取【创建】，键入"PLASTIC_SHELL_UDF"作为"UDF 名"，单击 ✓ 按键或中键确认后系统弹出【UDF 选项】菜单项，如图 8-22 所示，接受默认的【从属的】并单击【完成】或中键，系统弹出"UDF：PLASTIC_SHELL_UDF，从属…"对话框，如图 8-23 所示，在特征树中选取上述所创建的"组 LOCAL_GROUP"特征，连续单击中键三次完成"UDF 库"特征的定义，并选择【提示】菜单选项中的【多个】|【完成/返回】以定义 UDF 的参照对象，根据系统的提示，输入栏中键入"边线"并单击中键确定，基于"组 LOCAL_GROUP"特征所使用的参照再次键入"边线"并单击中键确定；继续选择【提示】菜单项中的【多个】|【完成/返回】，分别键入"底部外表面"、"底部外表面"、"外侧面"、"内侧面"完成相应的参照提示定义；双击对话框中的"可变尺寸"，拾取图 8-24 中卡钩的拉伸尺寸"8"，连续单击中键三次后键入"卡钩的拉伸长度"作为提示并确定，最后连续单击中键两次完成"UDF：PLASTIC_SHELL_UDF，从属…"的创建。

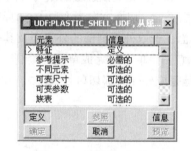

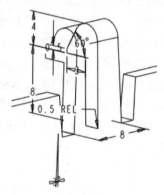

图 8-22 "UDF"菜单管理器   图 8-23 "UDF"对话框   图 8-24 定义"UDF"的可变尺寸

6. 运用"UDF 库"创建塑料外壳的卡钩结构造型

（1）单击菜单【插入】|【用户定义特征】 ，在打开的对话框中双击文件"PLASTIC_SHELL_UDF"，系统弹出"插入用户定义特征"对话框，勾选对话框中【使特征从属于 UDF 的尺寸】复选框，如图 8-25 所示，确定后系统弹出"用户定义的特征放置"对话框，如图 8-26 所示，在"放置"选项卡中的"原始特征的参照"收集器中列出了定义卡钩的六个参照对象，所选参照在图形中被加亮，根据系统提示"选取与加亮的原始参照对应的参照"与"使用方式"，在图形中所拾取的参照对象显示在"UDF 特征的参照"收集器中。创建塑料外壳 R30mm 与 R30mm 左侧切口处卡钩"用户定义的特征放置"的操作过程如下。

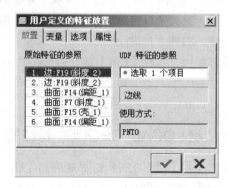

图 8-25 "插入用户定义特征"对话框   图 8-26 "用户定义的特征放置"对话框

① 激活"1.边:F19（斜度_2）"，拾取切口外侧面的边线作为创建"PNT0"的参照。

② 激活"2.边:F18（斜度_2）"，拾取切口外侧面的边线作为创建过基准点 PNT0 并与该边线成法向的基准平面 DTM2 的参照几何。

③ 激活"3.曲面:F14（偏距_1）"，拾取塑料外壳的底部外表面作为草绘的参照平面。

④ 激活"4.曲面:F7（斜度_1）"，拾取切口处的外侧面作为草图的参照几何。

⑤ 激活"5.曲面:F15（壳_1）"，拾取切口处内腔侧面作为草图的参照几何。

⑥ 激活"6.曲面:F14（偏距_1）"，拾取塑料外壳的底部外表面作为拔模基准。

在完成上述的参照定义后，单击中键予以确认，图形预览及对话框如图 8-27 所示，单击中键完成卡钩用户定义特征的创建。

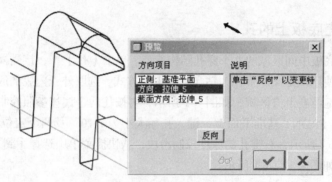

图 8-27　卡钩用户定义特征的预览

（2）重复上述操作过程，分别完成 *R*30mm 与 *R*80mm 之间两切口处卡钩的用户定义特征的创建，如图 8-28 所示。

（3）在创建 *R*80mm 与 *R*80mm 之间切口处卡钩的用户定义特征的过程中，首先，不勾选图 8-25 中的【使特征从属于 UDF 的尺寸】复选框，以便更改图 8-20 卡钩的拉伸尺寸，其次，由于"4.曲面:F7（斜度_1）"与"5.曲面:F15（壳_1）"两参照为平面型表面，因此，在分别选取其参照对象时先激活"5.曲面:F15（壳_1）"，连续单击【平面】□两次，按住【Ctrl】键分别拾取图 8-29中 *R*80mm 与 *R*80mm 之间的切口处两斜面的外侧边线，单击中键完成 DTM6 基准平面的创建，在随后的以偏移方式创建另一基准平面 DTM7 的过程中，调整其偏移位置为外壳壁厚的内侧，键入偏距值为"2"，单击中键完成 DTM7 基准平面的创建，此时，DTM7 作为"5.曲面:F15（壳_1）"的参照平面，再激活"4.曲面:F7（斜度_1）"，选取 DTM6 作为参照对象即可，在完成所有参照的定义后，再选取图 8-26 中的"变量"选项卡，如图 8-30 所示，将拉伸的长度尺寸修改为"12"按【Enter】键确认，单击中键两次完成卡钩的用户定义特征的创建，如图 8-31 所示。

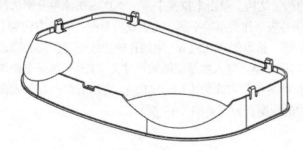

图 8-28　创建卡钩的用户定义特征

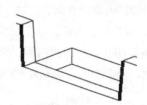

图 8-29　创建 DTM6 的参照对象

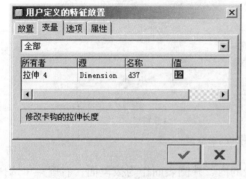

图 8-30　修改用户定义特征的变量尺寸

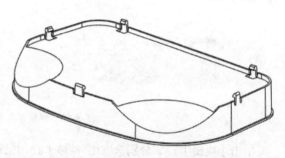

图 8-31　创建 *R*80mm 与 *R*80mm 之间卡钩的用户定义特征

7. 创建外壳底板上的孔

（1）加工外壳底板中间区域的九个穿孔结构造型。单击【孔】T，接受操控板上默认的【创建简单孔】及【使用预定义矩形作为钻孔轮廓】方式，选取外壳内腔的底部表面，按住孔的放置控制滑块将其拖至右上方区域，如图 8-1 所示，再按住两个偏移参照控制滑块将其分别拖到 RIGHT 基准平面与 FRONT 基准平面上，键入孔径大小为"10"及两个定位尺寸分别为"30"、"30"，如图 8-32（a）所示，右键孔的深度控制滑块，从快捷菜单中选择【到下一个】，单击中键完成穿孔的创建，如图 8-32（b）所示。

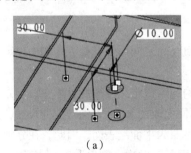
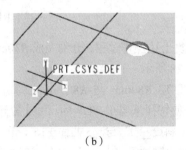

（a）　　　　　　　　　（b）

图 8-32　加工外壳底部的穿孔

右键"孔 1"特征，从快捷菜单中选择【阵列…】，接受默认的"阵列"类型为【尺寸】，选取相对 RIGHT 基准面的定位尺寸"30"，键入"-30"并确认后，在操控板上键入"输入第一方向的阵列成员数"为"3"；再激活"第二方向的阵列尺寸"收集框，选取相对 FRONT 基准面的定位尺寸"30"，键入"-30"并确认后，在操控板上键入"输入第二方向的阵列成员数"为"3"。单击中键完成孔的阵列，其结果如图 8-1 所示。

（2）创建外壳底板外表面九个孔的凸缘结构。单击【拉伸】，两次右键菜单分别选择【加厚草绘】、【定义内部草绘…】，选取底部外表面作为草绘平面，接受缺省参照并切换方向为【左】，单击中键进入草绘界面，选择【同心】，拾取图 8-32（b）中的孔的边线创建一同心圆，键入圆的直径尺寸为"16"，单击✔完成草图的绘制。键入加厚草图的尺寸为"1.5"，选择草绘加厚方向按键使其指向圆的内侧，再设置拉伸的生长方式为【到选定的】，选取底部凸起的表面作为终止面，单击中键完成孔外侧凸缘结构的造型，如图 8-33（a）所示。

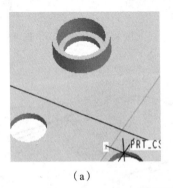
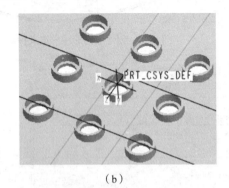

（a）　　　　　　　　　（b）

图 8-33　创建穿孔外侧的凸缘造型

单击【拔模】，分别选取图 8-33（a）中凸缘的内、外侧表面作为拔模面，右键菜单选择【拔模枢轴】，选取底部的外表面作为拔模基准，接受默认的拔模角度值"1"，调整拔模方向按键使其为去除材料，单击中键完成拔模斜度的创建。

创建"组"特征。在特征树中，按住【Ctrl】键分别选取上述形成凸缘结构的"拉伸9"与"斜度3"特征，右键菜单选择【组】完成"组 LOCAL_GROUP_5"特征的创建。

右键"组 LOCAL_GROUP_5"特征，从快捷菜单中选择【阵列...】，接受默认的"阵列"类型为【参照】，单击中键完成凸缘结构的造型，如图 8-35（b）所示。

（3）加工外壳底板右下侧区域的三个穿孔结构。操作步骤与参照同上述 1），穿孔的位置为内腔的右下区域，其定位尺寸及孔径大小如图 8-36（a）所示，所创建的穿孔如图 8-34（b）所示。

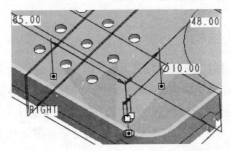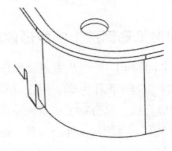

图 8-34　加工外壳底部的穿孔

右键"孔2"特征，从快捷菜单中选择【阵列...】，接受默认的"阵列"类型为【尺寸】，选取相对 RIGHT 基准面的定位尺寸"85"，键入"25"并确认后，按住【Ctrl】键再选取相对 FRONT 基准面的定位尺寸"48"，键入"-13"并确认，接受操控板上"输入第一方向的阵列成员数"为2；再激活"第二方向的阵列尺寸"收集框，选取相对 RIGHT 基准面的定位尺寸"85"，键入"38"并确认后，按住【Ctrl】键再选取相对 FRONT 基准面的定位尺寸"48"，键入"-38"并确认后，接受操控板上"输入第二方向的阵列成员数"为"2"，再拾取最右侧的一个阵列成员的黑色锚点以使这个阵列成员将不被复制，单击中键完成穿孔的阵列操作，如图 8-35 所示。

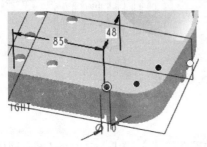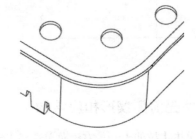

图 8-35　阵列穿孔

操作步骤、方法同步骤（2），以相同的尺寸分别创建底部外表面上孔的凸缘结构（由拉伸与拔模构成）并创建"组 LOCAL_GROUP_14"特征，其结果如图 8-36 所示。

（4）在特征树中，选取"阵列 3/孔 2"特征，单击【镜像】，选取 FRONT 基准平面作为镜像平面，单击中键完成"阵列 3/孔 2"特征的镜像操作。

同样，以 FRONT 基准平面完成"组 LOCAL_GROUP_14"特征的镜像，如图 8-38 所示。

（5）在特征树中，右键"组 LOCAL_GROUP_14"特征，从快捷菜单中选择【阵列...】，以【参照】方式完成组特征的的阵列操作。同样，完成"组 LOCAL_GROUP_14"的镜像特征"镜像3"以【参照】方式的阵列操作，其结果如图 8-1 所示。

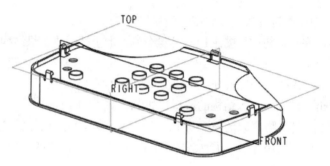

图 8-36 创建孔外侧凸缘及孔与凸缘的镜像

8. 创建弧形侧壁上的矩形散热孔结构

（1）单击【拉伸】，三次右键菜单分别选择【去除材料】、【加厚草绘】及【定义内部草绘…】，选取 FRONT 基准平面作为草绘平面，单击中键接受缺省参照与方向进入草绘界面，绘制如图 8-37（a）所示的竖直线，单击✔完成截面草图的绘制。设置盲孔的生长方式为【穿透】，选择草绘加厚侧按键使其向草图两侧伸出加料，键入加厚值为"2"，单击中键完成矩形散热孔的创建，其结果如图 8-37（b）所示。

（2）右键上述的矩形孔"拉伸23"特征，从快捷菜单中选择【阵列…】，接受默认的"阵列"类型为【尺寸】，选取相对 RIGHT 基准面的定位尺寸"56"，键入"-8"并确认后，在操控板上键入"输入第一方向的阵列成员数"为"15"，单击中键完成矩形散热孔的阵列，如图 8-37（b）所示。

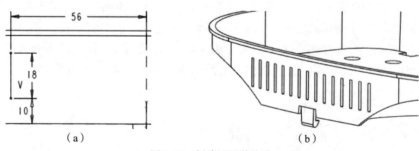

（a）（b）

图 8-37 创建矩形散热孔

9. 外壳前侧楔形扣座结构

（1）单击【拉伸】，右键菜单选择【定义内部草绘…】，选取 RIGHT 基准平面作为草绘平面，接受缺省参照平面并切换方向为【顶】，单击中键进入草绘界面，单击【使用】，选取外壳的内腔表面边线、凸缘外侧面及其顶面的边线，运用【线】及【3 点/相切端】绘制如图 8-38（a）所示的草绘截面，其中"84"与"25"的定位基准均为系统原点，单击✔完成截面草图的绘制。设置盲孔的生长方式为【对称】并键入深度值为"50"，单击中键完成扣座结构的造型，如图 8-38（b）所示。

（2）单击【拔模】，分别选取扣座的拉伸起止表面作为拔模面，右键菜单选择【拔模枢轴】，选取扣座的下表面（即图 8-38（a）中定位尺寸为"3"的直线构成的平面）作为拔模基准，键入拔模角度值为"5"，选择拔模方向按键使其增加材料，单击中键完成拔模斜度的创建，如图 8-39所示。

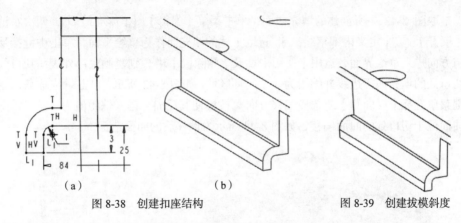

图 8-38　创建扣座结构　　　　　　图 8-39　创建拔模斜度

（3）单击【拉伸】 ，两次右键菜单分别选择【去除材料】、【定义内部草绘…】，选取 RIGHT 基准平面作为草绘平面，接受缺省参照平面并切换方向为【顶】，单击中键进入草绘界面，选取扣座的上表面与外侧面作为参照，绘制如图 8-40（a）所示的梯形截面草图，单击 完成草图的绘制。打开操控板上的"选项"面板，分别切换"第 1 侧"与"第 2 侧"的盲孔生长方式为【到选定的】，再选取扣座相应的拔模面作为参照，单击中键完成扣座切口的创建，如图 8-40（b）所示。

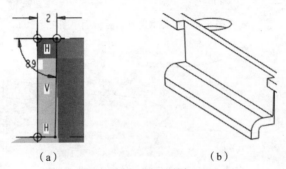

图 8-40　扣座切口的加工

10. 保存文件

单击菜单【文件】|【保存副本…】 ，以"PLASTIC_SHELL"作为文件名进行保存。

11. 塑料电器外壳的卡钩处部分的分型面的创建

（1）单击菜单【编辑】|【填充…】 ，右键菜单选择【定义内部草绘…】，选取图 8-1 中的塑料电器外壳内腔底表面作为草绘平面，接受缺省参照平面与方向，单击中键进入草绘界面，运用【使用】 并选择【环】复制内腔底表面的轮廓边线，通过执行【拐角】 及【使两图元相切】 约束方式完成图 8-41 中的闭环截面草图，单击 完成草图的绘制。单击中键完成塑料电器外壳内腔底表面的填充曲面的创建，如图 8-42 所示。

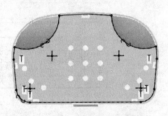
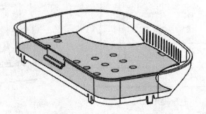

图 8-41　绘制截面草图　　　　　　图 8-42　创建填充曲面

（2）拾取图 8-42 中所创建的填充曲面，单击菜单【编辑】|【偏移...】 🔧，两次右键菜单分别选择【展开】 📑、【定义内部草绘...】，选取上述的填充面作为草绘平面，单击中键接受缺省参照平面与方向进入草绘界面，运用【使用】 □ 及【删除段】 💬 分别复制底部外表面切口处的边线及位于切口处的填充曲面边线并编辑为 5 个闭环区域，如图 8-43 所示，单击 ✔ 完成截面草图的绘制。右键菜单选择【反向侧】或选择偏移方向 📏 按键使其反向，键入偏距值为"2"，单击中键完成填充曲面位于切口处的曲面偏移，如图 8-44 所示为偏移后的曲面造型。

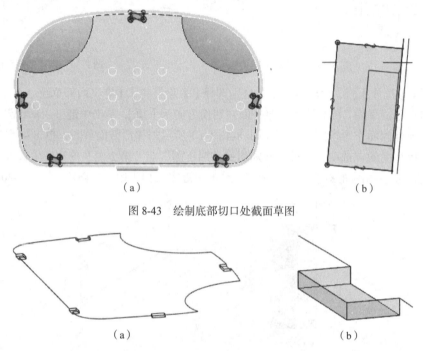

（a）　　　　　　　　　　　　　　　　　（b）

图 8-43　绘制底部切口处截面草图

（a）　　　　　　　　　　　　　　　　　（b）

图 8-44　填充平面位于切口处的曲面偏移

（3）切换过滤器的选择方式为【曲面】，拾取图 8-44 中所创建的偏移曲面，再次选择菜单【编辑】|【偏移...】 🔧，两次右键菜单分别选择【展开】 📑、【定义内部草绘...】，选取外壳底部的外表面作为草绘平面，接受缺省参照平面并切换方向为【左】，单击中键进入草绘界面，单击菜单【草绘】|【参照...】 📐，选取图 8-31 中的卡钩与切口接合面的边线（共 10 条）作为参照（右键选择左键拾取），按照图 8-45（a）、（b）、（c）的顺序分别绘制 $R30mm$ 与 $R30mm$ 圆弧之间、$R30mm$ 与 $R80mm$ 圆弧之间、$R80mm$ 与 $R80mm$ 圆弧之间的矩形，其宽度尺寸均为"5"，单击 ✔ 完成 5 个截面区域草图的绘制。确认偏移方向指向卡钩的碰穿孔处，键入偏距值为"8"，单击中键完成切口处曲面的偏移，如图 8-46 所示为偏移后的曲面造型。

（a）　　　　　　　　　　　（b）　　　　　　　　　　　（c）

图 8-45　绘制曲面偏移的草图

（4）单击【拔模】 ，以"目的曲面"方式拾取图 8-46 中的偏移曲面的侧面作为拔模曲面，右键菜单选择【拔模枢轴】，选取外壳的底部外表面作为拔模基准平面，键入拔模角度值"3"，选择操控板中的【反转角度以添加或去除材料】 按键或选择图形中的黄色箭头使其两个相对侧面与卡钩同侧表面的斜度一致，单击中键完成偏移曲面的拔模处理，如图 8-47 所示。

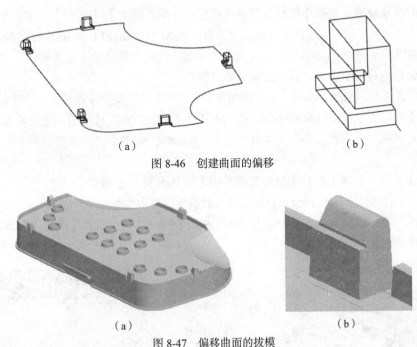

图 8-46　创建曲面的偏移

图 8-47　偏移曲面的拔模

至此，塑料电器外壳底部穿孔与 5 个卡钩处碰穿孔的分型面通过两次曲面偏移及拔模处理已设计完成，其操作过程简单、巧妙。

在模具设计过程中，有关分型面的设计是非常重要的一个环节，一般将其置于模具型腔的设计流程中进行设计，图 8-47 中的穿孔处分型面的设计也可这样处理。

（5）单击菜单【文件】|【保存】 ，再单击菜单【文件】|【删除】|【旧版本】，只保存模型的最新版本。

8.2 | 塑料电器外壳的模具设计

1. 设置工作目录及新建零件文件

（1）设置工作目录。单击菜单【文件】|【设置工作目录】 ，在打开的"选取工作目录"对话框中，选取已建立的文件夹或单击工具条【新建文件夹】 按键或右键菜单选择【新建文件夹】并重命名以作为 Pro/E 进行设计的工作目录，单击中键完成工作目录的设置。

（2）新建文件。单击菜单【文件】|【新建】或单击【新建】 按键，选择文件类型为【制造】，

子类型为【模具型腔】，并键入"PLASTIC_SHELL_MOLD"作为新建文件的文件名，不勾选【使用缺省模板】复选框，单击对话框中的【确定】按键。在系统弹出的"新文件选项"对话框中双击"mmns_mfg_solid"模板文件后进入 Pro/MOLDESIGN 模具设计工作界面。

2. 加载参照模型与创建工件

（1）装配参照模型。选择【模具】菜单管理器中【模具模型】|【装配】|【参照模型】，系统弹出【打开】对话框，双击上述已保存的模型文件"PLASTIC_SHELL"，图 8-49 中的模型显示在窗口界面。右键菜单选择【缺省约束】，连续单击中键三次接受默认的【按参照合并】方式加载模型数据并确认其绝对精度值，完成参照模型的加载。

（2）设置收缩率。选择【模具】菜单管理器中【收缩】|【按比例】或单击【按比例收缩】，接受【1+S】的缺省设置，拾取系统坐标系"MOLD_DEF_CSYS"作为缩放的计算基准，在"按比率收缩"对话框中的"收缩率"文本框中键入"0.008"，单击中键使参照模型再生后完成其收缩尺寸的设置。

（3）创建工件。选择【模具】菜单管理器中【模具模型】|【创建】|【工件】|【自动】或直接单击【自动工件】，系统弹出"自动工件"对话框，拾取坐标系"MOLD_DEF_CSYS"作为定位基准，在"统一偏距"文本框中键入"50"并按【Enter】键，选择【确定】按键以系统缺省名称完成工件的创建，其结果如图 8-48 所示。

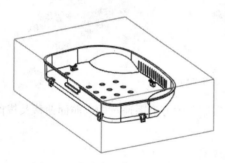

图 8-48　加载参照模型与创建工件

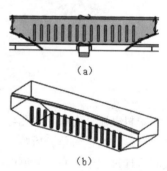

（a）

（b）

图 8-49　创建散热孔滑块体积块

3. 创建滑块体积块

（1）选择【模具体积块】，再单击【拉伸】，右键菜单选择【定义内部草绘…】，选取位于散热孔一侧的工件侧面作为草绘平面，接受工件的下表面作为参照并切换方向为【底部】，单击中键进入草绘界面，绘制如图 8-49（a）所示的截面草图，其中左、右两条曲线分别向上偏距"1"，单击✔完成截面草图的绘制，设置拉伸的生长方式为【到选定的】，拾取散热孔处的内腔表面作为参照，单击中键完成体积块的拉伸造型。再选择菜单【编辑】|【修剪】|【参照零件切除】，形成散热孔的曲面结构造型，如图 8-49（b）所示，选择【确定】✔按键完成散热孔处的滑块体积块"MOLD_VOL_1"的创建。

（2）继续选择【模具体积块】，再单击【拉伸】，右键菜单选择【定义内部草绘…】，选取 MOLD_RIGHT 基准面作为草绘平面，接受缺省参照并切换方向为【顶】，单击中键进入草绘界面，绘制如图 8-50（a）所示的截面草图，单击✔完成截面草图的绘制，设置拉伸的生长方式为【到选定的】，拾取扣座的侧面作为参照，再选择操控板上的"选项"面板，从"第2侧"的下拉列表框中选取【到选定的】作为控制方式，拾取扣座的另一侧面作为参照，单击中键完成体积块的造型，如图 8-50（b）所示，选择【确定】☑按键完成扣座处滑块体积块"MOLD_VOL_2"
的创建。

4. 创建分型面

选择【分型曲面】◻，单击菜单【编辑】|【填充...】◼，右键菜单选择【定义内部草绘...】，
选取塑料电器外壳顶部凸缘的上表面或上述两滑块体积块的上表面作为草绘平面，选择
MOLD_FRONT 基准平面作为参照并切换方向为【底部】，单击中键进入草绘界面，单击【使用】
◻并选择【环】分别拾取工件的轮廓边线与外壳顶部凸缘的内侧边线进行原位复制，如图 8-53
所示，单击✓完成截面草图的绘制，单击中键完成填充面的创建，最后选择【确定】☑按键完成
参照模型与工件之间的分型面的创建，如图 8-52 所示。

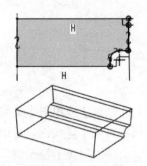

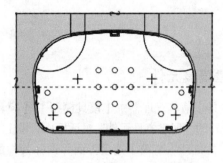

图 8-50　创建扣座滑块体积块　　　　图 8-51　绘制草图

5. 滑块体积块分割工件

（1）选择菜单【编辑】|【分割...】或单击【体积块分割】▤，选择【分割体积块】菜单管理
器中的【一个体积块】|【所有工件】|【完成】，系统弹出"分割"对话框，按住【Ctrl】键分别选
取图 8-51、图 8-52 中的两个滑块体积块（可采用右键单击再左键拾取的方法），单击中键完成"分
割曲面"拾取操作后，勾选【岛列表】菜单选项中的【岛 1】复选框，连续单击中键三次接受缺
省的体积块名称"MOLD_VOL_3"完成工件的分割，实现包含型芯与型腔在内的体积块的创建，
如图 8-53 所示。

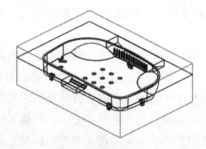

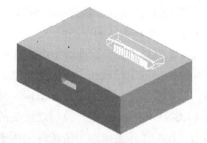

图 8-52　创建参照模型与工件之间的分型面　　　　图 8-53　分割工件

（2）创建型芯与型腔模具体积块。单击【体积块分割】▤，选择【分割体积块】菜单管理器
中的【两个体积块】|【模具体积块】|【完成】，系统弹出"搜索工具"对话框，在左侧的"项目"
列表栏中选取"面组：F12（MOLD_VOL_3）"并单击≫按键将其转换到右侧的"项目"列表栏
中作为被分割的对象，单击"搜索工具"对话框下侧的【关闭】按键后系统回到"分割"对话框，

按住【Ctrl】键分别选取图 8-49、图 8-54 中的偏移曲面与填充面（可采用右键单击再左键拾取的方法），单击中键完成"分割曲面"拾取操作后，连续单击中键四次接受缺省的体积块名称"MOLD_VOL_4"与"MOLD_VOL_5"完成上述体积块的分割，实现型芯与型腔的两个模具体积块的创建，如图 8-54 所示。

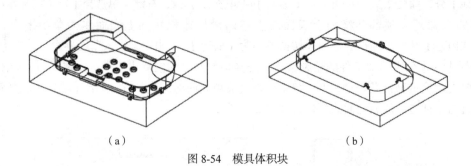

（a）   （b）

图 8-54   模具体积块

6. 创建模具元件

选择【模具】菜单管理器中【模具模型】|【模具元件】|【抽取】或单击【型腔插入】按键，在系统打开的"创建模具元件"对话框中，单击【选取所有对象】按键以选取收集器中的全部体积块，再打开【高级】选项界面并选择其中的【选取全部体积块】按键以选取所有的模具体积块，单击"复制自"下方的【打开】按键选取位于"X:\proeWildfire 5.0\templates"目录下的的模板文件"mmns_part_solid"并打开，即可对所创建的模具元件添加模型的参照基准，单击中键接受系统缺省名称即"MOLD_VOL_1"、"MOLD_VOL_2"、"MOLD_VOL_4"、"MOLD_VOL_5"完成模具元件的抽取，如图 8-57 所示。

7. 创建铸模

选择【模具】菜单管理器中【模具模型】|【铸模】|【创建】，在打开的文本栏中键入"PLASTIC_SHELL_CASTING"作为塑模的名称，单击中键完成铸模的创建。

8. 模拟开模

（1）按住【Ctrl】键，分别选取模型树中的参照模型、工件及图 8-54 中的分型面，右键菜单选择【遮蔽】，以使其不显示在图形中。

（2）选择【模具】菜单管理器中【模具模型】|【模具进料孔】或直接单击【模具进料孔】按键，在系统弹出的【模具孔】下级菜单中选择【定义间距】|【定义移动】进行模拟开模过程。拾取散热孔处的滑块（可采用右键单击再左键拾取的方法）并单击中键完成移动的零件的选取，再拾取与 FRONT 基准平面平行或与之正交的边线以定义模具元件的移动方向，在提示区键入移动的位移为"100"（注意图形中所选取的用于定义方向的参照对象与箭头的方向以确定位移值的正负），单击【接受值】按键或单击中键完成移动距离的定义，继续选择【定义距离】菜单选项中的【干涉】|【移动 1】，在【模具干涉】菜单中选择【静态零件】，再拾取图形中的铸模（可采用右键单击再左键拾取的方法），系统提示"没有发现干涉"，连续单击中键三次完成散热孔处的滑块模具元件的分解过程，如图 8-55 所示。

（3）重复上述的操作照过程，分别完成扣座处的滑块、型芯与型腔模具元件的分解操作，如

图 8-55 所示。

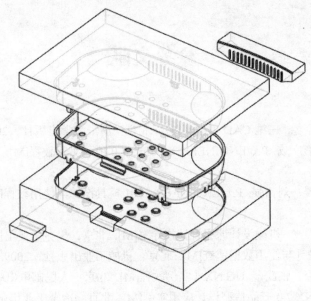

图 8-55　模拟开模

此外，选择菜单【视图】|【分解】|【编辑位置】，拾取模具元件的移动方向的参照及与之对应的模具元件，也可以对其位置进行比较自由的编辑，请自行操作完成。

9. 保存文件

单击菜单【文件】|【保存】⊟完成"PLASTIC_SHELL_MOLD"的创建。

参考文献

[1] 何煜琛，习宗德. 三维 CAD 习题集[M]. 北京：清华大学出版社，2010.

[2] 欧阳波仪，彭广威. Pro/ENGINEER Wildfire 4.0 项目实例教程[M]. 北京：清华大学出版社，2010.

[3] 阮峰，黄珍媛，刘伟强. Pro/ENGINEER 2001 模具设计与使用教程[M]. 北京：机械工业出版社，2003.

[4] 柴鹏飞，王晨光. 机械设计课程设计指导书[M]. 北京：机械工业出版社，2009.

[5] 张展. 齿轮设计与使用数据速查[M]. 北京：机械工业出版社，2009.

[6] 钟奇，韩立分，张武奎. UG NX 4 实例教程[M]. 北京：人民邮电出版社，2008.

[7] 陈忠建. UG NX 7.0 产品造型设计应用实例[M]. 北京：冶金工业出版社，2010.

[8] IBM/DAUSSAULT.CATIA V5 的创成式外形设计实例[J]. CAD/CAM 与制造业信息化，2003，8:106-107.